U0170385

弹塑性力学基础及解析计算

武　亮　编著

科学出版社

北　京

内 容 简 介

本书介绍了张量概念及其运算规则，从应力、应变状态及弹性材料本构关系三个方面建立了弹性理论场方程，讨论了弹性力学问题的基本解法，分析了屈服准则及塑性应力-应变关系。书中内容既强调了基本概念提法的准确性和理论体系的严密性，又应用了大量通俗的手法解构了复杂的力学问题，附带的大量例题和习题解，能帮助读者加深对学习难点的理解。

本书可作为非力学专业工科研究生及工程力学专业高年级本科生教材，也可作为科研人员和工程技术人员的参考书。

图书在版编目（CIP）数据

弹塑性力学基础及解析计算 / 武亮编著. —北京：科学出版社，2020. 3

ISBN 978-7-03-064616-3

Ⅰ. ①弹…　Ⅱ. ①武…　Ⅲ. ①弹性力学-教材②塑性力学-教材　Ⅳ. ①O34

中国版本图书馆 CIP 数据核字（2020）第 037766 号

责任编辑：郭勇斌　邓新平/责任校对：王萌萌
责任印制：张　伟　/封面设计：众轩企划

科学出版社 出版
北京东黄城根北街 16 号
邮政编码：100717
http://www.sciencep.com
北京厚诚则铭印刷科技有限公司 印刷
科学出版社发行　各地新华书店经销
*
2020 年 3 月第　一　版　开本：720 × 1000　1/16
2023 年 1 月第四次印刷　印张：15　3/4
字数：305 000
定价：98.00 元
（如有印装质量问题，我社负责调换）

前　言

针对固体力学的研究，浩如烟海的文献书藉资料俯拾皆是。作为固体力学重要分支的弹塑性力学领域，大咖云集，经典丛生。即便在资讯不太发达的20世纪，大多数专业教师的书橱案头都会收藏一二本中外经典，《弹性理论》（铁摩辛柯等著，徐芝纶译，高等教育出版社，1990）和《塑性数学理论》（希尔著，王仁译，科学出版社，1966）便是众多学者耳熟能详的精品。在信息传输高度发达的今天，不论你在世界的哪个角落，只要你通过互联网，年代久远的洛夫（A.E.H.Love）原版 *The mathematical theory of elasticity*（Cambridge University Press，1927）名著都能拜读，琳琅满目的教材更是触手可及。在这样的时代背景下，以这样的专业题目命题写作，无疑会有很大的压力。

作为教材首要解决的问题是如何将现成的知识体系用一种容易让人接受的方式传递给学习者。要做到内容与形式的完美统一，作者必须针对特定读者群进行尽可能广泛深入地再创作。记得在我刚教授这门课程时，按照工科研究生教学大纲要求，习惯性地选择了偏于应用方向的弹塑性力学教材，结果有学生问我，学了很多内容，怎么还是看不懂一些专业论文，甚至力学专业相同内容的教科书也看不懂。这让我注意到，现存流行的专业文献及力学专业课本，虽然涉及的基本理论与我们的课本相同，但其陈述的手法有许多不同，各类公式表达和推演更趋数学化。为了适应深化学习需要，我们调整了教材形式，选择了更加偏于理论型的课本。然而，面对数学基础良莠不齐的研究生，教材的改变常使教学深陷困境，许多学生数学底子薄，理解能力差，需要额外学习相当数量的其他知识内容。也就是从这个时候起，我就陆陆续续地编写了与课本同步的大量补充讲义，经多年教学实践，反复修改，形成了今天这本教材的雏形。在将讲义统编成书时，因受篇幅限制，仅能保留弹塑性力学最为精髓的基础理论部分，而删除了在弹塑性力学应用中具有重要意义的数值计算方法，这是本书的缺憾。尽管如此，作者仍然认为，现在付梓成型的这本教材最为适合数学基础水平不高但又致力于学习严格力学理论体系的非力学专业学生学习使用，它从编辑形式到写作风格上都具有鲜明的特点。

作者始终把自己当成学生，而不是老师，始终秉持以问题为向导的写作风格，而不是呆板地平铺直叙式地阐述概念和原理。多年的教学实践，使我清楚地知道学生在学习每个章节时的疑点和难点，解惑释疑体现在书中的方方面面。如讲授主应力概念时，以一个例题作为铺垫，给出了应力值大小随截面的转动过程，形象地展示了截面法向与应力矢量一致时的正应力即为主应力的事实。

书中一些重要公式使用了几种不同书写方式表达，有利于学生阅读不同类型文献时参考。部分公式推演和图形处理，借助 MAPLE 程序实现。涉及矩阵方面的数值计算，辅以 MATLAB 程序完成。多姿多彩的表现形式，增强了学生的兴趣。

全书共 7 章，可分为 4 个部分进行学习。第 1 部分即第 1 章，是本书的数学理论基础；第 2 部分包含第 2、3 章，是固体力学基础部分；第 3 部分包含第 4、5 章，以弹性力学基础作为重点；第 4 部分包含第 6、7 章，以塑性力学内容为主。如读者对张量基础知识有一定的了解，可跳过第 1 章直接进入第 2 章学习。

书中除了带有编号的例题外，还有一些用来解释某个概念原理的不带编号的算例，其中一些算例还设计成互为验证。为了使学生更好地掌握基本概念和基本原理，各章末安排了一定数量的习题，并在书后附有除证明题外的习题答案。读者可扫描本书习题答案后的二维码获取习题的详细解答。书中使用的各种源程序可与作者联系获得。作者邮箱：kmu-wl@163.com。

本书的出版，得到了昆明理工大学专项基金的支持；陆兴长绘制了书中的插图，杜敏、徐玥、钟跃辉、刘志洪、吴玲玲等为本书做了大量的校对工作，在此一并深表谢意。

尽管作者十分认真地写作和校对，但囿于作者水平，书中难免存在疏漏之处，还望读者不吝赐教。

武 亮

2019 年 12 月

目　录

第 2 部分 应力应变

第3部分　弹性力学

第4部分 塑性力学

第1部分　数 学 基 础

第 1 章　张量基础知识

要想深入地学习弹塑性力学，必须掌握一定的张量基础知识。力学中出现的大量物理量，如标量（质量、面积和体积）、矢量（力和位移）和二阶张量（应力和应变）等都需要应用张量基础知识进行推演计算，从而建立起简洁明了的求解方程。

与连续介质力学联系紧密的张量分析理论内容庞杂，涉及曲线坐标系下的协变和逆变分量等概念[1]，限于篇幅，本书只讨论三维笛卡儿坐标系（Cartesian coordinate system）x-y-z 下定义的直角张量。为便于使用指标记法，常用坐标轴 x_1，x_2，x_3 分别替代 x，y，z 轴，且三个坐标轴 x_1，x_2，x_3 正向满足右手螺旋定则。

1.1　标量、矢量及张量概念

力学中常将一些物理量定义在空间坐标点上，即所谓的场量。这些量中的一部分只具有数值大小，而没有方向，它们在坐标系旋转后其值是不会改变的，常称这种量为**标量**。如材料密度 ρ，可表示为

$$\rho_{x_1-x_2-x_3}=\rho_{x_1'-x_2'-x_3'} \tag{1.1}$$

$x_1-x_2-x_3$ 表示原坐标系，$x_1'-x_2'-x_3'$ 表示旋转坐标系。

另一些场量随坐标轴旋转其在不同坐标系中的分量会发生改变，预示着这个量本身具有大小又有方向，故将其称为**矢量**。如图 1.1 中的位移 $\boldsymbol{u}$，可用沿坐标轴的三个分量 u_1，u_2，u_3 表示为

$$\boldsymbol{u}=u_1\boldsymbol{e}_1+u_2\boldsymbol{e}_2+u_3\boldsymbol{e}_3 \tag{1.2}$$

或用坐标表示为

$$\boldsymbol{u}=(u_1,u_2,u_3) \tag{1.3}$$

这里 $\boldsymbol{e}_i$ 是单位基矢量。对同一个矢量，在不同的旋转坐标系中，虽其分量有所不同，但其分量变换必须满足一定的变换法则。对于直角坐标系，矢量的三个分量即为该矢量在三个坐标轴上的投影。

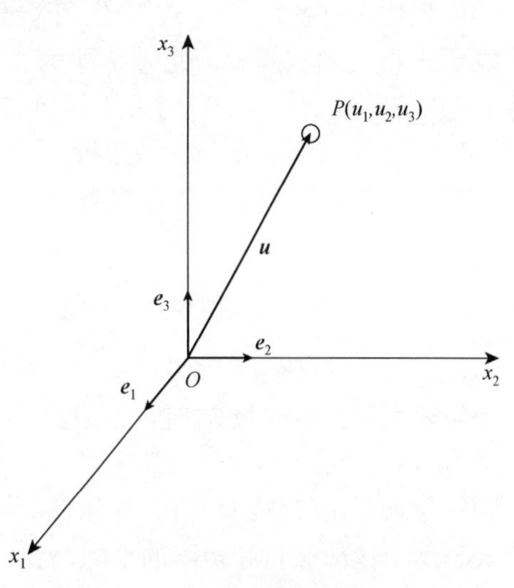

图 1.1　笛卡儿坐标系中的矢量

更为复杂的一些场量，其分量数目远大于坐标维数 3。如一点的应力$\boldsymbol{\sigma}$有 9 个应力分量，可用矩阵形式表示为

$$[\boldsymbol{\sigma}]=\begin{bmatrix}\sigma_{11} & \sigma_{12} & \sigma_{13}\\ \sigma_{21} & \sigma_{22} & \sigma_{23}\\ \sigma_{31} & \sigma_{32} & \sigma_{33}\end{bmatrix} \tag{1.4}$$

类似于位移用 3 个分量可唯一地表示位移矢量$\boldsymbol{u}$，用 9 个分量同样可唯一地表示一点的应力$\boldsymbol{\sigma}$，这个应力称为二阶应力**张量**。当坐标变换时，应力张量的分量也必须满足一定的变换法则。

综上所述，我们可以这样来认识张量概念，所谓张量是一个物理量或几何量，它由某一参考坐标系中一定数目的分量集合所组成，当坐标变换时，这些分量按一定的变换法则变换。这些变换法则相应于不同的张量“阶”次。标量可称为零阶张量，矢量又称为一阶张量。

1.2 指标记法与求和约定

1.2.1 张量符号的各种表示

为方便公式推导，常将一组数的集合$a_1,a_2,a_3,\cdots,a_n$用单个字符a_i表示，其中$i=1,2,3,\cdots,n$。这种用字符下标代替所有实际下标的表示方法称为**指标记法**。虽然序列数a_i有各种表示方法，但习惯于将a_i（$i=1,2,3$）的 3 个量对应于列阵$[\boldsymbol{a}]$，表示三维空间矢量$\boldsymbol{a}$，此时a_i即为矢量$\boldsymbol{a}$的分量。将T_{ij}（$i=1,2,3$）的 9 个量$T_{11},T_{12},T_{13},T_{21},T_{22},\cdots,T_{33}$对应于矩阵$[\boldsymbol{T}]$，表示三维空间坐标系下的二阶张量$\boldsymbol{T}$［注意，也有例外，如将应力张量$\sigma_{ij}$用沃伊特（Voigt）法则可表示为列阵］，$T_{ij}$即为$\boldsymbol{T}$的分量。它们的具体形式为

$$a_i=[\boldsymbol{a}]=\begin{bmatrix}a_1\\ a_2\\ a_3\end{bmatrix},\quad T_{ij}=[\boldsymbol{T}]=\begin{bmatrix}T_{11} & T_{12} & T_{13}\\ T_{21} & T_{22} & T_{23}\\ T_{31} & T_{32} & T_{33}\end{bmatrix} \tag{1.5}$$

用矩阵表示二阶张量T_{ij}时，常用第一个指标i表示矩阵的行数（对应并矢第一个基），第二个指标j表示矩阵列数（对应并矢第二个基）。注意，上面矩阵左边两种符号表示是等价的，前面符号表示为指标记法，中间符号为矩阵表示。为在公式表达上区分张量和矩阵的不同，我们约定同一字符的斜体黑体套上［］表示矩阵，斜体黑体表示张量实体，其与分量的关系为

矢量

$$\boldsymbol{a}=a_1\boldsymbol{e}_1+a_2\boldsymbol{e}_2+a_3\boldsymbol{e}_3 \tag{1.6}$$

$$\text{二阶张量}\boldsymbol{T} = T_{11}\boldsymbol{e}_1\boldsymbol{e}_1 + T_{12}\boldsymbol{e}_1\boldsymbol{e}_2 + T_{13}\boldsymbol{e}_1\boldsymbol{e}_3 + T_{21}\boldsymbol{e}_2\boldsymbol{e}_1 + T_{22}\boldsymbol{e}_2\boldsymbol{e}_2 + T_{23}\boldsymbol{e}_2\boldsymbol{e}_3 + T_{31}\boldsymbol{e}_3\boldsymbol{e}_1 + T_{32}\boldsymbol{e}_3\boldsymbol{e}_2 + T_{33}\boldsymbol{e}_3\boldsymbol{e}_3 \tag{1.7}$$

式中，并矢 $\boldsymbol{e}_i\boldsymbol{e}_j$ 在一些书中用并矢积（dyadic product）表示为 $\boldsymbol{e}_i \otimes \boldsymbol{e}_j$，式（1.7）称为张量的并矢表示。式（1.6）中等号右边的三个量 $a_i\boldsymbol{e}_i$ 分别为矢量 $\boldsymbol{a}$ 沿三个坐标轴的分矢量，其代数和为总矢量 $\boldsymbol{a}$，这种表示形式可理解为 $\boldsymbol{a}$ 对 $\boldsymbol{e}_i$ 的分解，式（1.7）即是 $\boldsymbol{T}$ 对 $\boldsymbol{e}_i\boldsymbol{e}_j$ 的二次分解。

1.2.2　求和约定

式（1.6）和式（1.7）表示的算式过于复杂，利用爱因斯坦（Einstein）**求和约定**可将其简化为

矢量

$$\boldsymbol{a} = a_1\boldsymbol{e}_1 + a_2\boldsymbol{e}_2 + a_3\boldsymbol{e}_3 = a_i\boldsymbol{e}_i \tag{1.8}$$

$$\begin{aligned}\text{二阶张量}\boldsymbol{T} &= T_{11}\boldsymbol{e}_1\boldsymbol{e}_1 + T_{12}\boldsymbol{e}_1\boldsymbol{e}_2 + T_{13}\boldsymbol{e}_1\boldsymbol{e}_3 + T_{21}\boldsymbol{e}_2\boldsymbol{e}_1 + T_{22}\boldsymbol{e}_2\boldsymbol{e}_2 + T_{23}\boldsymbol{e}_2\boldsymbol{e}_3 \\ &\quad + T_{31}\boldsymbol{e}_3\boldsymbol{e}_1 + T_{32}\boldsymbol{e}_3\boldsymbol{e}_2 + T_{33}\boldsymbol{e}_3\boldsymbol{e}_3 \\ &= T_{ij}\boldsymbol{e}_i\boldsymbol{e}_j\end{aligned} \tag{1.9}$$

求和约定中的指标 i 和 j 称为**傀指标**（dummy index）或哑指标，需遵守如下规则：

（1）在一个方程的同一项中，如果某一下标成对出现，表示遍历其取值范围求和。在二维问题中，取值 1 和 2；在三维问题中，取值 1，2，3。

（2）在一个方程的同一项中，一种指标出现的次数多于两次，则是错误的。

（3）每一对傀指标的字母可以用相同取值范围的另一对字母任意代换，其意义不变。如式（1.2）又可写为

$$\boldsymbol{u} = \sum_{i=1}^{3} u_i\boldsymbol{e}_i = u_i\boldsymbol{e}_i = u_j\boldsymbol{e}_j \tag{1.10}$$

用求和约定可写出高阶张量的并矢表示

三阶张量

$$\boldsymbol{T} = T_{ijk}\boldsymbol{e}_i\boldsymbol{e}_j\boldsymbol{e}_k \tag{1.11}$$

四阶张量

$$\boldsymbol{T} = T_{ijkl}\boldsymbol{e}_i\boldsymbol{e}_j\boldsymbol{e}_k\boldsymbol{e}_l \tag{1.12}$$

上述并矢表示法中假定：基矢量 $\boldsymbol{e}_i$（$i = 1,2,3$）是线性无关的，从而它们的并矢也是线性无关的。截至目前，可将单个带下标的非黑体字符简单地理解为张量分量，其下标个数即为张量的“阶”次。如 T_{ij} 代表二阶张量，在三维空间中共有 3^2 个分量；同样，T_{ijkl} 代表四阶张量，在三维空间中共有 3^4 个分量。

还可利用求和约定将一个联立方程组

$$\begin{cases} a_{11}x_1 + a_{12}x_2 + a_{13}x_3 = b_1 \\ a_{21}x_1 + a_{22}x_2 + a_{23}x_3 = b_2 \\ a_{31}x_1 + a_{32}x_2 + a_{33}x_3 = b_3 \end{cases} \tag{1.13}$$

缩写成

$$\begin{cases} a_{1j}x_j = b_1 \\ a_{2j}x_j = b_2 \\ a_{3j}x_j = b_3 \end{cases} \tag{1.14}$$

进一步简写为

$$a_{ij}x_j = b_i \quad (i, j = 1,2,3) \tag{1.15}$$

这里下标 j 在同一项中成对出现，为傀指标，下标 i 未成对出现，不是傀指标，常称为**自由指标**（free index）。自由指标在表达式的各项中只能出现一次，表示该表达式在该自由指标取值范围内都成立，即代表表达式的个数。表达式中的自由指标可类似于傀指标一样用其他的字母全部同时替换。若式（1.13）的联立方程为 n 元线性方程组，则其指标方程仍为式（1.15），但要将其指标取值范围改为 $i, j = 1,\cdots,n$，变为 n 维空间下的张量方程。

为熟练掌握指标记法，我们用下面的例题来讨论各种指标表示的运算规则。

例 1.1　二阶张量 a_{ij} 和矢量 b_i 分别为

$$a_{ij} = [\boldsymbol{a}] = \begin{bmatrix} 4 & 2 & 0 \\ 0 & 2 & 1 \\ 0 & 4 & 2 \end{bmatrix}, \quad b_i = [\boldsymbol{b}] = \begin{bmatrix} 1 \\ 1 \\ 0 \end{bmatrix}$$

计算各指标表示的量值：a_{ii}，$a_{ij}a_{ij}$，$a_{ij}a_{ji}$，$a_{ik}a_{kj}$，$a_{ij}b_j$，$a_{ij}b_i$，$a_{ij}b_ib_j$，b_ib_j，b_ib_i。

解

$$a_{ii} = a_{11} + a_{22} + a_{33} = 4 + 2 + 2 = 8 \tag{例 1.1.1}$$

$$\begin{aligned} a_{ij}a_{ij} &= a_{11}a_{11} + a_{12}a_{12} + a_{13}a_{13} + a_{21}a_{21} + a_{22}a_{22} + a_{23}a_{23} + a_{31}a_{31} + a_{32}a_{32} + a_{33}a_{33} \\ &= 16 + 4 + 0 + 0 + 4 + 1 + 0 + 16 + 4 = 45 \end{aligned} \tag{例1.1.2}$$

$$\begin{aligned} a_{ij}a_{ji} &= a_{11}a_{11} + a_{12}a_{21} + a_{13}a_{31} + a_{21}a_{12} + a_{22}a_{22} + a_{23}a_{32} + a_{31}a_{13} + a_{32}a_{23} + a_{33}a_{33} \\ &= 16 + 0 + 0 + 0 + 4 + 4 + 0 + 4 + 4 = 32 \end{aligned} \tag{例 1.1.3}$$

$$a_{ik}a_{kj} = a_{i1}a_{1j} + a_{i2}a_{2j} + a_{i3}a_{3j} = \begin{bmatrix} 16 & 12 & 2 \\ 0 & 8 & 4 \\ 0 & 16 & 8 \end{bmatrix} = [\boldsymbol{a}]^2 \tag{例 1.1.4}$$

$$a_{ij}b_j = a_{i1}b_1 + a_{i2}b_2 + a_{i3}b_3 = \begin{bmatrix} 6 \\ 2 \\ 4 \end{bmatrix} = [\boldsymbol{a}][\boldsymbol{b}]$$

$$a_{ij}b_i = a_{1j}b_1 + a_{2j}b_2 + a_{3j}b_3 = \begin{bmatrix} 4 & 4 & 1 \end{bmatrix} = [\boldsymbol{b}]^{\mathrm{T}}[\boldsymbol{a}]$$

$$\begin{aligned} a_{ij}b_ib_j &= a_{11}b_1b_1 + a_{12}b_1b_2 + a_{13}b_1b_3 + a_{21}b_2b_1 + a_{22}b_2b_2 + a_{23}b_2b_3 \\ &\quad + a_{31}b_3b_1 + a_{32}b_3b_2 + a_{33}b_3b_3 \\ &= 4+2+0+0+2+0+0+0+0 \\ &= 8 = [\boldsymbol{b}]^{\mathrm{T}}[\boldsymbol{a}][\boldsymbol{b}] \end{aligned}$$

$$b_ib_j = \begin{bmatrix} b_1b_1 & b_1b_2 & b_1b_3 \\ b_2b_1 & b_2b_2 & b_2b_3 \\ b_3b_1 & b_3b_2 & b_3b_3 \end{bmatrix} = \begin{bmatrix} 1 & 1 & 0 \\ 1 & 1 & 0 \\ 0 & 0 & 0 \end{bmatrix} \tag{例 1.1.5}$$

$$b_ib_i = b_1b_1 + b_2b_2 + b_3b_3 = 1+1+0 = 2 = [\boldsymbol{b}]^{\mathrm{T}}[\boldsymbol{b}]$$

$[\boldsymbol{b}]^{\mathrm{T}}$ 为列阵 $[\boldsymbol{b}]$ 的转置，$[\boldsymbol{a}][\boldsymbol{b}]$ 为两矩阵相乘，其他表示类同。

【注 1.1】所有计算都能用 MAPLE 完成，这里提示 4 个算式。

```
>with(tensor):
>a: = create([1, -1], array([[4, 2, 0], [0, 2, 1], [0, 4, 2]]);        创建二阶张量 a 的混变形式一
>c: = create([-1, 1], array([[4, 2, 0], [0, 2, 1], [0, 4, 2]]);        创建二阶张量 a 的混变形式二
>contract(a, [1, 2]);        按后面式(1.90)缩并两个基, 式（例 1.1.1）
>prod(a, c, [1, 1], [2,2]);        前面张量第 1, 2 个基顺序点乘后面张量第 1, 2 个基，式（例 1.1.2）
>prod(a, a, [1,2], [2,1]);        前面张量第 1, 2 个基点乘后面张量第 2, 1 个基，式（例 1.1.3）
>prod(a, a, [2, 1]);        前面张量第 2 个基点乘后面张量第 1 个基，式（例 1.1.4）
>b: = create([-1] ,array([1, 1,0]));        创建一阶张量 b
>prod(b, b);        并矢，式（例 1.1.5）
```

1.2.3　克罗内克符号 δ_{ij}

两个基矢量的点积定义为 δ_{ij}，即

$$\boldsymbol{e}_i \cdot \boldsymbol{e}_j = \delta_{ij} \tag{1.16}$$

符号 δ_{ij} 即为克罗内克（Kronecker）符号，其值为

$$\delta_{ij} = \begin{cases} 1, & i = j \\ 0, & i \neq j \end{cases} = \begin{bmatrix} 1 & 0 & 0 \\ 0 & 1 & 0 \\ 0 & 0 & 1 \end{bmatrix} = [\boldsymbol{I}] \tag{1.17}$$

克罗内克符号 δ_{ij} 关于指标 i 与 j 对称，即 $\delta_{ij}=\delta_{ji}$。利用求和约定，容易推出一些有用的特性

$$\begin{cases}\delta_{ii}=3, \quad \delta_{\underline{ii}}=1\\ \delta_{ij}a_j=a_i, \quad \delta_{ij}a_i=a_j\\ \delta_{ij}a_{jk}=a_{ik}, \quad \delta_{jk}a_{ik}=a_{ij}\\ \delta_{ij}a_{ij}=a_{ii}, \quad \delta_{ij}\delta_{ij}=\delta_{ii}=3\end{cases} \tag{1.18}$$

下标 $\underline{ii}$ 表示对 i 不求和，表示式（1.17）中单位矩阵主对角线上的元素。从上面各式的推演容易看出，克罗内克符号 δ_{ij} 使用时可作为一个交换算子将相乘项与 δ_{ij} 相同的指标替换成另一个指标。

需要强调的是式（1.16）仅对直角坐标基 $\boldsymbol{e}_i$ 成立，如坐标基 $\boldsymbol{g}_i$ 为任意曲线坐标基，则

$$\boldsymbol{g}_i\cdot\boldsymbol{g}_j=g_{ij} \tag{1.19}$$

g_{ij} 为度量张量。

1.2.4 置换符号 ϵ_{ijk}

定义一个三指标符号 ϵ_{ijk} 按下式取值，称为置换符号

$$\epsilon_{ijk}=\begin{cases}1 & i,j,k \text{ 顺序排列}\\ -1 & i,j,k \text{ 逆序排列}\\ 0 & i,j,k \text{ 非序排列}\end{cases} \tag{1.20}$$

所谓顺序排列是指按 123 顺序交换偶数次指标顺序得到的新指标排序，如 231，312 就是顺序排列。逆序排列是指交换奇数次指标顺序得到的新指标排序，如 321，132，213 就是逆序排列。非序排列就是有重复指标的排序，如 112、223、133 等。为方便记忆，可用图 1.2 所示的旋转法来判定指标的排列排序，如 231，312 为顺时针排列，即顺序排列，321，132，213 为逆时针排列，即逆序排列。

利用置换符号 ϵ_{ijk} 容易证明行列式的计算式［可参见式（1.36）推演］

$$a=\det(a_{ij})=\begin{vmatrix}a_{11} & a_{12} & a_{13}\\ a_{21} & a_{22} & a_{23}\\ a_{31} & a_{32} & a_{33}\end{vmatrix}=a_{i1}a_{j2}a_{k3}\epsilon_{ijk}=a_{1i}a_{2j}a_{3k}\epsilon_{ijk} \tag{1.21}$$

最后两个等式分别代表按列和行展开。还可以看到式（1.21）更一般的形式

$$a\epsilon_{pqr}=\epsilon_{ijk}a_{ip}a_{jq}a_{kr} \tag{1.22}$$

置换符号 ϵ_{ijk} 与克罗内克符号 δ_{ij} 之间有如下关系：

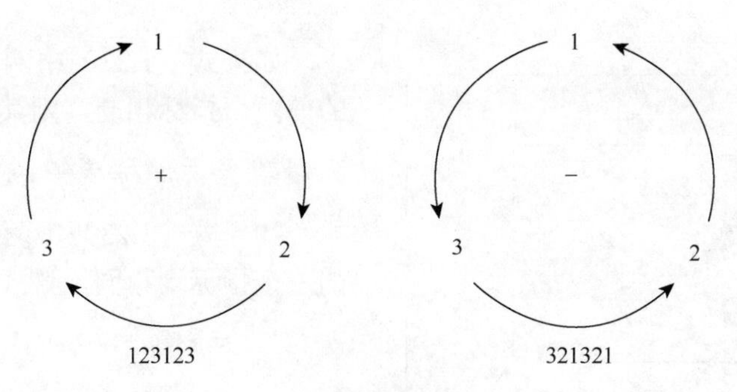

图 1.2　旋转法

"+" 为顺序排列，"−" 为逆序排列

$$\begin{vmatrix} \delta_{ip} & \delta_{iq} & \delta_{ir} \\ \delta_{jp} & \delta_{jq} & \delta_{jr} \\ \delta_{kp} & \delta_{kq} & \delta_{kr} \end{vmatrix} = \epsilon_{ijk}\epsilon_{pqr} \tag{1.23}$$

事实上，按照 δ_{ij} 定义有

$$\begin{vmatrix} \delta_{11} & \delta_{12} & \delta_{13} \\ \delta_{21} & \delta_{22} & \delta_{23} \\ \delta_{31} & \delta_{32} & \delta_{33} \end{vmatrix} = 1$$

根据行列式特性，互换任意两列（或两行），行列式变号，如交换第 1 列和第 2 列

$$\begin{vmatrix} \delta_{11} & \delta_{12} & \delta_{13} \\ \delta_{21} & \delta_{22} & \delta_{23} \\ \delta_{31} & \delta_{32} & \delta_{33} \end{vmatrix} = -\begin{vmatrix} \delta_{12} & \delta_{11} & \delta_{13} \\ \delta_{22} & \delta_{21} & \delta_{23} \\ \delta_{32} & \delta_{31} & \delta_{33} \end{vmatrix}$$

基于置换符号 ϵ_{ijk} 的定义，下面行列式交换任意列有

$$\begin{vmatrix} \delta_{1p} & \delta_{1q} & \delta_{1r} \\ \delta_{2p} & \delta_{2q} & \delta_{2r} \\ \delta_{3p} & \delta_{3q} & \delta_{3r} \end{vmatrix} = \epsilon_{pqr}\begin{vmatrix} \delta_{11} & \delta_{12} & \delta_{13} \\ \delta_{21} & \delta_{22} & \delta_{23} \\ \delta_{31} & \delta_{32} & \delta_{33} \end{vmatrix} = \epsilon_{pqr}$$

同理，再交换任意行即可得到式（1.23）。

如果式（1.23）中两个置换符号中的第一个指标相同，则其特例是 ϵ - δ 恒等式

$$\epsilon_{ijk}\epsilon_{iqr} = \delta_{jq}\delta_{kr} - \delta_{jr}\delta_{kq} \tag{1.24}$$

上式中右端克罗内克符号指标排列符合图 1.3 所示的运算规则[2]：（1st）（2nd）-（外）（内）。这里，（1st），（2nd），（外），（内）分别对应 jq ， kr ， jr ， kq 。

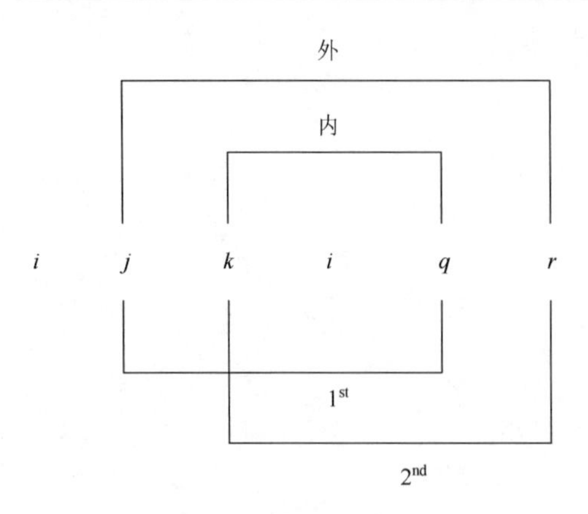

图 1.3 两个第一指标相同的置换符号相乘时的指标运算法则

如果式（1.23）中两个置换符号中的前两个指标相同，则其特例为

$$\in_{ijk}\in_{ijr}=2\delta_{kr} \tag{1.25}$$

如果式（1.23）中两个置换符号中的三个指标均相同，该式退化为

$$\in_{ijk}\in_{ijk}=2\delta_{kk}=6 \tag{1.26}$$

根据式（1.22），并利用式（1.26）容易得到

$$a=\det(a_{ij})=\frac{1}{6}\in_{ijk}\in_{pqr}\ a_{ip}a_{jq}a_{kr} \tag{1.27}$$

1.3 矢量代数运算

熟知的一些矢量运算公式，可用指标记法进一步诠释。

矢量相等：两个矢量具有相同的模（长度）和方向，则称这两个矢量相等。如矢量 $\boldsymbol{u}=u_i\boldsymbol{e}_i$ 和 $\boldsymbol{v}=v_i\boldsymbol{e}_i$ 相等，则 $\boldsymbol{u}=\boldsymbol{v}$ 或 $u_i=v_i$。

矢量和：$\boldsymbol{w}=\boldsymbol{u}+\boldsymbol{v}$ 或 $w_i=u_i+v_i$ 满足平行四边形法则，如图 1.4 所示。

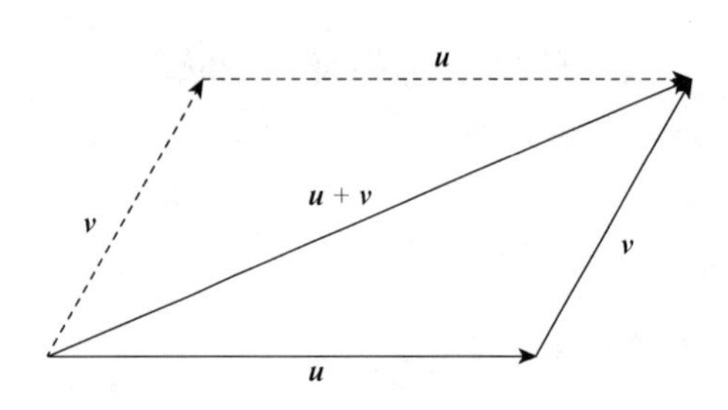

图 1.4 矢量和的平行四边形法则

矢量和满足以下规则：

交换律：$\boldsymbol{u}+\boldsymbol{v}=\boldsymbol{v}+\boldsymbol{u}$ 或 $u_i+v_i=v_i+u_i$

结合律：$(\boldsymbol{u}+\boldsymbol{v})+\boldsymbol{w}=\boldsymbol{u}+(\boldsymbol{v}+\boldsymbol{w})$ 或 $(u_i+v_i)+w_i=u_i+(v_i+w_i)$

数乘矢量：矢量 $\boldsymbol{u}$ 乘实数 c 仍为同一空间的矢量，记作 $\boldsymbol{v}=c\boldsymbol{u}$ 或 $v_i=cu_i$，$\boldsymbol{v}$ 与 $\boldsymbol{u}$ 共线且模为 $\boldsymbol{u}$ 的 c 倍。当 c 为正值时，$\boldsymbol{v}$ 与 $\boldsymbol{u}$ 同向；c 为负值时，$\boldsymbol{v}$ 与 $\boldsymbol{u}$ 反向；c 为零时，$\boldsymbol{v}$ 为零矢量。

1.3.1 点积

矢量点积又称矢量的标量积或内积。矢量 $\boldsymbol{F}$ 和 $\boldsymbol{u}$ 的点积定义为

$$\boldsymbol{F}\cdot\boldsymbol{u}=|\boldsymbol{F}||\boldsymbol{u}|\cos\theta \tag{1.28}$$

式中，$|\boldsymbol{F}|$ 和 $|\boldsymbol{u}|$ 分别表示矢量 $\boldsymbol{F}$ 和 $\boldsymbol{u}$ 的长度，又称作矢量的模或大小；θ 为矢量 $\boldsymbol{F}$ 和 $\boldsymbol{u}$ 之间的夹角，如图 1.5 所示。

如果其中一个矢量为单位矢量（长度为 1 的矢量），则点积为另一个矢量在单位矢量方向上的投影。例如，$\boldsymbol{u}$ 的单位矢为 $\bar{\boldsymbol{u}}$，则 $\boldsymbol{F}\cdot\bar{\boldsymbol{u}}=|\boldsymbol{F}|\cos\theta$ 等于 $\boldsymbol{F}$ 在 $\boldsymbol{u}$ 方向上的投影。在直角坐标系中，单位基矢量沿坐标轴方向，于是有

$$\begin{cases}\boldsymbol{e}_i\cdot\boldsymbol{e}_i=1, & i=j\\ \boldsymbol{e}_i\cdot\boldsymbol{e}_j=0, & i\neq j\end{cases}\tag{1.29}$$

这与式（1.16）δ_{ij} 的定义是一致的。

矢量自身点积将得到这个矢量长度的平方

$$\boldsymbol{u}\cdot\boldsymbol{u}=|\boldsymbol{u}||\boldsymbol{u}|\cos 0^\circ=|\boldsymbol{u}|^2\tag{1.30}$$

两个矢量 $\boldsymbol{F}=F_i\boldsymbol{e}_i$ 和 $\boldsymbol{u}=u_i\boldsymbol{e}_i$ 的点积可通过指标运算得到

$$\boldsymbol{F}\cdot\boldsymbol{u}=F_i\boldsymbol{e}_i\cdot u_j\boldsymbol{e}_j=F_iu_j\delta_{ij}=F_iu_i\tag{1.31}$$

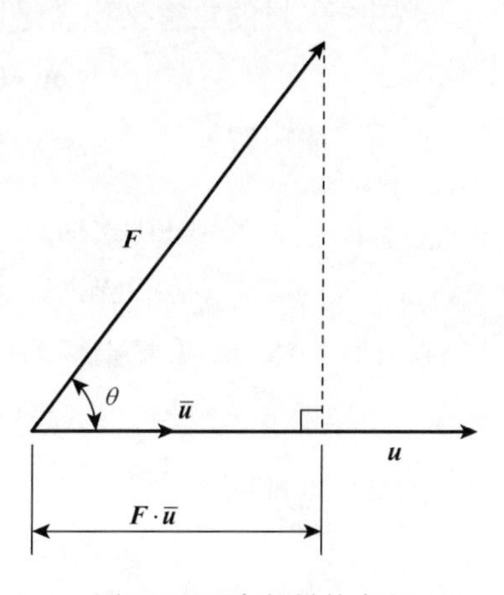

图 1.5　两个矢量的点积

矢量点积服从以下规则：

交换律　$\boldsymbol{u}\cdot\boldsymbol{v}=\boldsymbol{v}\cdot\boldsymbol{u}$；

分配律　$\boldsymbol{F}\cdot(\boldsymbol{u}+\boldsymbol{v})=\boldsymbol{F}\cdot\boldsymbol{u}+\boldsymbol{F}\cdot\boldsymbol{v}$；

正定性　$\boldsymbol{u}\cdot\boldsymbol{u}\geqslant 0$ 且 $\boldsymbol{u}\cdot\boldsymbol{u}=0$ 当且仅当 $\boldsymbol{u}=\boldsymbol{0}$。

1.3.2　叉积

矢量叉积又称矢积。矢量 $\boldsymbol{u}$ 和 $\boldsymbol{v}$ 的叉积定义为

$$\begin{aligned}\boldsymbol{w}=\boldsymbol{u}\times\boldsymbol{v}&=\begin{vmatrix}\boldsymbol{e}_1 & \boldsymbol{e}_2 & \boldsymbol{e}_3\\ u_1 & u_2 & u_3\\ v_1 & v_2 & v_3\end{vmatrix}\\ &=(u_2v_3-u_3v_2)\boldsymbol{e}_1+(u_3v_1-u_1v_3)\boldsymbol{e}_2+(u_1v_2-u_2v_1)\boldsymbol{e}_3\end{aligned}\tag{1.32}$$

$\boldsymbol{w}$ 为垂直于 $\boldsymbol{u}$ 、$\boldsymbol{v}$ 所在平面的矢量，其方向符合右手螺旋定则，如图 1.6 所示。

叉积的模为

$$|\boldsymbol{w}|=|\boldsymbol{u}||\boldsymbol{v}|\sin\theta\tag{1.33}$$

θ 为矢量 $\boldsymbol{u}$ 和 $\boldsymbol{v}$ 之间的夹角。叉积的物理意义是：其模等于两个相乘矢量为边构成的平行四边形的面积，其方向垂直于该平行四边形所在平面。

叉积交换顺序，则叉积反号

$$\boldsymbol{u}\times\boldsymbol{v}=-\boldsymbol{v}\times\boldsymbol{u}\tag{1.34}$$

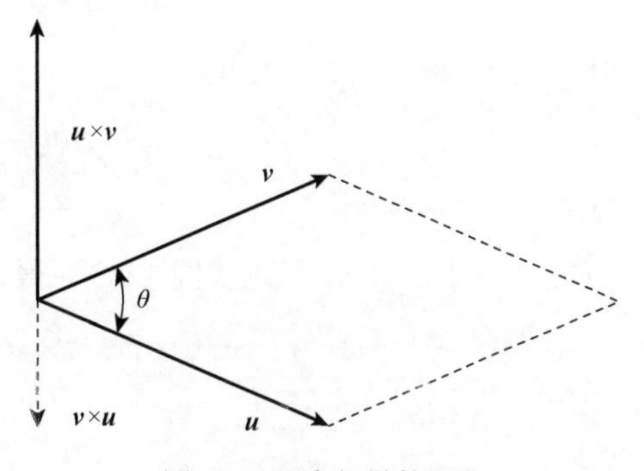

图 1.6　两个矢量的叉积

叉积满足分配律，但不满足结合律

$$\boldsymbol{F}\times(\boldsymbol{u}+\boldsymbol{v})=\boldsymbol{F}\times\boldsymbol{u}+\boldsymbol{F}\times\boldsymbol{v}$$

$$\boldsymbol{w}\times(\boldsymbol{u}\times\boldsymbol{v})\neq(\boldsymbol{w}\times\boldsymbol{u})\times\boldsymbol{v}$$

三个矢量的二重叉积满足以下等式

$$\boldsymbol{w}\times(\boldsymbol{u}\times\boldsymbol{v})=(\boldsymbol{w}\cdot\boldsymbol{v})\boldsymbol{u}-(\boldsymbol{w}\cdot\boldsymbol{u})\boldsymbol{v} \tag{1.35}$$

为了能用置换符号 $\in_{ijk}$ 来表示叉积，我们看 $\in_{ijk}u_jv_k$ 的展开

$$\begin{aligned}\in_{ijk}u_jv_k=&\in_{i1k}u_1v_k+\in_{i2k}u_2v_k+\in_{i3k}u_3v_k=\in_{i11}u_1v_1+\in_{i12}u_1v_2+\in_{i13}u_1v_3\\&+\in_{i21}u_2v_1+\in_{i22}u_2v_2+\in_{i23}u_2v_3+\in_{i31}u_3v_1+\in_{i32}u_3v_2+\in_{i33}u_3v_3\end{aligned}$$

当 $i=1$ 时，将 $\in_{ijk}$ 重复指标项置为零，则有

$$\in_{1jk}u_jv_k=\in_{123}u_2v_3+\in_{132}u_3v_2=u_2v_3-u_3v_2$$

同样地，可推出

$$\in_{2jk}u_jv_k=u_3v_1-u_1v_3$$

和

$$\in_{3jk}u_jv_k=u_1v_2-u_2v_1$$

对比式（1.32），可将矢量叉积简写为

$$\boldsymbol{u}\times\boldsymbol{v}=\in_{1jk}u_jv_k\boldsymbol{e}_1+\in_{2jk}u_jv_k\boldsymbol{e}_2+\in_{3jk}u_jv_k\boldsymbol{e}_3=\in_{ijk}u_jv_k\boldsymbol{e}_i=\in_{ijk}u_iv_j\boldsymbol{e}_k \tag{1.36}$$

等式最后一项是将 $\in_{ijk}$ 指标置换两次后变为 $\in_{jki}u_jv_k\boldsymbol{e}_i$ 再用新的一组指标替换而成。当然式（1.36）也可根据式（1.21）直接得到。

类似地，基矢量的叉积可表示为

$$\boldsymbol{e}_i\times\boldsymbol{e}_j=\in_{ijk}\boldsymbol{e}_k \tag{1.37}$$

例 1.2　利用式（1.36）的指标表示证明式（1.35）。

证明　设

$$\boldsymbol{a}=\boldsymbol{w}\times(\boldsymbol{u}\times\boldsymbol{v}),\quad \boldsymbol{b}=\boldsymbol{u}\times\boldsymbol{v} \tag{例 1.2.1}$$

按叉积的指标表示可写出

$$b_k=\in_{kst}u_sv_t \tag{例 1.2.2}$$

$$a_i=\in_{ijk}w_jb_k \tag{例 1.2.3}$$

将式（例 1.2.2）代入式（例 1.2.3）得

$$a_i=\in_{ijk}w_j\in_{kst}u_sv_t=\in_{kij}\in_{kst}w_ju_sv_t\qquad（\in_{ijk}\text{ 指标交换两次}）$$

利用 $\in$-δ 恒等式（1.24），有

$$a_i=(\delta_{is}\delta_{jt}-\delta_{it}\delta_{js})w_ju_sv_t=w_tu_iv_t-w_sv_iu_s=w_tv_tu_i-w_su_sv_i$$

用实体表示

$$\boldsymbol{a}=\boldsymbol{w}\times(\boldsymbol{u}\times\boldsymbol{v})=(\boldsymbol{w}\cdot\boldsymbol{v})\boldsymbol{u}-(\boldsymbol{w}\cdot\boldsymbol{u})\boldsymbol{v}$$

1.3.3 混合积

三个矢量的混合积为

$$\begin{aligned}[\boldsymbol{u}\quad\boldsymbol{v}\quad\boldsymbol{w}]&=\boldsymbol{u}\cdot(\boldsymbol{v}\times\boldsymbol{w})=(\boldsymbol{u}\times\boldsymbol{v})\cdot\boldsymbol{w}\\&=\begin{vmatrix}u_1&u_2&u_3\\v_1&v_2&v_3\\w_1&w_2&w_3\end{vmatrix}\end{aligned}\tag{1.38}$$

混合积的物理意义是：以 $\boldsymbol{u}$ 、 $\boldsymbol{v}$ 、 $\boldsymbol{w}$ 为三个棱边所围成的平行六面体的体积。

更换三个矢量在混合积中的顺序，满足

$$\begin{aligned}[\boldsymbol{u}\quad\boldsymbol{v}\quad\boldsymbol{w}]&=[\boldsymbol{v}\quad\boldsymbol{w}\quad\boldsymbol{u}]=[\boldsymbol{w}\quad\boldsymbol{u}\quad\boldsymbol{v}]\\&=-[\boldsymbol{v}\quad\boldsymbol{u}\quad\boldsymbol{w}]=-[\boldsymbol{u}\quad\boldsymbol{w}\quad\boldsymbol{v}]=-[\boldsymbol{w}\quad\boldsymbol{v}\quad\boldsymbol{u}]\end{aligned}\tag{1.39}$$

容易证明，由三个矢量的两两点积构成的行列式等于三个矢量混合积的平方

$$\begin{vmatrix}\boldsymbol{u}\cdot\boldsymbol{u}&\boldsymbol{u}\cdot\boldsymbol{v}&\boldsymbol{u}\cdot\boldsymbol{w}\\\boldsymbol{v}\cdot\boldsymbol{u}&\boldsymbol{v}\cdot\boldsymbol{v}&\boldsymbol{v}\cdot\boldsymbol{w}\\\boldsymbol{w}\cdot\boldsymbol{u}&\boldsymbol{w}\cdot\boldsymbol{v}&\boldsymbol{w}\cdot\boldsymbol{w}\end{vmatrix}=[\boldsymbol{u}\quad\boldsymbol{v}\quad\boldsymbol{w}]^2\tag{1.40}$$

由此可知

$$[\boldsymbol{e}_1\quad\boldsymbol{e}_2\quad\boldsymbol{e}_3]^2=1\quad\text{在右手坐标系中}\quad[\boldsymbol{e}_1\quad\boldsymbol{e}_2\quad\boldsymbol{e}_3]=1$$

于是可得出 3 个基矢量任意排列时的混合积

$$[\boldsymbol{e}_i\quad\boldsymbol{e}_j\quad\boldsymbol{e}_k]=\epsilon_{ijk}\quad(i,j,k=1,2,3)\tag{1.41}$$

1.4 坐标变换

矢量 $\boldsymbol{u}$ 在不同的坐标系中，其分量 u_1 ， u_2 ， u_3 是不同的。考虑笛卡儿坐标系 $x_1-x_2-x_3$ 旋转后变为另一个坐标系 $x_1'-x_2'-x_3'$ （图 1.7），它们的单位基矢量分别为 $(\boldsymbol{e}_1,\boldsymbol{e}_2,\boldsymbol{e}_3)$ 和 $(\boldsymbol{e}_1',\boldsymbol{e}_2',\boldsymbol{e}_3')$ 。如果用 Q_{ij} 表示 x_i' 轴和 x_j 轴夹角的余弦

$$Q_{ij}=\cos(x_i',x_j)\tag{1.42}$$

则将 $\boldsymbol{e}_1'$ ， $\boldsymbol{e}_2'$ ， $\boldsymbol{e}_3'$ 作为矢量分别对基 $\boldsymbol{e}_i$ 进行分解

$$\begin{aligned}\boldsymbol{e}_1'&=Q_{11}\boldsymbol{e}_1+Q_{12}\boldsymbol{e}_2+Q_{13}\boldsymbol{e}_3\\\boldsymbol{e}_2'&=Q_{21}\boldsymbol{e}_1+Q_{22}\boldsymbol{e}_2+Q_{23}\boldsymbol{e}_3\\\boldsymbol{e}_3'&=Q_{31}\boldsymbol{e}_1+Q_{32}\boldsymbol{e}_2+Q_{33}\boldsymbol{e}_3\end{aligned}$$

写成指标表示

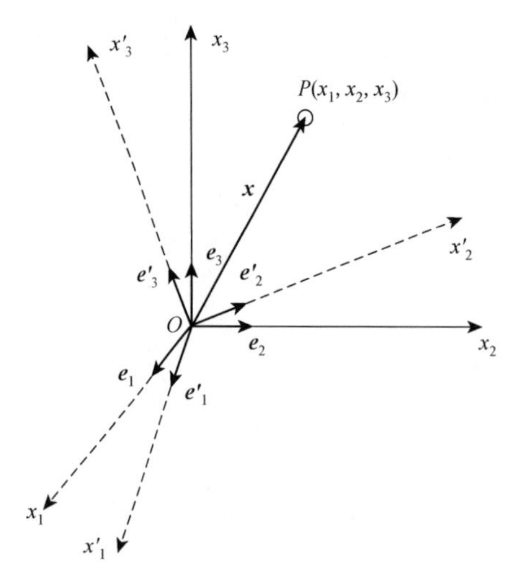

图 1.7　直角坐标变换

$$e_i' = Q_{ij} e_j \tag{1.43}$$

类似的，用相反的分解可得出

$$e_i = Q_{ji} e_j' \tag{1.44}$$

对于任意矢量 $\boldsymbol{u} = u_i \boldsymbol{e}_i = u_i' \boldsymbol{e}_i'$，其分量为

$$u_i = \boldsymbol{u} \cdot \boldsymbol{e}_i = u_j' \boldsymbol{e}_j' \cdot \boldsymbol{e}_i = u_j' Q_{ji} \boldsymbol{e}_i \cdot \boldsymbol{e}_i = Q_{ji} u_j' \tag{1.45}$$

和

$$u_i' = \boldsymbol{u} \cdot \boldsymbol{e}_i' = u_j \boldsymbol{e}_j \cdot \boldsymbol{e}_i' = u_j Q_{ij} \boldsymbol{e}_i' \cdot \boldsymbol{e}_i' = Q_{ij} u_j \tag{1.46}$$

矢量 $\boldsymbol{u}$ 不会因坐标系的变化而改变其大小和方向，但在不同的坐标系中其分量 u_i 和 u_i' 是不同的，它们之间的转换关系由式（1.45）和式（1.46）给出。事实上，式（1.42）意味着 $Q_{ij} = \boldsymbol{e}_i' \cdot \boldsymbol{e}_j$，由此更容易推证上面各式。

用这个转换关系容易求出两坐标系中同一点的不同坐标值。图 1.7 中空间任意点 P 用矢径 $\boldsymbol{x}$ 表示，其在两个坐标系上的分量分别为 (x_1, x_2, x_3) 和 (x_1', x_2', x_3')，则有

$$x_i' = Q_{ij} x_j \ \text{和}\ x_i = Q_{ji} x_j' \tag{1.47}$$

于是

$$Q_{ij} = \frac{\partial x_i'}{\partial x_j} = \frac{\partial x_j}{\partial x_i'} \tag{1.48}$$

大家熟悉的平面坐标系旋转公式

$$\begin{cases} x_1' = x_1 \cos\theta + x_2 \sin\theta \\ x_2' = -x_1 \sin\theta + x_2 \cos\theta \end{cases} \tag{1.49}$$

就是式（1.47）中的第 1 式。式中 θ 为 x_1' 轴与 x_1 轴之间的夹角。由于式（1.49）显式地给出了函数关系 $x_k' = x_k'(x_i)$，故利用式（1.48）可得出

$$Q_{ij} = \begin{bmatrix} \cos\theta & \sin\theta \\ -\sin\theta & \cos\theta \end{bmatrix} \tag{1.50}$$

这是个正交矩阵，不难验证其每行、每列各自的平方和为 1，每两行（或列）的同列（同行）元素的乘积之和等于零。

更一般地，利用式（1.43）可得

$$\delta_{ij} = \boldsymbol{e}_i' \cdot \boldsymbol{e}_j' = Q_{ir} \boldsymbol{e}_r \cdot Q_{js} \boldsymbol{e}_s = Q_{ir} Q_{js} \delta_{rs} = Q_{ir} Q_{jr} = Q_{ir} Q_{rj}^{\mathrm{T}} \tag{1.51a}$$

类似地，利用式（1.44）可得

$$\delta_{ij} = \boldsymbol{e}_i \cdot \boldsymbol{e}_j = Q_{ri}Q_{rj} = Q_{ir}^{\mathrm{T}}Q_{rj} \tag{1.51b}$$

综合（1.51a）和（1.51b）两式，有矩阵形式

$$[\boldsymbol{Q}][\boldsymbol{Q}]^{\mathrm{T}} = [\boldsymbol{Q}]^{\mathrm{T}}[\boldsymbol{Q}] = [\boldsymbol{I}] \tag{1.52}$$

$[\boldsymbol{I}]$ 为单位矩阵。说明 $[\boldsymbol{Q}]$ 为正交矩阵，即 $[\boldsymbol{Q}]^{\mathrm{T}} = [\boldsymbol{Q}]^{-1}$。由此给出式（1.46）的变换称为正交变换。

需要强调的是式（1.42）中 Q_{ij} 表示的 $\cos(x_i', x_j)$ 第一个下标 i 指的是 x_i' 轴，第二个下标 j 指的是 x_j 轴，因为 $Q_{ij} \neq Q_{ji}$，所以计算时不能随意颠倒指标顺序。例如，Q_{12} 是 x_1' 轴与 x_2 轴夹角的余弦，而 Q_{21} 是 x_2' 轴与 x_1 轴夹角的余弦。若令 $R_{ij} = Q_{ji}$，则 R_{ij} 表示 $\cos(x_i, x_j')$ ［相同于 $\cos(x_j', x_i)$ ］，即 x_i 轴与 x_j' 轴夹角的余弦，此时 R_{ij} 称为转动张量。

关于转动张量 R_{ij}，可通过图 1.8 矢量 $\boldsymbol{r}$ 的转动来加以理解。设 $\boldsymbol{r}$ 经过转动 θ 角后为 $\boldsymbol{s}$，假设 $\boldsymbol{r}$ 连同坐标系一起转动，在转动后的坐标系统中 $\boldsymbol{s}$ 的分量 s_i' 等于矢量 $\boldsymbol{r}$ 在未转动坐标系中相应的分量 r_i，即

$$s_i' = r_i$$

应用式（1.46）于上式的左边得到

$$r_i = Q_{ij}s_j \tag{1.53}$$

两边同乘 Q_{ki}^{T}，并应用式（1.51b）得到

$$Q_{ki}^{\mathrm{T}}r_i = Q_{ki}^{\mathrm{T}}Q_{ij}s_j = \delta_{kj}s_j = s_k$$

最后利用转动张量 $R_{ij} = Q_{ij}^{\mathrm{T}}$ 可得

$$s_i = R_{ij}r_j \tag{1.54}$$

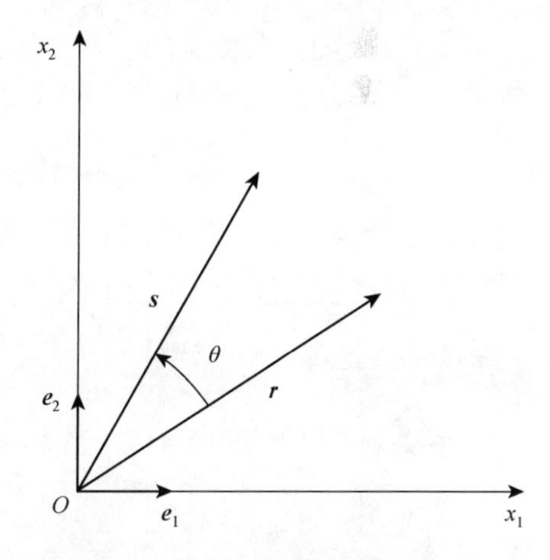

图 1.8　二维坐标系中转动的矢量

应用上式容易导出一个平面矢量 $\boldsymbol{r} = 2\boldsymbol{e}_1 + 2\boldsymbol{e}_2$ 逆时针旋转 $\theta = 30°$ 后成为 $\boldsymbol{s}$

$$s_i = R_{ij}r_j = \begin{bmatrix} \cos 30° & -\sin 30° \\ \sin 30° & \cos 30° \end{bmatrix} \begin{bmatrix} 2 \\ 2 \end{bmatrix} = \begin{bmatrix} \sqrt{3}-1 \\ \sqrt{3}+1 \end{bmatrix}$$

两个矢量具有相同的模 $2\sqrt{2}$。

1.5　笛卡儿张量定义

在 1.1 节我们提到，对同一个矢量，在不同的旋转坐标系中，虽其分量有所不同，但其分量变换必须满足一定的变换法则。这里所指的变换法则就是式（1.46），其等式的右边是关于 Q_{ij} 的一次齐次式。按这个概念，我们可以重新定义矢量，以代替先前认为矢量是具有大小和方向量的定义。

矢量：一个有序数组 $a_i\ (i=1,2,3)$，如果在坐标变换下，变换系数 Q_{ij} 为由下式

$$a_i' = Q_{ij} a_j \tag{1.55}$$

组成的一次齐次式，则称 a_i 为矢量。

与矢量类似，可用坐标变换关系定义二阶张量。

二阶张量：一个二阶有序数组 $T_{ij}\ (i,j=1,2,3)$，如果在坐标变换下，变换系数 Q_{ij} 为由下式

$$T_{ij}' = Q_{ip} Q_{jq} T_{pq} \tag{1.56}$$

组成的二次齐次式，则称 T_{ij} 为二阶张量。

上式就是 1.1 节提到的应力张量必须满足的“变换法则”。由此可递推出 n 阶张量 $T_{ijk\cdots m}\ (i,j,k,\cdots,m=1,2,3)$ 应满足变换式

$$T_{ijk\cdots m}' = Q_{ip} Q_{jq} Q_{kr} \cdots Q_{mt} T_{pqr\cdots t} \tag{1.57}$$

这是关于变换系数 Q_{ij} 组成的 n 次齐次式，$T_{ijk\cdots m}$ 共有 3^n 个元素。

根据这些定义，可证明由置换符号 $\in_{ijk}$ 能构成三阶张量 $\boldsymbol{\in}$，其并矢表示为

$$\boldsymbol{\in} = \in_{ijk} \boldsymbol{e}_i \boldsymbol{e}_j \boldsymbol{e}_k \tag{1.58}$$

事实上，根据式（1.41），当坐标变换时，基矢量的混合积

$$\begin{aligned}\in_{ijk}' &= \begin{bmatrix} \boldsymbol{e}_i' & \boldsymbol{e}_j' & \boldsymbol{e}_k' \end{bmatrix} = \begin{bmatrix} Q_{ip}\boldsymbol{e}_p & Q_{jq}\boldsymbol{e}_q & Q_{kr}\boldsymbol{e}_r \end{bmatrix} \\ &= Q_{ip} Q_{jq} Q_{kr} \begin{bmatrix} \boldsymbol{e}_p & \boldsymbol{e}_q & \boldsymbol{e}_r \end{bmatrix} = Q_{ip} Q_{jq} Q_{kr} \in_{pqr}\end{aligned}$$

满足坐标变换法则，故 $\boldsymbol{\in}$ 为三阶张量。应当注意，如不在笛卡儿坐标系中，置换符号 $\in_{ijk}$ 不能直接构成三阶张量 $\boldsymbol{\in}$。

另外，合并两个矢量 a_i 和 b_i 可构成一个并矢量 $C_{ij} = a_i b_j$。在所有坐标系中采用同样的定义，则

$$C_{ij}' = a_i' b_j' = (Q_{ip} a_p)(Q_{jq} b_q) = Q_{ip} Q_{jq} C_{pq}$$

满足坐标变换式（1.56），故 C_{ij} 为二阶张量。

现在进一步来讨论并矢的意义[3]。考虑矢量 $\boldsymbol{v}$ 对矢量 $\boldsymbol{u}$ 的投影矢量

$$\mathrm{Proj}_u \boldsymbol{v} = (\boldsymbol{v} \cdot \bar{\boldsymbol{u}}) \bar{\boldsymbol{u}} = \bar{\boldsymbol{u}} (\bar{\boldsymbol{u}} \cdot \boldsymbol{v}) \tag{1.59}$$

式中 $\bar{\boldsymbol{u}}$ 为 $\boldsymbol{u}$ 的单位矢量。这个式子可解释为：算子 Proj_u 将矢量 $\boldsymbol{v}$ 变换成沿 $\boldsymbol{u}$ 方向大小为 $\boldsymbol{v} \cdot \bar{\boldsymbol{u}}$ 的另一个矢量，如图 1.9 所示。对任意标量 α 和 β 及任意矢量 $\boldsymbol{w}$，有

$$\begin{aligned}\mathrm{Proj}_u(\alpha\boldsymbol{v}+\beta\boldsymbol{w})&=\left[(\alpha\boldsymbol{v}+\beta\boldsymbol{w})\cdot\overline{\boldsymbol{u}}\right]\overline{\boldsymbol{u}}=(\alpha\boldsymbol{v}\cdot\overline{\boldsymbol{u}}+\beta\boldsymbol{w}\cdot\overline{\boldsymbol{u}})\overline{\boldsymbol{u}}\\&=\alpha(\boldsymbol{v}\cdot\overline{\boldsymbol{u}})\overline{\boldsymbol{u}}+\beta(\boldsymbol{w}\cdot\overline{\boldsymbol{u}})\overline{\boldsymbol{u}}\\&=\alpha\mathrm{Proj}_u\boldsymbol{v}+\beta\mathrm{Proj}_u\boldsymbol{w}\end{aligned}$$

说明 Proj_u 算子是一个线性算子，相当于对所作用的矢量做了某种线性变换。如记

$$\mathrm{Proj}_u=\overline{\boldsymbol{u}}\,\overline{\boldsymbol{u}} \tag{1.60}$$

为并矢（即矢量 $\overline{\boldsymbol{u}}$ 与 $\overline{\boldsymbol{u}}$ 并写在一起），则并矢表示一种线性变换算子，式（1.59）可表示为并矢 $\overline{\boldsymbol{u}}\,\overline{\boldsymbol{u}}$ 与矢量 $\boldsymbol{v}$ 的点积

$$\overline{\boldsymbol{u}}\,\overline{\boldsymbol{u}}\cdot\boldsymbol{v}=(\boldsymbol{v}\cdot\overline{\boldsymbol{u}})\overline{\boldsymbol{u}}=\overline{\boldsymbol{u}}(\overline{\boldsymbol{u}}\cdot\boldsymbol{v}) \tag{1.61}$$

一般地，矢量 $\boldsymbol{a}$ 和 $\boldsymbol{b}$ 的并矢 $\boldsymbol{a}\boldsymbol{b}$，与任意矢量 $\boldsymbol{v}$ 之间的点积满足以下规则

$$\begin{aligned}(\boldsymbol{a}\boldsymbol{b})\cdot\boldsymbol{v}&=\boldsymbol{a}(\boldsymbol{b}\cdot\boldsymbol{v})\\\boldsymbol{v}\cdot(\boldsymbol{a}\boldsymbol{b})&=(\boldsymbol{v}\cdot\boldsymbol{a})\boldsymbol{b}\end{aligned} \tag{1.62}$$

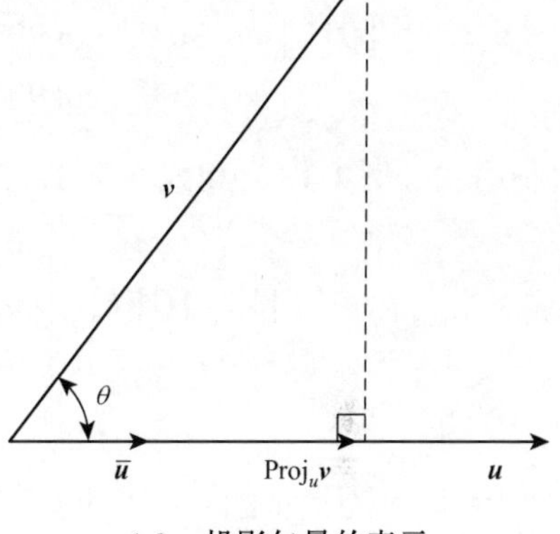

1.9　投影矢量的表示

例 1.3　二阶张量 a_{ij} 和矢量 b_i 在 $x_1-x_2-x_3$ 坐标系中的分量分别为

$$a_{ij}=\begin{bmatrix}10&5&-6\\5&20&15\\-6&15&8\end{bmatrix},\quad b_i=\begin{bmatrix}4\\-1\\3\end{bmatrix}$$

求二阶张量和矢量在旋转坐标系 $x_1'-x_2'-x_3'$（图 1.10）中的分量 a_{ij}' 和 b_i'。新坐标系 x_i' 是通过老坐标系 x_i 绕 x_3 轴顺时针旋转 90°，再绕 x_1' 轴逆时针旋转 30°形成。

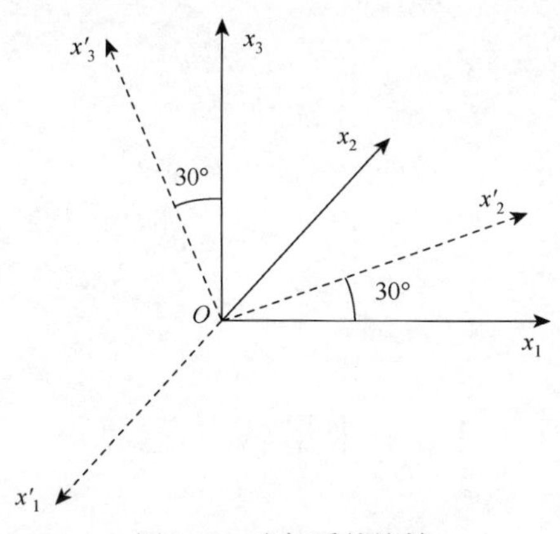

图 1.10　坐标系的旋转

解　矢量坐标变换公式（1.46）的矩阵运算式为

$$[\boldsymbol{u}']=[\boldsymbol{Q}][\boldsymbol{u}] \tag{例 1.3.1}$$

二阶张量坐标变换公式（1.56）的矩阵运算式为

$$[\boldsymbol{T}'] = [\boldsymbol{Q}][\boldsymbol{T}][\boldsymbol{Q}]^{\mathrm{T}} \tag{例 1.3.2}$$

根据坐标旋转角度，本例中坐标变换矩阵为

$$[\boldsymbol{Q}] = \begin{bmatrix} \cos 90° & \cos 180° & \cos 90° \\ \cos 30° & \cos 90° & \cos 60° \\ \cos 120° & \cos 90° & \cos 30° \end{bmatrix} = \begin{bmatrix} 0.000 & -1.000 & 0.000 \\ 0.866 & 0.000 & 0.500 \\ -0.500 & 0.000 & 0.866 \end{bmatrix}$$

利用式（例 1.3.1）和式（例 1.3.2）可得

$$b_i' = [\boldsymbol{b}'] = [\boldsymbol{Q}][\boldsymbol{b}] = \begin{bmatrix} 0.000 & -1.000 & 0.000 \\ 0.866 & 0.000 & 0.500 \\ -0.500 & 0.000 & 0.866 \end{bmatrix} \begin{bmatrix} 4 \\ -1 \\ 3 \end{bmatrix} = \begin{bmatrix} 1.000 \\ 4.964 \\ 0.598 \end{bmatrix}$$

$$a_{ij}' = [\boldsymbol{a}'] = [\boldsymbol{Q}][\boldsymbol{a}][\boldsymbol{Q}]^{\mathrm{T}} = \begin{bmatrix} 0.000 & -1.000 & 0.000 \\ 0.866 & 0.000 & 0.500 \\ -0.500 & 0.000 & 0.866 \end{bmatrix} \begin{bmatrix} 10 & 5 & -6 \\ 5 & 20 & 15 \\ -6 & 15 & 8 \end{bmatrix} \begin{bmatrix} 0.000 & 0.866 & -0.500 \\ -1.000 & 0.000 & 0.000 \\ 0.000 & 0.500 & 0.866 \end{bmatrix}$$

$$= \begin{bmatrix} 20.000 & -11.830 & -10.490 \\ -11.830 & 4.304 & -3.866 \\ -10.490 & -3.866 & 13.696 \end{bmatrix}$$

矩阵$[\boldsymbol{a}]$与$[\boldsymbol{a}']$相似。

【注 1.2】用 MATLAB 完成上面的计算。

```
>clear
>a = [10, 5, -6; 5, 20, 15; -6, 15, 8];                创建张量 a
>b = [4; -1; 3];                                       创建矢量 b
>Q = [cos(pi/2), cos(pi), cos(pi/2); cos(pi/6), cos(pi/2), cos(pi/3); cos(2*pi/3), cos(pi/2), cos(pi/6)];
                                                       创建坐标变换张量 Q
>bn = Q*b                    式（例 1.3.1）
>an = Q*a*Q'                 式（例 1.3.2）
```

1.6 张量代数运算

1.6.1 张量相等

两个张量对应的分量相等时，则定义它们相等。例如，张量T_{ij}和S_{ij}相等的条件是

$$T_{ij}=S_{ij} \tag{1.63}$$

1.6.2 张量相加

两个同阶张量的和（或差）仍是一个张量，且同阶。张量的和（或差）的分量可用两个张量相应的分量相加（或相减）得到。例如，两个二阶张量 T_{ij} 和 S_{ij} 相加，得到其和张量 U_{ij}

$$U_{ij}=T_{ij}+S_{ij} \tag{1.64}$$

1.6.3 标量与张量相乘

将张量分量 T_{ij} 乘以标量 k 得到同阶的另一个张量分量 U_{ij}，即

$$kT_{ij}=U_{ij} \tag{1.65}$$

1.6.4 张量并乘

两个二阶张量 T_{ij} 和 S_{kl} 并乘得到一个四阶张量 U_{ijkl}，即

$$T_{ij}S_{kl}=U_{ijkl} \tag{1.66}$$

新张量 U_{ijkl} 指标的前后顺序应与 T_{ij} 和 S_{kl} 的顺序一致。利用坐标变换式（1.55）容易证明上式。上式还可用并矢形式表示为

$$\boldsymbol{TS}=T_{ij}\boldsymbol{e}_i\boldsymbol{e}_j S_{kl}\boldsymbol{e}_k\boldsymbol{e}_l=T_{ij}S_{kl}\boldsymbol{e}_i\boldsymbol{e}_j\boldsymbol{e}_k\boldsymbol{e}_l=U_{ijkl}\boldsymbol{e}_i\boldsymbol{e}_j\boldsymbol{e}_k\boldsymbol{e}_l=\boldsymbol{U} \tag{1.67}$$

同理，两个一阶张量（矢量）并乘可得到一个二阶张量，如例 1.1 中 b_ib_j 为并矢 $\boldsymbol{bb}$ 的二阶张量（注意分量表示的指标不相同）。

1.6.5 张量缩并

张量缩并是将基张量中指定的两个基矢量进行点积。例如，将四阶张量 $\boldsymbol{U}=U_{ijkl}\boldsymbol{e}_i\boldsymbol{e}_j\boldsymbol{e}_k\boldsymbol{e}_l$ 中的第 2、第 4 基矢量进行点积，得

$$\boldsymbol{W}=U_{ijkl}\delta_{jl}\boldsymbol{e}_i\boldsymbol{e}_k=U_{ijkj}\boldsymbol{e}_i\boldsymbol{e}_k=W_{ik}\boldsymbol{e}_i\boldsymbol{e}_k \tag{1.68}$$

其中 $W_{ik}=U_{ijkj}$。利用 U_{ijkl} 满足坐标变换关系

$$U'_{ijkl}=Q_{ip}Q_{jq}Q_{kr}Q_{ls}U_{pqrs}$$

可证明 W_{ik} 是二阶张量。事实上，在新坐标系中，有

$$
\begin{aligned}
W'_{ik} &= U'_{ijkj} = Q_{ip}Q_{jq}Q_{kr}Q_{js}U_{pqrs} = \delta_{qs}Q_{ip}Q_{kr}U_{pqrs} \\
&= Q_{ip}Q_{kr}U_{pqrq} = Q_{ip}Q_{kr}W_{pr}
\end{aligned}
$$

即 W_{ik} 是个二阶张量。

张量每缩并一次消去两个基矢量，故降低两阶。消去的基矢量在指标表示中用相同的指标表示。

1.6.6 张量点积

两个张量 $\boldsymbol{T}$ 与 $\boldsymbol{S}$ 先并乘后缩并的运算称为点积（或称内积）。如 $\boldsymbol{T}$ 和 $\boldsymbol{S}$ 均为二阶张量，则它们的点积是用 $\boldsymbol{T}$ 的最后一个基矢量与 $\boldsymbol{S}$ 的第一个基矢量相点积，即

$$
\begin{aligned}
\boldsymbol{T}\cdot\boldsymbol{S} &= (T_{ij}\boldsymbol{e}_i\boldsymbol{e}_j)\cdot(S_{kl}\boldsymbol{e}_k\boldsymbol{e}_l) = T_{ij}S_{kl}\delta_{jk}\boldsymbol{e}_i\boldsymbol{e}_l \\
&= T_{ij}S_{jl}\boldsymbol{e}_i\boldsymbol{e}_l = V_{il}\boldsymbol{e}_i\boldsymbol{e}_l = \boldsymbol{V}
\end{aligned} \tag{1.69}
$$

其中 $V_{il} = T_{ij}S_{jl}$，这是二阶张量点积的指标表示，其矩阵表示为

$$
[\boldsymbol{T}][\boldsymbol{S}] = [\boldsymbol{V}] \tag{1.70}
$$

注意：指标表示两个二阶张量点积时，一定有一个指标缩并为相同项（即顺序紧靠的指标项，它决定了点积的顺序），剩下两指标分别表示结果的行或列，如例 1.1 中的 $a_{ik}a_{kj}$ 是 $\boldsymbol{a}\cdot\boldsymbol{a}$ 的分量。如果一个张量与一个矢量点积，也有一个指标缩并为相同项，剩下指标代表结果遍历行（或遍历列），如例 1.1 中的 $a_{ij}b_j$ 是 $\boldsymbol{a}\cdot\boldsymbol{b}$ 的分量，结果为 3 行 1 列矩阵；$a_{ij}b_i$ 的结果为 3 列 1 行矩阵，是 $\boldsymbol{b}\cdot\boldsymbol{a}$ 的分量。如果两个矢量点积，两个指标必须相同，如例 1.1 中的 $b_ib_i = \boldsymbol{b}\cdot\boldsymbol{b}$，这区别于并乘 $\boldsymbol{b}\boldsymbol{b} = b_ib_j\boldsymbol{e}_i\boldsymbol{e}_j$。

张量点积不满足交换律（除两矢量点积）。如

$$
\boldsymbol{T}\cdot\boldsymbol{S} \neq \boldsymbol{S}\cdot\boldsymbol{T}
$$

及例 1.1 中的

$$
\boldsymbol{a}\cdot\boldsymbol{b} \neq \boldsymbol{b}\cdot\boldsymbol{a}
$$

若二阶张量 $\boldsymbol{T}$ 与矢量 $\boldsymbol{u}$ 点积，则有

$$
\boldsymbol{T}\cdot\boldsymbol{u} = \boldsymbol{u}\cdot\boldsymbol{T}^{\mathrm{T}} \tag{1.71}
$$

$\boldsymbol{T}^{\mathrm{T}}$ 为张量 $\boldsymbol{T}$ 的转置张量。

点积一次消去两个基矢量，结果降低两阶。如 $\boldsymbol{T}$ 与 $\boldsymbol{S}$ 顺序点积两次

$$
\begin{aligned}
\boldsymbol{T}:\boldsymbol{S} &= (T_{ij}\boldsymbol{e}_i\boldsymbol{e}_j):(S_{kl}\boldsymbol{e}_k\boldsymbol{e}_l) = T_{ij}S_{kl}\delta_{ik}\delta_{jl} \\
&= T_{ij}S_{ij}
\end{aligned} \tag{1.72}
$$

其结果为一标量。例 1.1 中的 $a_{ij}a_{ij} = \boldsymbol{a}:\boldsymbol{a}$ 也是如此。

请读者用实体表示例 1.1 中 $a_{ij}b_ib_j$ 张量的点积形式。

1.6.7　张量矢积

张量矢积是将两个相乘的张量基顺序叉乘。如矢量 $\boldsymbol{u}$ 和二阶张量 $\boldsymbol{T}$ 的矢积为

$$\boldsymbol{u}\times\boldsymbol{T}=u_i\boldsymbol{e}_i\times\boldsymbol{e}_jT_{jk}\boldsymbol{e}_k=u_iT_{jk}\in_{ijl}\boldsymbol{e}_l\boldsymbol{e}_k$$

$$\boldsymbol{T}\times\boldsymbol{u}=T_{jk}\boldsymbol{e}_j\boldsymbol{e}_k\times u_i\boldsymbol{e}_i=T_{jk}u_i\in_{kil}\boldsymbol{e}_j\boldsymbol{e}_l$$

两个张量的矢积为

$$\boldsymbol{T}\times\boldsymbol{S}=T_{ij}\boldsymbol{e}_i\boldsymbol{e}_j\times S_{kl}\boldsymbol{e}_k\boldsymbol{e}_l=T_{ij}S_{kl}\boldsymbol{e}_i(\boldsymbol{e}_j\times\boldsymbol{e}_k)\boldsymbol{e}_l=T_{ij}S_{kl}\in_{jkm}\boldsymbol{e}_i\boldsymbol{e}_m\boldsymbol{e}_l$$

用指标表示张量矢积时，其乘积中两张量指标完全不同，而相乘的基指标同时出现在置换符号中。没在置换符号中出现的张量指标及置换符中出现而张量指标中没有出现的指标构成了乘积结果的基。

1.6.8　转置张量

保持基矢量的排列顺序不变，调换张量分量的指标顺序，就可得到同阶的新张量，称为原张量的转置张量。如四阶张量 $\boldsymbol{U}=U_{ijkl}\boldsymbol{e}_i\boldsymbol{e}_j\boldsymbol{e}_k\boldsymbol{e}_l$ 对第 1，2 指标转置为

$$\boldsymbol{V}=U_{ijkl}\boldsymbol{e}_i\boldsymbol{e}_j\boldsymbol{e}_k\boldsymbol{e}_l \tag{1.73}$$

特别地，对二阶张量 $\boldsymbol{T}=T_{ij}\boldsymbol{e}_i\boldsymbol{e}_j$ 转置后，记为

$$\boldsymbol{T}^{\mathrm{T}}=T_{ij}^{\mathrm{T}}\boldsymbol{e}_i\boldsymbol{e}_j=T_{ji}\boldsymbol{e}_i\boldsymbol{e}_j \tag{1.74}$$

学习了转置张量，我们来看例 1.1 中指标表示 $a_{ij}a_{kj}$ 的含意。这个表示式中的列指标相同，说明进行了缩并，其结果为一个二阶张量，共有 9 个分量。如按 1.2 节中式（1.5）用矩阵表示这个二阶张量乘积，则必须将 $a_{ij}a_{kj}$ 中的 a_{kj} 转置为 a_{jk}^{T} 才能相乘得到一个按 i 行 k 列排序的矩阵

$$a_{ij}a_{kj}=a_{ij}a_{jk}^{\mathrm{T}}=a_{i1}a_{k1}+a_{i2}a_{k2}+a_{i3}a_{k3}=\begin{bmatrix}20&4&8\\4&5&10\\8&10&20\end{bmatrix}=[\boldsymbol{a}][\boldsymbol{a}]^{\mathrm{T}}$$

同样地，$a_{ij}a_{ik}=a_{ji}^{\mathrm{T}}a_{ik}$ 成为按 j 行 k 列排序的矩阵

$$a_{ij}a_{ik}=a_{ji}^{\mathrm{T}}a_{ik}=a_{1j}a_{1k}+a_{2j}a_{2k}+a_{3j}a_{3k}=\begin{bmatrix}16&8&0\\8&24&10\\6&10&5\end{bmatrix}=[\boldsymbol{a}]^{\mathrm{T}}[\boldsymbol{a}]$$

上两式用张量实体分别表示为 $\boldsymbol{a}\cdot\boldsymbol{a}^{\mathrm{T}}$ 和 $\boldsymbol{a}^{\mathrm{T}}\cdot\boldsymbol{a}$ 。

1.6.9 对称与反对称张量

若调换某两个张量分量指标的顺序而张量保持不变，则称该张量对于这两个指标具有对称性。如四张量$\boldsymbol{U}=U_{ijkl}\boldsymbol{e}_i\boldsymbol{e}_j\boldsymbol{e}_k\boldsymbol{e}_l$对第 1，2 指标转置后满足

$$U_{ijkl}=U_{jikl} \tag{1.75}$$

则张量$\boldsymbol{U}$对其 1，2 指标是**对称张量**。以$\boldsymbol{V}$表示由式（1.73）定义的转置张量，则

$$\boldsymbol{V}=\boldsymbol{U} \tag{1.76}$$

若二阶张量$\boldsymbol{N}=N_{ij}\boldsymbol{e}_i\boldsymbol{e}_j$对称，则

$$N_{ij}=N_{ji} \quad 或 \quad \boldsymbol{N}=\boldsymbol{N}^{\mathrm{T}} \tag{1.77}$$

对应的矩阵为对称矩阵$[\boldsymbol{N}]$。对任意矢量$\boldsymbol{u}$，利用式（1.71）可得

$$\boldsymbol{N}\cdot\boldsymbol{u}=\boldsymbol{u}\cdot\boldsymbol{N} \tag{1.78}$$

若调换某两个张量分量指标后得到的张量分量与原张量对应的分量反号，则称该张量对于这两个指标反对称。如四张量$\boldsymbol{U}=U_{ijkl}\boldsymbol{e}_i\boldsymbol{e}_j\boldsymbol{e}_k\boldsymbol{e}_l$对第 1，2 指标转置后满足

$$U_{ijkl}=-U_{jikl} \tag{1.79}$$

则张量$\boldsymbol{U}$对其 1，2 指标是**反对称张量**。仍以$\boldsymbol{V}$表示$\boldsymbol{U}$的转置张量，则

$$\boldsymbol{V}=-\boldsymbol{U} \tag{1.80}$$

若二阶张量$\boldsymbol{\varOmega}=\varOmega_{ij}\boldsymbol{e}_i\boldsymbol{e}_j$反对称，则

$$\varOmega_{ij}=-\varOmega_{ji} \quad 或 \quad \boldsymbol{\varOmega}=-\boldsymbol{\varOmega}^{\mathrm{T}} \tag{1.81}$$

对应的矩阵为反对称矩阵$[\boldsymbol{\varOmega}]$。同样，对任意矢量$\boldsymbol{u}$，利用式（1.71）又可得

$$\boldsymbol{\varOmega}\cdot\boldsymbol{u}=-\boldsymbol{u}\cdot\boldsymbol{\varOmega} \tag{1.82}$$

对于任意二阶张量$\boldsymbol{T}=T_{ij}\boldsymbol{e}_i\boldsymbol{e}_j$都可以分解成对称张量$\boldsymbol{N}$和反对称张量$\boldsymbol{\varOmega}$之和

$$\boldsymbol{T}=\boldsymbol{N}+\boldsymbol{\varOmega} \tag{1.83}$$

其中

$$\boldsymbol{N}=\frac{1}{2}(\boldsymbol{T}+\boldsymbol{T}^{\mathrm{T}}) \quad 或 \quad N_{ij}=\frac{1}{2}(T_{ij}+T_{ji}) \tag{1.84a}$$

$$\boldsymbol{\varOmega}=\frac{1}{2}(\boldsymbol{T}-\boldsymbol{T}^{\mathrm{T}}) \quad 或 \quad \varOmega_{ij}=\frac{1}{2}(T_{ij}-T_{ji}) \tag{1.84b}$$

1.6.10 张量的商法则

设$T(i,j,k,m)$ $(i,j,k,m=1,2,3)$是3^4个函数的集合，它拥有四阶张量所应有的分量数，然而它是不是张量必须通过坐标变换法则来判断。商法则提供了另一种较简便的判断方法，即只要知道$T(i,j,k,m)$与一任意张量的乘积性质，

便能判断 $T(i,j,k,m)$ 是不是张量。

设 $T(i,j,k,m)$ 与一个 q 阶张量 $\boldsymbol{S}$（如 $q=2$，其分量为 S_{km}）的点积为一个 p 阶张量（如 $p=2$，其分量为 W_{ij}），即在任意坐标系中以下等式均成立：

$$T(i,j,k,m)S_{km}=W_{ij} \tag{1.85}$$

（上式等号左侧 k，m 为傀指标）则这组函数 $T(i,j,k,m)$ 的集合必定是一个 $(p+q)$ 阶张量

$$T(i,j,k,m)=T_{ijkm} \tag{1.86}$$

上述规则称为张量的商法则。可应用坐标变换关系加以证明，感兴趣的读者可参考有关张量分析的书籍。

现在来看一具有 9 个元素的集合 $T(i,j)$ 与一矢量 u_j（$q=1$）点积，如其结果为另一矢量 w_i（$p=1$），即

$$T(i,j)u_j=w_i \tag{1.87}$$

则根据张量商法则可判定 $T(i,j)$ 是一个二阶张量 T_{ij}（$p+q=2$），用实体表示为

$$\boldsymbol{T}\cdot\boldsymbol{u}=\boldsymbol{w} \tag{1.88}$$

这个式子表明，一个二阶张量 $\boldsymbol{T}$ 与任意矢量 $\boldsymbol{u}$ 点积后可得到另一个矢量 $\boldsymbol{w}$。据此可将 $\boldsymbol{T}$ 看作一个线性算子，它将欧氏空间中的矢量 $\boldsymbol{u}$ 线性映射为另一矢量 $\boldsymbol{w}$，故一些书[4]中又将二阶张量称为**仿射量**。

1.6.11　二阶张量的三个主不变量

引进符号 tr，称为迹。它是将两个矢量的并矢 $\boldsymbol{uv}$ 映射为一个实数的线性运算

$$\mathrm{tr}(\boldsymbol{uv})=\boldsymbol{u}\cdot\boldsymbol{v}=u_iv_i \tag{1.89}$$

对于二阶张量 $\boldsymbol{T}$

$$\mathrm{tr}\,\boldsymbol{T}=\mathrm{tr}(T_{ij}\boldsymbol{e}_i\boldsymbol{e}_j)=T_{ij}\boldsymbol{e}_i\cdot\boldsymbol{e}_j=T_{ii} \tag{1.90}$$

依此法则，两个二阶张量的运算

$$\mathrm{tr}(\boldsymbol{T}+\boldsymbol{S})=\mathrm{tr}\,\boldsymbol{T}+\mathrm{tr}\,\boldsymbol{S}=T_{ii}+S_{ii} \tag{1.91}$$

$$\mathrm{tr}(\boldsymbol{T}\cdot\boldsymbol{S})=T_{ij}S_{ji}=T_{ji}S_{ij}=\mathrm{tr}(\boldsymbol{S}\cdot\boldsymbol{T}) \tag{1.92}$$

二阶张量通过某种运算变为不随坐标变换的标量，这种标量称为张量的标量不变量，如

$$\mathrm{tr}(\boldsymbol{T}\cdot\boldsymbol{T})=T_{ij}T_{ji}=\boldsymbol{T}\cdot\cdot\boldsymbol{T}=c_1 \tag{1.93a}$$

$$\mathrm{tr}(\boldsymbol{T}\cdot\boldsymbol{T}^{\mathrm{T}})=T_{ij}T_{ij}=\boldsymbol{T}:\boldsymbol{T}=c_2 \tag{1.93b}$$

其中 c_1、c_2 为标量。双点积 $\boldsymbol{T}\cdot\cdot\boldsymbol{T}$ 表示第一个张量第一、二个基交叉点积第二个张量第二、一个基，而 $\boldsymbol{T}:\boldsymbol{T}$ 则表示第一个张量第一、二个基顺序点积第二个张量第一、二个基。

【注 1.3】用 MATLAB 完成计算式（例 1.1.1）～式（例 1.1.3）。

```
>clear
>a = [4, 2, 0; 0, 2, 1; 0, 4, 2];                创建张量 a
> trace(a)                        式（例 1.1.1）
>trace(a*a')                      式（例 1.1.2）
>trace(a*a)                       式（例 1.1.3）
```

通常对于一个二阶张量可以写出许多标量不变量，然而在各种不变量中，以下所定义的三个不变量称为主不变量

$$\begin{cases} I_1 = \operatorname{tr}\boldsymbol{T} = T_{ii} \\ I_2 = \dfrac{1}{2}\left[(\operatorname{tr}\boldsymbol{T})^2 - \operatorname{tr}\boldsymbol{T}^2\right] = \dfrac{1}{2}(T_{ii}T_{jj} - T_{ij}T_{ji}) \\ I_3 = \det(T_{ij}) = \dfrac{1}{6}\left[(\operatorname{tr}\boldsymbol{T})^3 - 3(\operatorname{tr}\boldsymbol{T})(\operatorname{tr}\boldsymbol{T}^2) + 2\operatorname{tr}\boldsymbol{T}^3\right] \\ \quad = \dfrac{1}{6}\epsilon_{ijk}\epsilon_{pqr}T_{ip}T_{jq}T_{kr} \end{cases} \tag{1.94}$$

$\boldsymbol{T}$ 的所有其他形式不变量都可以从这三个主不变量导出，如式（1.93a）

$$\operatorname{tr}(\boldsymbol{T}\cdot\boldsymbol{T}) = I_1^2 - 2I_2 \tag{1.95}$$

I_1，I_2，I_3 写成分量展开形式，分别是 $\boldsymbol{T}$ 的一、二、三阶主子式之和

$$I_1 = T_{11} + T_{22} + T_{33} \tag{1.96a}$$

$$I_2 = \begin{vmatrix} T_{11} & T_{12} \\ T_{21} & T_{22} \end{vmatrix} + \begin{vmatrix} T_{22} & T_{23} \\ T_{32} & T_{33} \end{vmatrix} + \begin{vmatrix} T_{11} & T_{13} \\ T_{31} & T_{33} \end{vmatrix} \tag{1.96b}$$

$$I_3 = \begin{vmatrix} T_{11} & T_{12} & T_{13} \\ T_{21} & T_{22} & T_{23} \\ T_{31} & T_{32} & T_{33} \end{vmatrix} \tag{1.96c}$$

【注 1.4】用 MAPLE 计算式（1.96）。

```
>with(LinearAlgebra):
>restart:
>T: = Martix([[T11, T12, T13], [T21, T22, T23], [T31, T32, T33]]);          形成[T]矩阵
>I1 : = Trace(T) ;                       式（1.96a）
>I2 : = Determinant(SubMatrix(T, [1, 2], [1, 2])) + Determinant(SubMatrix(T, [2, 3], [2, 3]))
      + Determinant(SubMatrix(T, [1, 3], [1, 3])) ;                  式（1.96b）
>I3 : = Determinant(T) ;                 式（1.96c）
```

1.6.12　二阶张量的值

矢量 $\boldsymbol{u}$ 的值（模）即其长度，可由式（1.30）的 $\sqrt{\boldsymbol{u}\cdot\boldsymbol{u}}$ 求得，它是矢量空间的一种范数，满足范数公理的三个条件，即非负性、对称性与三角不等式。类似地，可以定义二阶张量的值 $|\boldsymbol{T}|$，它通过二阶张量自身的双点积求得

$$|\boldsymbol{T}|=\sqrt{\boldsymbol{T}:\boldsymbol{T}}=\sqrt{T_{ij}T_{ij}} \tag{1.97}$$

应用式（1.93b），不难将上式写为

$$|\boldsymbol{T}|=\sqrt{\boldsymbol{T}:\boldsymbol{T}}=\sqrt{\mathrm{tr}(\boldsymbol{T}\cdot\boldsymbol{T}^{\mathrm{T}})} \tag{1.98}$$

容易证明二阶张量的值也满足范数公理的三条件，故可作为二阶张量空间的一种范数。

【注 1.5】用 MATLAB 完成式（1.98）。

```
>clear
>T = [4, 2, 0; 0, 2, 1; 0, 4, 2];        创建张量 T
>norm(T, 'fro')                          计算张量 T 的模，这是式（例 1.1.2）开平方的值
```

1.7　二阶对称张量的特征值及特征方向

对某个二阶张量 $\boldsymbol{N}$，若存在一个实数 λ 和非零矢量 $\boldsymbol{r}$，使得

$$\boldsymbol{N}\cdot\boldsymbol{r}=\lambda\boldsymbol{r} \tag{1.99}$$

成立，则称 λ 为 $\boldsymbol{N}$ 的特征值（或称主值），$\boldsymbol{r}$ 为 $\boldsymbol{N}$ 的特征矢量。因为一切与特征矢量共线的非零矢量仍是特征矢量，故常把特征矢量取为单位矢量，其方向为特征方向（又称主方向）。显然，上式中的 $\boldsymbol{N}$ 将 $\boldsymbol{r}$ 映射为与其自身平行的矢量，并加以放大（或缩小）。式（1.99）的分量形式为

$$(N_{ij}-\lambda\delta_{ij})r_j=0 \tag{1.100}$$

这是 r_j 的一组齐次线性代数方程组，其存在非零解的条件是其系数行列式值为零，即

$$\det(N_{ij}-\lambda\delta_{ij})=0 \tag{1.101}$$

式（1.101）称为特征方程。它是关于特征值 λ 的三次方程，其左端的展开式称为特征多项式，即

$$\Delta(\lambda)=-\lambda^3+I_1\lambda^2-I_2\lambda+I_3 \tag{1.102}$$

式中，I_1，I_2，I_3 即为张量 $\boldsymbol{N}$ 的第一、第二和第三主不变量，见式（1.94）。由

于特征方程 $\Delta(\lambda)=0$ 是实系数的三次方程，其解的三个根 λ_1，λ_2，λ_3 中必有一个是实根，其他两个或是实根或是共轭复根。容易证明[1]，如果 $\boldsymbol{N}$ 为对称二阶张量，则特征方程解的三个根必然都是实根。以下均按 $\boldsymbol{N}$ 为对称张量考虑。

如果 $\boldsymbol{N}$ 有两个不相等的特征值 λ_α，$\lambda_\beta(\alpha,\beta=1,2,3,\alpha\neq\beta)$，则与 λ_α 和 λ_β 相对应的两个特征矢量 $\boldsymbol{r}_\alpha$ 和 $\boldsymbol{r}_\beta$ 相互正交：$\boldsymbol{r}_\alpha\cdot\boldsymbol{r}_\beta=0$。事实上，根据式（1.99）可写出 $\boldsymbol{N}\cdot\boldsymbol{r}_\alpha=\lambda_\alpha\boldsymbol{r}_\alpha$（不对 α 求和）和 $\boldsymbol{N}\cdot\boldsymbol{r}_\beta=\lambda_\beta\boldsymbol{r}_\beta$（不对 β 求和）。分别用 $\boldsymbol{r}_\beta$ 和 $\boldsymbol{r}_\alpha$ 左点乘上两式并相减，得

$$(\lambda_\alpha-\lambda_\beta)\boldsymbol{r}_\alpha\cdot\boldsymbol{r}_\beta=0$$

故

$$\boldsymbol{r}_\alpha\cdot\boldsymbol{r}_\beta=0 \tag{1.103}$$

对于 $\boldsymbol{N}$ 的三个特征值，可分三种情况进行讨论。

（1）当 $\boldsymbol{N}$ 具有三个不等的实根 λ_1，λ_2，λ_3 时，则根据对式（1.103）的讨论可知相应的三个特征矢量（单位矢量）$\boldsymbol{r}_1$，$\boldsymbol{r}_2$，$\boldsymbol{r}_3$ 是相互正交的，即 $\boldsymbol{r}_\alpha\cdot\boldsymbol{r}_\beta=\delta_{\alpha\beta}$。这时

$$\boldsymbol{N}=\sum_{\alpha,\beta=1}^{3}N_{\alpha\beta}\boldsymbol{r}_\alpha\boldsymbol{r}_\beta$$

由 $\boldsymbol{N}\cdot\boldsymbol{r}_\alpha=\lambda_\alpha\boldsymbol{r}_\alpha$（不对 α 求和）等式两边左点乘 $\boldsymbol{r}_\beta$ 可推出

$$N_{\alpha\beta}=\begin{cases}\lambda_\alpha, & \alpha=\beta\\ 0, & \alpha\neq\beta\end{cases}$$

即在这种情况下，$\boldsymbol{N}$ 可以写成如下形式：

$$\boldsymbol{N}=\sum_{\alpha=1}^{3}\lambda_\alpha\boldsymbol{r}_\alpha\boldsymbol{r}_\alpha$$

由于 $\boldsymbol{r}_\alpha\,(\alpha=1,2,3)$ 是单位矢量，故可用标准化基 $\boldsymbol{e}_\alpha\,(\alpha=1,2,3)$ 代替，于是可将上式写成 $\boldsymbol{N}$ 的谱表示式

$$\boldsymbol{N}=\sum_{\alpha=1}^{3}\lambda_\alpha\boldsymbol{e}_\alpha\boldsymbol{e}_\alpha \tag{1.104}$$

（2）当 $\boldsymbol{N}$ 具有两个相等的实根时，假设 $\lambda_1=\lambda_2\neq\lambda_3$，与 λ_3 对应的主方向 $\boldsymbol{r}_3$ 是一个确定的主方向，与 $\boldsymbol{r}_3$ 垂直的平面内任意方向均是主方向，可任取其中互相正交的两个方向作为 $\boldsymbol{r}_1$，$\boldsymbol{r}_2$ 的主方向。

（3）当 $\boldsymbol{N}$ 具有三个相等的实根时，在空间任一组正交标准化基中都化为对角标准形，即

$$\boldsymbol{N}=\lambda\boldsymbol{I} \tag{1.105}$$

其中 $\boldsymbol{I}$ 为式（1.17）的张量形式。此时称张量 $\boldsymbol{N}$ 为球形张量，记为 $\boldsymbol{p}$，其分量为

$$p = p_1 = p_2 = p_3 = \lambda = \frac{1}{3} I_1 \tag{1.106}$$

接下来证明 $\boldsymbol{N}$ 的特征值 λ_α $(\alpha = 1,2,3)$ 是坐标变换时 $\boldsymbol{N}$ 的分量对角元素之驻值。

此命题的证明涉及函数 $N'_{11} = Q_{1p}Q_{1q}N_{pq}$，$N'_{22} = Q_{2p}Q_{2q}N_{pq}$，$N'_{33} = Q_{3p}Q_{3q}N_{pq}$ 的条件极值问题，其条件是当进行坐标变换时，变换系数应满足

$$Q_{1q}Q_{1q} = 1, \quad Q_{2q}Q_{2q} = 1, \quad Q_{3q}Q_{3q} = 1$$

以 N'_{11} 为例，证明当坐标变换时，使 N'_{11} 取驻值的条件是与式（1.100）相同的求齐次线性代数方程组的特征值与特征矢量问题。若引入拉格朗日乘子 λ，则问题转化为求下列函数 φ 的无条件极值问题（Q_{1p}，Q_{1q} 为自变量）

$$\varphi = Q_{1p}Q_{1q}N_{pq} - \lambda(Q_{1p}Q_{1q}\delta_{pq} - 1)$$

使函数 φ 取极值的条件为 $\mathrm{d}\varphi = 0$，即

$$\mathrm{d}\varphi = (Q_{1p}N_{pq} - \lambda\delta_{pq}Q_{1p})\,\mathrm{d}Q_{1q} + (Q_{1q}N_{pq} - \lambda\delta_{pq}Q_{1q})\,\mathrm{d}Q_{1p} = 0$$

由于 $\mathrm{d}Q_{1q}$，$\mathrm{d}Q_{1p}$ 的任意性，上式成立的条件是

$$(N_{pq} - \lambda\delta_{pq})Q_{1p} = 0\ (q = 1,2,3) \quad 和 \quad (N_{pq} - \lambda\delta_{pq})Q_{1q} = 0\ (p = 1,2,3)$$

同理，还可得出

$$(N_{pq} - \lambda\delta_{pq})Q_{2p} = 0\ (q = 1,2,3) \quad 和 \quad (N_{pq} - \lambda\delta_{pq})Q_{2q} = 0\ (p = 1,2,3)$$

$$(N_{pq} - \lambda\delta_{pq})Q_{3p} = 0\ (q = 1,2,3) \quad 和 \quad (N_{pq} - \lambda\delta_{pq})Q_{3q} = 0\ (p = 1,2,3)$$

注意 N_{pq} 和 δ_{ij} 的对称性，可统一写为

$$(N_{pq} - \lambda\delta_{pq})Q_{jq} = 0 \quad (j,q = 1,2,3) \tag{1.107}$$

式中，使变换系数 $Q_{jq}\,(j,q = 1,2,3)$ 有非零解的条件是 $\Delta(\lambda) = \det(N_{pq} - \lambda\delta_{pq}) = 0$，这就是 $\boldsymbol{N}$ 的特征方程（1.101）。解得拉格朗日乘子 λ 的三个根，便可求得 Q_{jq} 及相应的坐标 x'_j 方向，这就是使 N'_{11}，N'_{22}，N'_{33} 取驻值的方向，它与 $\boldsymbol{N}$ 的特征方向完全一致。由式（1.107）可给出 $N_{pq}Q_{jq} = \lambda Q_{jp}$，代入 $\boldsymbol{N}$ 的坐标变换关系式（1.56），并利用式（1.51a），有

$$N'_{ij} = Q_{ip}Q_{jq}N_{pq} = \lambda Q_{ip}Q_{jp} = \lambda\delta_{ij} \tag{1.108}$$

这说明在 x'_j 坐标系中 $\boldsymbol{N}$ 的矩阵的非对角元素均为零，而对角元素为拉格朗日乘子 λ，也就是 $\boldsymbol{N}$ 的特征值。

例 1.4　计算二阶对称张量

$$N_{ij}=\begin{bmatrix}30 & -10 & 0\\ -10 & 30 & 0\\ 0 & 0 & 10\end{bmatrix}$$

的特征值和特征矢量。

解　张量N_{ij}的三个主不变量可由式（1.96）计算得到

$$I_1=70,\quad I_2=1400,\quad I_3=8000 \tag{例 1.4.1}$$

特征方程$\Delta(\lambda)=0$由式（1.102）给出

$$\lambda^3-70\lambda^2+1400\lambda-8000=0 \tag{例 1.4.2}$$

进一步分解为

$$(\lambda-10)(\lambda-20)(\lambda-40)=0$$

方程的解为

$$\lambda_1=10,\quad \lambda_2=20,\quad \lambda_3=40$$

对于特征值$\lambda_1=10$，由式（1.100）有

$$\begin{cases}(30-10)r_1-10r_2+0\times r_3=0\\ -10r_1+(30-10)r_2+0\times r_3=0\\ 0\times r_1+0\times r_2+(10-10)r_3=0\end{cases}$$

三个方程中只有两个是独立的，利用前两式，并利用单位矢量条件$r_ir_i=1$可解得特征矢量

$$\boldsymbol{r}_1=(0,0,\pm1)$$

同样用特征值$\lambda_2=20$和$\lambda_3=40$可求得相应的特征矢量

$$\boldsymbol{r}_2=(\mp1/\sqrt{2},\mp1/\sqrt{2},0)$$

$$\boldsymbol{r}_3=(\mp1/\sqrt{2},\pm1/\sqrt{2},0)$$

容易检验三个特征矢量满足正交条件$\boldsymbol{r}_\alpha\cdot\boldsymbol{r}_\beta=0\ (\alpha\neq\beta)$。用三个特征矢量方向按右手螺旋定则构成新的$x_1'-x_2'-x_3'$坐标系，其转换矩阵$Q_{ij}$可用三个特征矢量按行形成，即

$$Q_{ij}=\begin{bmatrix}0 & 0 & 1\\ -1/\sqrt{2} & -1/\sqrt{2} & 0\\ -1/\sqrt{2} & 1\sqrt{2} & 0\end{bmatrix} \tag{例 1.4.3}$$

应用式（1.56），容易证明式（1.108）成立，即

$$N_{ij}'=Q_{ip}N_{pq}Q_{qj}^{\mathrm{T}}=[\boldsymbol{Q}][\boldsymbol{N}][\boldsymbol{Q}]^{\mathrm{T}}=\begin{bmatrix}10 & 0 & 0\\ 0 & 20 & 0\\ 0 & 0 & 40\end{bmatrix}=\begin{bmatrix}\lambda_1 & 0 & 0\\ 0 & \lambda_2 & 0\\ 0 & 0 & \lambda_3\end{bmatrix}$$

在$x_1'-x_2'-x_3'$坐标系中，利用式（1.96）可得出三个主不变量

$$\begin{cases} I_1 = \lambda_1 + \lambda_2 + \lambda_3 = 10 + 20 + 40 = 70 \\ I_2 = \lambda_1\lambda_2 + \lambda_2\lambda_3 + \lambda_3\lambda_1 = 10\times 20 + 20\times 40 + 40\times 10 = 1400 \\ I_3 = \lambda_1\lambda_2\lambda_3 = 10\times 20\times 40 = 8000 \end{cases} \quad （例 1.4.4）$$

这与式（例 1.4.1）中的值相同。

【注 1.6】式（例 1.4.2）的分解可应用 MAPLE 完成。

```
>factor(lambda^3-70*lambda^2 + 1400*lambda-8000);
```

1.8　张量场分析

1.8.1　张量场函数

如果对于坐标 $\boldsymbol{x}$ 变化的某一域中的每一点 $P(\boldsymbol{x})$ 可以一一对应地给出函数值 $\boldsymbol{T}(\boldsymbol{x})$，则这个区域构成一个张量场。例如，势能场是零阶张量场；位移场是一阶张量场；应力、应变张量场是二阶张量场。如考虑时间因素，$\boldsymbol{T}$ 还应该是时间 t 的函数，即

$$\boldsymbol{T} = \boldsymbol{T}(\boldsymbol{x},t) \quad 或 \quad T_{ij\cdots n} = T_{ij\cdots n}(x_i,t) \tag{1.109}$$

本书仅研究静力学问题，故只考虑张量场函数 $\boldsymbol{T}(\boldsymbol{x})$。

1.8.2　梯度、散度、旋度

在高等数学中定义一标量场函数 $f(x,y,z)$ 沿方向 l 的方向导数为

$$\begin{aligned}\frac{\partial f}{\partial l} &= \frac{\partial f}{\partial x}\frac{\mathrm{d}x}{\mathrm{d}l} + \frac{\partial f}{\partial y}\frac{\mathrm{d}y}{\mathrm{d}l} + \frac{\partial f}{\partial z}\frac{\mathrm{d}z}{\mathrm{d}l} \\ &= \frac{\partial f}{\partial x}\cos\alpha + \frac{\partial f}{\partial y}\cos\beta + \frac{\partial f}{\partial z}\cos\gamma\end{aligned}$$

式中，α，β，γ 为方向 l 的方向角。由于 l 方向的单位矢 $\boldsymbol{n}$ 可表示为

$$\boldsymbol{n} = (\cos\alpha)\boldsymbol{e}_1 + (\cos\beta)\boldsymbol{e}_2 + (\cos\gamma)\boldsymbol{e}_3$$

则 l 的方向导数能表示成

$$\frac{\partial f}{\partial l} = \boldsymbol{n}\cdot\nabla f \tag{1.110}$$

其中，∇f 定义为标量场函数 $f(x,y,z)$ 的梯度，记为

$$\nabla f = \mathrm{grad}\, f = \boldsymbol{e}_1\frac{\partial f}{\partial x} + \boldsymbol{e}_2\frac{\partial f}{\partial y} + \boldsymbol{e}_3\frac{\partial f}{\partial z} \tag{1.111}$$

从式（1.110）看到，方向导数$\frac{\partial f}{\partial l}$是梯度$\nabla f$在射线$l$上的投影，当方向$l$与梯度方向一致时，$\frac{\partial f}{\partial l}$有最大值。即梯度的方向是函数$f(x,y,z)$在一点取得最大方向导数的方向。

矢量算子∇又称哈密顿（Hamilton）微分算子或del算子，定义为

$$\nabla = \boldsymbol{e}_i \frac{\partial}{\partial x_i} \tag{1.112}$$

一般地，标量场函数$\phi(\boldsymbol{x})$的梯度是矢量，记作

$$\nabla \phi = \mathrm{grad}\phi = \boldsymbol{e}_i \frac{\partial \phi}{\partial x_i} = \phi_{,i}\boldsymbol{e}_i \tag{1.113}$$

$\phi_{,i}$为矢量$\nabla\phi$的分量。$\nabla\phi$又称为$\phi(\boldsymbol{x})$的左梯度，对应的$\phi\nabla$称为右梯度

$$\phi\nabla = \frac{\partial \phi}{\partial x_i}\boldsymbol{e}_i = \phi_{,i}\boldsymbol{e}_i \tag{1.114}$$

显然，标量场的左右梯度相等，即$\nabla\phi = \phi\nabla$。

类似地，可定义矢量场函数$\boldsymbol{u}(\boldsymbol{x})$的左梯度

$$\nabla \boldsymbol{u} = \boldsymbol{e}_i \frac{\partial \boldsymbol{u}}{\partial x_i} = \boldsymbol{e}_i \frac{\partial u_j}{\partial x_i}\boldsymbol{e}_j = u_{j,i}\boldsymbol{e}_i\boldsymbol{e}_j \tag{1.115}$$

右梯度

$$\boldsymbol{u}\nabla = \frac{\partial \boldsymbol{u}}{\partial x_j}\boldsymbol{e}_j = \frac{\partial u_i}{\partial x_j}\boldsymbol{e}_i\boldsymbol{e}_j = u_{i,j}\boldsymbol{e}_i\boldsymbol{e}_j \tag{1.116}$$

矢量场的左右梯度是二阶张量。比较（1.115）和（1.116）两式，有如下关系：

$$\nabla \boldsymbol{u} = (\boldsymbol{u}\nabla)^{\mathrm{T}} \tag{1.117}$$

对于二阶张量场函数$\boldsymbol{T}(\boldsymbol{x})$，其左梯度为三阶张量

$$\nabla \boldsymbol{T} = \boldsymbol{e}_i \frac{\partial \boldsymbol{T}}{\partial x_i} = \boldsymbol{e}_i \frac{\partial T_{jk}}{\partial x_i}\boldsymbol{e}_j\boldsymbol{e}_k = T_{jk,i}\boldsymbol{e}_i\boldsymbol{e}_j\boldsymbol{e}_k \tag{1.118}$$

右梯度亦为三阶张量

$$\boldsymbol{T}\nabla = \frac{\partial \boldsymbol{T}}{\partial x_k}\boldsymbol{e}_k = \frac{\partial T_{ij}}{\partial x_k}\boldsymbol{e}_i\boldsymbol{e}_j\boldsymbol{e}_k = T_{ij,k}\boldsymbol{e}_i\boldsymbol{e}_j\boldsymbol{e}_k \tag{1.119}$$

显然，二阶张量场的左右梯度不相等，即$\nabla\boldsymbol{T} \neq \boldsymbol{T}\nabla$。

矢量场函数 $\boldsymbol{u}(\boldsymbol{x})$ 的左散度定义为

$$\nabla \cdot \boldsymbol{u} = \mathrm{div}\,\boldsymbol{u} = \boldsymbol{e}_i \cdot \frac{\partial \boldsymbol{u}}{\partial x_i} = \boldsymbol{e}_i \cdot \frac{\partial u_j}{\partial x_i}\boldsymbol{e}_j = u_{i,i} \tag{1.120}$$

右散度

$$\boldsymbol{u} \cdot \nabla = \frac{\partial \boldsymbol{u}}{\partial x_j} \cdot \boldsymbol{e}_j = \frac{\partial u_i}{\partial x_j}\boldsymbol{e}_i \cdot \boldsymbol{e}_j = u_{i,i} = \nabla \cdot \boldsymbol{u} \tag{1.121}$$

对于二阶张量场函数 $\boldsymbol{T}(\boldsymbol{x})$，其左散度为矢量

$$\nabla \cdot \boldsymbol{T} = \boldsymbol{e}_i \cdot \frac{\partial \boldsymbol{T}}{\partial x_i} = \boldsymbol{e}_i \cdot \frac{\partial T_{jk}}{\partial x_i}\boldsymbol{e}_j\boldsymbol{e}_k = T_{ik,i}\boldsymbol{e}_k \tag{1.122}$$

右散度亦为矢量

$$\boldsymbol{T} \cdot \nabla = \frac{\partial \boldsymbol{T}}{\partial x_k} \cdot \boldsymbol{e}_k = \frac{\partial T_{ij}}{\partial x_k}\boldsymbol{e}_i\boldsymbol{e}_j \cdot \boldsymbol{e}_k = T_{ij,j}\boldsymbol{e}_i \tag{1.123}$$

一般地，二阶张量场的左右散度不相等，即 $\nabla \cdot \boldsymbol{T} \neq \boldsymbol{T} \cdot \nabla$ 。但当 $\boldsymbol{T}$ 为对称张量 $\boldsymbol{N}$ 时，由于 $N_{ij} = N_{ji}$ ，故有

$$\nabla \cdot \boldsymbol{N} = \boldsymbol{N} \cdot \nabla \tag{1.124}$$

矢量场函数 $\boldsymbol{u}(\boldsymbol{x})$ 的左、右旋度分别定义为

$$\begin{cases} \nabla \times \boldsymbol{u} = \mathrm{curl}\boldsymbol{u} = \boldsymbol{e}_i \times \dfrac{\partial \boldsymbol{u}}{\partial x_i} = \boldsymbol{e}_i \times \dfrac{\partial u_j}{\partial x_i}\boldsymbol{e}_j = u_{j,i} \in_{ijk} \boldsymbol{e}_k \\ \boldsymbol{u} \times \nabla = \dfrac{\partial \boldsymbol{u}}{\partial x_j} \times \boldsymbol{e}_j = \dfrac{\partial u_i}{\partial x_j}\boldsymbol{e}_i \times \boldsymbol{e}_j = u_{i,j} \in_{ijk} \boldsymbol{e}_k \end{cases} \tag{1.125}$$

由置换符号的反对称性质 $\in_{ijk} = -\in_{jik}$ ，可知 $\nabla \times \boldsymbol{u} = -\boldsymbol{u} \times \nabla$ 。

对于二阶张量场函数 $\boldsymbol{T}(\boldsymbol{x})$，其左、右旋度分别为

$$\begin{cases} \nabla \times \boldsymbol{T} = \boldsymbol{e}_i \times \dfrac{\partial \boldsymbol{T}}{\partial x_i} = \boldsymbol{e}_i \times \dfrac{\partial T_{jk}}{\partial x_i}\boldsymbol{e}_j\boldsymbol{e}_k = T_{jk,i} \in_{ijm} \boldsymbol{e}_m\boldsymbol{e}_k \\ \boldsymbol{T} \times \nabla = \dfrac{\partial \boldsymbol{T}}{\partial x_k} \times \boldsymbol{e}_k = \dfrac{\partial T_{ij}}{\partial x_k}\boldsymbol{e}_i\boldsymbol{e}_j \times \boldsymbol{e}_k = T_{ij,k} \in_{jkm} \boldsymbol{e}_i\boldsymbol{e}_m \end{cases} \tag{1.126}$$

综合上面分析，可得出如下结果：

张量场函数 $\boldsymbol{T}(\boldsymbol{x})$ 的梯度是比 $\boldsymbol{T}$ 高一阶的张量场，散度是比 $\boldsymbol{T}$ 低一阶的张量场，旋度是与 $\boldsymbol{T}$ 同阶的张量场。

此外，标量场 $\phi(\boldsymbol{x})$ 的梯度的散度定义为

$$\text{div}(\text{grad}\,\phi) = \nabla \cdot \nabla \phi = \nabla^2 \phi \tag{1.127}$$

式中 ∇^2 称为拉普拉斯（Laplace）算子。由式（1.113）和式（1.120）可得

$$\nabla^2 \phi = \nabla \cdot \nabla \phi = \nabla \cdot (\phi_{,i} \boldsymbol{e}_i) = \phi_{,ii} \tag{1.128}$$

同理，矢量场 $\boldsymbol{u}(\boldsymbol{x})$ 的拉普拉斯计算式为

$$\nabla^2 \boldsymbol{u} = \nabla \cdot \nabla \boldsymbol{u} = \nabla \cdot (u_{i,j} \boldsymbol{e}_j \boldsymbol{e}_i) = u_{i,kk} \boldsymbol{e}_i \tag{1.129}$$

需要注意的是，这里所用的微分记法 $u_{i,j}$ ，$T_{ij,k}$ 均为直角坐标系中张量分量对坐标的普通偏导数。若在曲线坐标系中，基矢量 $\boldsymbol{e}_i$ 随坐标 x_i 变化，张量对坐标的导数还应包括反映基矢量随坐标 x_i 的变化项，常将此导数记为 $u_i|_j$ 及 $T_{ij}|_k$ 。

例 1.5　计算标量场函数 $\phi = x_1^2/4 + x_2^2$ 及矢量场函数 $\boldsymbol{u} = x_2^2 \boldsymbol{e}_1 + 2x_2 x_3 \boldsymbol{e}_2 + 4x_1^2 \boldsymbol{e}_3$ 相应的 $\nabla\phi$ ，$\nabla^2\phi$ ，$\nabla\boldsymbol{u}$ ，$\boldsymbol{u}\nabla$ ，$\nabla\cdot\boldsymbol{u}$ ，$\nabla\times\boldsymbol{u}$ ，$\boldsymbol{u}\times\nabla$ ，$\nabla^2\boldsymbol{u}$ ，$\text{tr}(\nabla\boldsymbol{u})$ 值。

解

$$\nabla\phi = \phi_{,i}\boldsymbol{e}_i = \frac{x_1}{2}\boldsymbol{e}_1 + 2x_2\boldsymbol{e}_2 \tag{例 1.5.1}$$

$$\nabla^2\phi = \phi_{,ii} = \frac{1}{2} + 2 = \frac{5}{2} \tag{例 1.5.2}$$

$$\begin{aligned} \nabla\boldsymbol{u} &= u_{j,i}\boldsymbol{e}_i\boldsymbol{e}_j \\ &= 0\boldsymbol{e}_1\boldsymbol{e}_1 + 0\boldsymbol{e}_1\boldsymbol{e}_2 + 8x_1\boldsymbol{e}_1\boldsymbol{e}_3 \\ &\quad + 2x_2\boldsymbol{e}_2\boldsymbol{e}_1 + 2x_3\boldsymbol{e}_2\boldsymbol{e}_2 + 0\boldsymbol{e}_2\boldsymbol{e}_3 \\ &\quad + 0\boldsymbol{e}_3\boldsymbol{e}_1 + 2x_2\boldsymbol{e}_3\boldsymbol{e}_2 + 0\boldsymbol{e}_3\boldsymbol{e}_3 \end{aligned}$$

用矩阵表示为

$$\nabla\boldsymbol{u} = \begin{bmatrix} 0 & 0 & 8x_1 \\ 2x_2 & 2x_3 & 0 \\ 0 & 2x_2 & 0 \end{bmatrix} \tag{例 1.5.3}$$

$$\begin{aligned} \boldsymbol{u}\nabla &= u_{i,j}\boldsymbol{e}_i\boldsymbol{e}_j \\ &= 0\boldsymbol{e}_1\boldsymbol{e}_1 + 2x_2\boldsymbol{e}_1\boldsymbol{e}_2 + 0\boldsymbol{e}_1\boldsymbol{e}_3 \\ &\quad + 0\boldsymbol{e}_2\boldsymbol{e}_1 + 2x_3\boldsymbol{e}_2\boldsymbol{e}_2 + 2x_2\boldsymbol{e}_2\boldsymbol{e}_3 \\ &\quad + 8x_1\boldsymbol{e}_3\boldsymbol{e}_1 + 0\boldsymbol{e}_3\boldsymbol{e}_2 + 0\boldsymbol{e}_3\boldsymbol{e}_3 \end{aligned}$$

用矩阵表示为

$$\boldsymbol{u}\nabla=\begin{bmatrix}0 & 2x_2 & 0\\ 0 & 2x_3 & 2x_2\\ 8x_1 & 0 & 0\end{bmatrix}=(\nabla\boldsymbol{u})^{\mathrm{T}}$$

$$\nabla\cdot\boldsymbol{u}=u_{i,i}=0+2x_3+0=2x_3 \qquad （例 1.5.4）$$

$$\nabla\times\boldsymbol{u}=\begin{vmatrix}\boldsymbol{e}_1 & \boldsymbol{e}_2 & \boldsymbol{e}_3\\ \dfrac{\partial}{\partial x_1} & \dfrac{\partial}{\partial x_2} & \dfrac{\partial}{\partial x_3}\\ x_2^2 & 2x_2x_3 & 4x_1^2\end{vmatrix}=-2x_2\boldsymbol{e}_1-8x_1\boldsymbol{e}_2-2x_2\boldsymbol{e}_3 \qquad （例 1.5.5）$$

$$\boldsymbol{u}\times\nabla=\begin{vmatrix}x_2^2 & 2x_2x_3 & 4x_1^2\\ \dfrac{\partial}{\partial x_1} & \dfrac{\partial}{\partial x_2} & \dfrac{\partial}{\partial x_3}\\ \boldsymbol{e}_1 & \boldsymbol{e}_2 & \boldsymbol{e}_3\end{vmatrix}=2x_2\boldsymbol{e}_1+8x_1\boldsymbol{e}_2+2x_2\boldsymbol{e}_3$$

$$\nabla^2\boldsymbol{u}=u_{i,kk}\boldsymbol{e}_i=2\boldsymbol{e}_1+0\boldsymbol{e}_2+8\boldsymbol{e}_3=2\boldsymbol{e}_1+8\boldsymbol{e}_3 \qquad （例 1.5.6）$$

$\mathrm{tr}(\nabla\boldsymbol{u})$ 值即为式（例 1.5.3）的主对角线元素之和

$$\mathrm{tr}(\nabla\boldsymbol{u})=2x_3$$

【注 1.7】用 MAPLE 计算式（例 1.5.1）～式（例 1.5.6），并绘出等值线 $\phi=c$ (c 为常数)及其梯度 $\nabla\phi$ 矢量场图。

```
> with(VectorCalculus): with(plots):
> phi: = x^2/4+y^2;                                   φ 的表达式
> u: = VectorField(<y^2,2*y*z,4*x^2>,'cartesian' [x,y,z]);         u 的表达式
> g1 := Gradient(phi,[x,y]);                          φ 的梯度 ∇φ，式（例 1.5.1）
> Laplacian(phi,[x,y]);                           φ 的拉普拉斯值 ∇²φ，式（例 1.5.2）
> Divergence(u) ;                                 u 的散度 ∇·u，式（例 1.5.4）
> Curl(u) ;                                       u 的旋度 ∇×u，式（例 1.5.5）
> Laplacian(u) ;                                  u 的拉普拉斯值 ∇²u，式（例 1.5.6）
>P1 : = contourplot(phi, x = -4..4, y = -4..4) ;      绘出等值线 φ=c 图
>P2 : = PlotVector(VectorField(g1,Cartesian[x,y]), x = -4..4, y = -4..4) ;绘出梯度 ∇φ 矢量场分布图
>plots[display]([P1, P2]) ;                          将两个图置于同一张图中
```

图 1.11 绘出了 $\phi=c$ 的等值线及梯度 $\nabla\phi$ 的场分布，从图中能清楚地看到梯度矢量 $\nabla\phi$ 始终垂直于 $\phi=c$ 等值线，且指向 c 值较高的等值线。

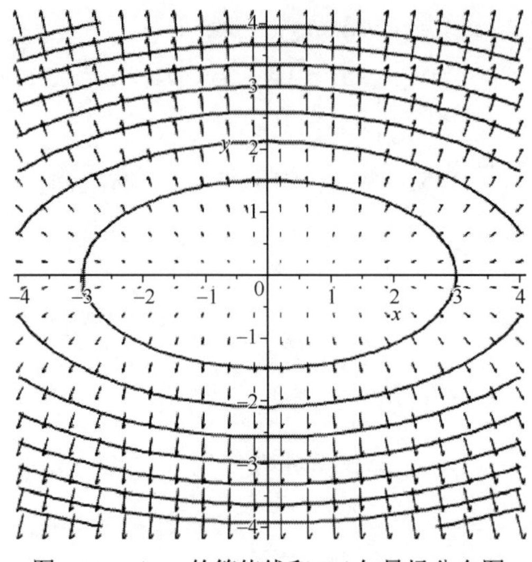

图 1.11 $\phi = c$ 的等值线和 $\nabla\phi$ 矢量场分布图

例 1.6 证明二阶张量 $\boldsymbol{T}$ 和矢量 $\boldsymbol{u}$ 满足

$$\nabla\cdot(\boldsymbol{T}\cdot\boldsymbol{u}) = (\nabla\cdot\boldsymbol{T})\cdot\boldsymbol{u} + \boldsymbol{T}:(\nabla\boldsymbol{u}) \tag{例 1.6.1}$$

证明 用并矢表达式展开等式左右两边

左边 $\nabla\cdot(\boldsymbol{T}\cdot\boldsymbol{u}) = \boldsymbol{e}_i\cdot(T_{jk}\boldsymbol{e}_j\boldsymbol{e}_k\cdot u_s\boldsymbol{e}_s)_{,i} = \boldsymbol{e}_i\cdot(T_{jk}u_k\boldsymbol{e}_j)_{,i} = (T_{ik}u_k)_{,i}$

$$= T_{ik,i}u_k + T_{ik}u_{k,i}$$

右边 $(\nabla\cdot\boldsymbol{T})\cdot\boldsymbol{u} + T:(\nabla\boldsymbol{u}) = \boldsymbol{e}_i\cdot(T_{jk}\boldsymbol{e}_j\boldsymbol{e}_k)_{,i}\cdot u_s\boldsymbol{e}_s + T_{jk}\boldsymbol{e}_j\boldsymbol{e}_k : u_{s,i}\boldsymbol{e}_i\boldsymbol{e}_s$

$$= T_{ik,i}u_k + T_{ik}u_{k,i}$$

因此，式（例 1.6.1）成立。

1.8.3 散度定理

高等数学中学过的高斯（Gauss）定理就称为散度定理，它给出了函数体积分与封闭该体积域的面积分的变换关系。本节直接给出这个定理的矢量表示式，并将其推广到任意阶张量。

散度定理：设空间域 Ω 的边界曲面 Σ 是光滑的闭曲面，矢量函数 $\boldsymbol{u}$ 在 Ω 及 Σ 上具有一阶连续偏导数，Σ 上的面元 $\mathrm{d}\boldsymbol{A} = \boldsymbol{n}\mathrm{d}A$ 的方向为外法向 $\boldsymbol{n}$，则

$$\int_{\Omega}\mathrm{div}\boldsymbol{u}\,\mathrm{d}V = \oint_{\Sigma}\boldsymbol{u}\cdot\mathrm{d}\boldsymbol{A} \tag{1.130}$$

其分量形式为

$$\int_{\Omega} u_{i,i}\,\mathrm{d}V = \oint_{\Sigma} u_i \mathrm{d}A_i = \oint_{\Sigma} u_i n_i \mathrm{d}A \tag{1.131}$$

将积分的矢量场函数 $\boldsymbol{u}$ 推广到任意阶张量 $\boldsymbol{T}$，有

$$\begin{cases} \int_{\Omega} \nabla \cdot \boldsymbol{T}\,\mathrm{d}V = \oint_{\Sigma} \mathrm{d}\boldsymbol{A} \cdot \boldsymbol{T} \\ \int_{\Omega} \boldsymbol{T} \cdot \nabla\,\mathrm{d}V = \oint_{\Sigma} \boldsymbol{T} \cdot \mathrm{d}\boldsymbol{A} \end{cases} \tag{1.132}$$

假如 $\boldsymbol{T}$ 为二阶张量，则在直角坐标系中，可得出

$$\boldsymbol{T} = T_{ij}\boldsymbol{e}_i\boldsymbol{e}_j$$

$$\nabla \cdot \boldsymbol{T} = T_{ij,i}\boldsymbol{e}_j$$

$$\boldsymbol{T} \cdot \nabla = T_{ij,j}\boldsymbol{e}_i$$

从而得到式（1.132）的分量形式

$$\int_{\Omega} T_{ij,i}\,\mathrm{d}V = \oint_{\Sigma} n_i T_{ij} \mathrm{d}A \tag{1.133a}$$

$$\int_{\Omega} T_{ij,j}\,\mathrm{d}V = \oint_{\Sigma} n_j T_{ij} \mathrm{d}A \tag{1.133b}$$

二维平面坐标系下的散度定理可描述为，由光滑曲线 C 围成的封闭平面域 D，定义在其上具有连续一阶偏导数的函数 ϕ 满足

$$\int_{D} \phi_{,\alpha}\,\mathrm{d}A = \oint_{C} \phi n_{\alpha} \mathrm{d}s \tag{1.134}$$

式中下标 $\alpha = 1,2$，曲线 C 的正向取为逆时针方向。微分弧段 $\mathrm{d}s$ 与坐标增量的关系可从图 1.12 中看出

$$n_1 = \frac{\mathrm{d}x_2}{\mathrm{d}s}, \qquad n_2 = -\frac{\mathrm{d}x_1}{\mathrm{d}s}$$

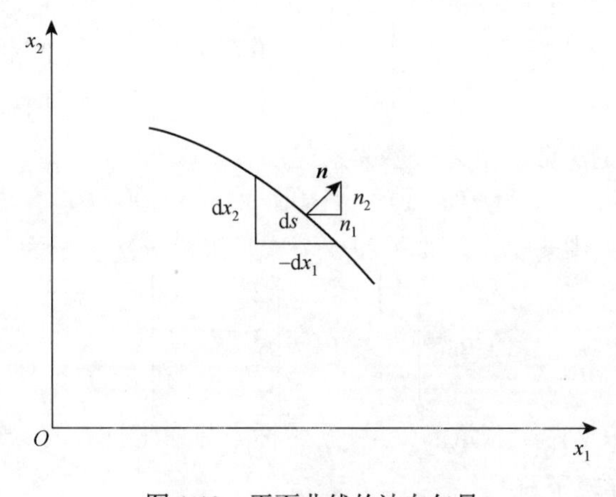

图 1.12　平面曲线的法向矢量

因此，对任意两个函数 $u_\alpha(x_1,x_2)$ $(\alpha=1,2)$ 可应用式（1.134）得到

$$\oint_C u_1 \mathrm{d}x_1 = -\oint_C u_1 n_2 \mathrm{d}s = -\int_D u_{1,2}\,\mathrm{d}A$$

及

$$\oint_C u_2 \mathrm{d}x_2 = \oint_C u_2 n_1 \mathrm{d}s = \int_D u_{2,1}\,\mathrm{d}A$$

两式相加并应用 $\mathrm{d}A = \mathrm{d}x\,\mathrm{d}y$ 便得出高等数学中熟知的格林公式

$$\oint_C u_1 \mathrm{d}x + u_2 \mathrm{d}y = \int_D (u_{2,1} - u_{1,2})\mathrm{d}x\,\mathrm{d}y$$

平面上的格林（Green）公式推广到三维坐标系中就是斯托克斯（Stokes）公式。设曲面 Σ 是以曲线 C 为边界的有向曲面，函数 $u_i(x_1,x_2,x_3)$ $(i=1,2,3)$ 在包含曲面 Σ 在内的一个空间区域内具有一阶连续偏导数，则

$$\oint_C u_i\,\mathrm{d}x_i = \int_\Sigma n_i \in_{ijk} u_{k,j}\,\mathrm{d}A \tag{1.135}$$

曲线 C 的正向与曲面 Σ 正侧法向方向符合右手螺旋定则。

在高等数学[5]中，常用函数 $P(x,y,z)$、$Q(x,y,z)$、$R(x,y,z)$ 替代 $u_i(x_1,x_2,x_3)$，于是斯托克斯公式变为

$$\oint_C P\,\mathrm{d}x + Q\,\mathrm{d}y + R\,\mathrm{d}z = \int_\Sigma \left(\frac{\partial R}{\partial y} - \frac{\partial Q}{\partial z}\right)\mathrm{d}y\mathrm{d}z + \left(\frac{\partial P}{\partial z} - \frac{\partial R}{\partial x}\right)\mathrm{d}z\mathrm{d}x + \left(\frac{\partial Q}{\partial x} - \frac{\partial P}{\partial y}\right)\mathrm{d}x\mathrm{d}y$$

请读者用式（1.135）展开导出上式。

习　题

1.1　计算下面矩阵或列阵的相关量值：a_{ii}，$a_{ij}a_{ij}$，$a_{ij}a_{jk}$，$a_{ij}b_j$，$a_{ij}b_i$，$a_{ij}b_ib_j$，b_ib_j，b_ib_i。

（a）$a_{ij} = \begin{bmatrix} 1 & 1 & 0 \\ 0 & 4 & 2 \\ 0 & 1 & 1 \end{bmatrix}$，$b_i = \begin{bmatrix} 1 \\ 0 \\ 2 \end{bmatrix}$；　　（b）$a_{ij} = \begin{bmatrix} 1 & 1 & 1 \\ 1 & 0 & 2 \\ 0 & 4 & 1 \end{bmatrix}$，$b_i = \begin{bmatrix} 1 \\ 1 \\ 2 \end{bmatrix}$

1.2　用指标记法证明下列矢量关系式：

$$(\boldsymbol{s}\times\boldsymbol{t})\cdot(\boldsymbol{u}\times\boldsymbol{v}) = (\boldsymbol{s}\cdot\boldsymbol{u})(\boldsymbol{t}\cdot\boldsymbol{v}) - (\boldsymbol{s}\cdot\boldsymbol{v})(\boldsymbol{t}\cdot\boldsymbol{u})$$

1.3　原坐标系中一个一阶张量和一个二阶张量分别表示为

$$a_i = \begin{bmatrix} 1 \\ 4 \\ 0 \end{bmatrix},\quad b_{ij} = \begin{bmatrix} 2 & 2 & 0 \\ 3 & 2 & 1 \\ 1 & 0 & 2 \end{bmatrix}$$

计算在新坐标系中这两个张量的分量。新坐标系与原坐标系的 z 轴相同，其 xOy 平面绕 z 轴逆时针旋转了 60°。

1.4　两个笛卡儿直角坐标基 $\boldsymbol{e}_i$ 和 $\boldsymbol{e}_i'$ 有如下关系：

$$\boldsymbol{e}_1' = (2\boldsymbol{e}_1 + 2\boldsymbol{e}_2 + \boldsymbol{e}_3)/3, \qquad \boldsymbol{e}_2' = (\boldsymbol{e}_1 - \boldsymbol{e}_2)/\sqrt{2}$$

（a）试用 $\boldsymbol{e}_i$ 表示 $\boldsymbol{e}_3'$；

（b）再用 $\boldsymbol{e}_i'$ 表示 $\boldsymbol{e}_i$；

（c）如果 $\boldsymbol{u} = 6\boldsymbol{e}_1 - 6\boldsymbol{e}_2 + 12\boldsymbol{e}_3$，导出 $\boldsymbol{u}'$ 的表达式。

1.5　已知矢量 $\boldsymbol{\omega}$ 与二阶反对称张量 $\boldsymbol{\Omega}$ 互为反偶，即满足 $\boldsymbol{\omega} = -\dfrac{1}{2}\boldsymbol{\epsilon}:\boldsymbol{\Omega}$。求证：

$$\boldsymbol{\Omega} = -\boldsymbol{\epsilon}\cdot\boldsymbol{\omega} = -\boldsymbol{\omega}\cdot\boldsymbol{\epsilon}$$

1.6　在笛卡儿直角坐标基 $\boldsymbol{e}_i$ 构建的矢量场上：

（a）$\boldsymbol{u} = x_1\boldsymbol{e}_1 + x_1x_2\boldsymbol{e}_2 + 2x_1x_3\boldsymbol{e}_3$；

（b）$\boldsymbol{u} = x_2^2\boldsymbol{e}_1 + 2x_1x_2\boldsymbol{e}_2 + x_3^3\boldsymbol{e}_3$；

计算：$\nabla\cdot\boldsymbol{u}$，$\nabla\boldsymbol{u}$，$\nabla\times\boldsymbol{u}$，$\nabla^2\boldsymbol{u}$，$\mathrm{tr}(\nabla\boldsymbol{u})$。

1.7　证明矢量 $\boldsymbol{u}$ 和 $\boldsymbol{v}$ 满足：

$$\nabla(\boldsymbol{u}\cdot\boldsymbol{v}) = \nabla\boldsymbol{u}\cdot\boldsymbol{v} + \nabla\boldsymbol{v}\cdot\boldsymbol{u}$$

1.8　已知关系：

$$\sigma_{ij} = s_{ij} + \frac{1}{3}\sigma_{kk}\delta_{ij}$$

$$J_2 = \frac{1}{2}s_{ij}s_{ji}$$

其中，σ_{ij} 和 s_{ij} 是对称的二阶张量。证明：

（a）$s_{ii} = 0$；　　（b）$\dfrac{\partial J_2}{\partial \sigma_{ij}} = s_{ij}$

第2部分 应 力 应 变

第2章 应力分析

应力分析是固体力学研究和工程结构设计的基础，它主要研究物体内部质点相互作用力的传输和平衡问题。物体在外部作用确定的情况下，一点的应力状态也是确定的。然而表征一点应力状态的应力矢量或应力张量是随应力矢量截面或张量坐标的不同而变化的，因而必须关注一点的极值应力计算，这是研究材料破坏失效的基础。

本章讨论小变形问题，不区分柯西（Cauchy）应力与其他应力［名义应力、基尔霍夫（Kirchhoff）应力等］的差异[6]，同时在公式定理的推演过程中不涉及材料特性问题，所以这里的结论不限于弹塑性力学的应用范畴。

2.1 体力和面力

作用于物体上的外力，按作用域的不同，可将其分为**体力**和**面力**。体力与作用物体质量成正比，是分布在物体内部体积上的外力。常见的体力有重力、磁力、惯性力等。根据连续性原理，常将体力（单位体积上的力）$\boldsymbol{f}(\boldsymbol{x})$ 定义为物体内微元体 ΔV（包裹 $\boldsymbol{x}$ 点）上体积力 $\boldsymbol{F}_V$ 的极限集度，即

$$\boldsymbol{f} = \lim_{\Delta V \to 0} \frac{\boldsymbol{F}_V}{\Delta V} \tag{2.1}$$

其在域 Ω 上的体积分即为该体积的合力 $\boldsymbol{R}$

$$\boldsymbol{R} = \int_{\Omega} \boldsymbol{f}(\boldsymbol{x}) \mathrm{d}V \tag{2.2}$$

体力分量 f_i 以沿坐标轴正方向为正，负方向为负，其单位是 $\mathrm{N/m^3}$。

面力是作用在物体表面上的外力，它通过受力物体与其他物体相接触而产生。常见的面力有摩擦力、接触力等。面力密度 $\overline{\boldsymbol{t}}(\boldsymbol{x})$ 定义为物体表面微面 ΔA（包含 $\boldsymbol{x}$ 点）上表面力 $\boldsymbol{F}_A$ 的极限集度，即

$$\overline{\boldsymbol{t}} = \lim_{\Delta A \to 0} \frac{\boldsymbol{F}_A}{\Delta A} \tag{2.3}$$

其在域 Σ 上的面积分即为该面积上的表面合力 $\overline{\boldsymbol{R}}$

$$\overline{\boldsymbol{R}} = \int_{\Sigma} \overline{\boldsymbol{t}}(\boldsymbol{x}) \mathrm{d}A \tag{2.4}$$

面力密度 $\overline{\boldsymbol{t}}$ 常又称为面力矢。面力分量 $\overline{t}_i$ 以沿坐标轴正方向为正，负方向为负，其单位是 $\mathrm{N/m^2}$。

2.2　一点的应力状态

物体受外界作用，其内部不同部分之间将产生相互作用的力，即内力。外界作用可以是外力，也可以是物理作用和化学作用。为了研究物体内一点 P 处的内力，假想用经过点 P 的一个平截面 mn 将该物体切分为 A 和 B 两部分。如将 B 部分移去，则 B 对 A 的作用内力暴露在 A 部分的面 mn 上，如图 2.1 所示。

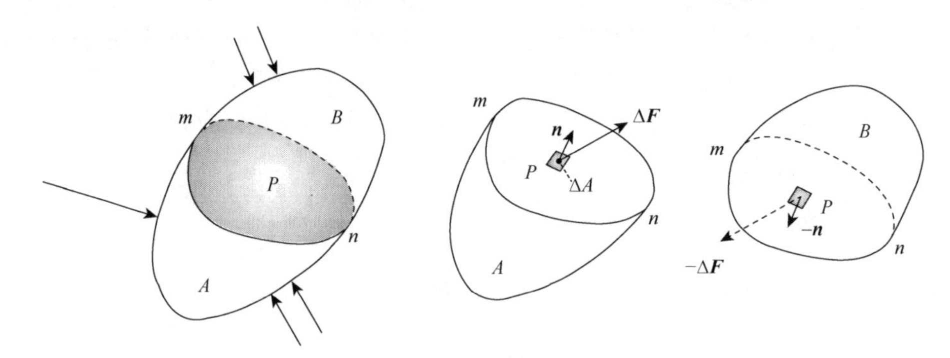

图 2.1　固体截面微面上的内力

假设 A 部分平截面 mn 的单位外法线方向为 $\boldsymbol{n}$ 。取包含点 P 的微元面积为 ΔA，其上作用有 B 部分对 A 部分的作用内力 $\Delta\boldsymbol{F}$ ，则该微面上的平均内力集度为 $\Delta\boldsymbol{F}/\Delta A$ 。于是将这个内力集度的极限值定义为点 P 的**应力矢量** $\overset{n}{\boldsymbol{T}}$

$$\overset{n}{\boldsymbol{T}}(\boldsymbol{x},\boldsymbol{n})=\lim_{\Delta A\to 0}\frac{\Delta\boldsymbol{F}}{\Delta A}\tag{2.5}$$

特别需要注意的是，一点的应力矢量 $\overset{n}{\boldsymbol{T}}(\boldsymbol{x},\boldsymbol{n})$ 与两个要素相关，即该点的位置 $\boldsymbol{x}$ 和所使用的截面 $\boldsymbol{n}$ 。物体内不同的点位可能有不同的内力，而相同的点位，由于使用不同的截面切割，其对应于切割面的应力矢量也可能不同。在同一点处，应力矢量作为截平面外法线 $\boldsymbol{n}$ 的函数会随截平面的转动而变化。

在图 2.1 中，同一截面 mn 的两面分别位于物体 A 部分和 B 部分上，若设定 A 部分上的面 mn 为正面 $\boldsymbol{n}$ ，则对应于 B 部分上的 mn 面就为负面 $-\boldsymbol{n}$ 。根据作用与反作用力大小相等、方向相反的原则，有

$$\overset{n}{\boldsymbol{T}}(\boldsymbol{x},\boldsymbol{n})=-\overset{-n}{\boldsymbol{T}}(\boldsymbol{x},\boldsymbol{n})\tag{2.6}$$

现从图 2.1 中的 P 点邻域截取一个微六面体，如图 2.2 所示。在这个微六面体中，若微面的外法线与坐标轴的正方向一致，则称为正面；若与坐标轴正方向相反，则称为负面。显然微六面体有三个正面和三个负面。

考察三个正面上的应力矢量$\overset{1}{\boldsymbol{T}}$，$\overset{2}{\boldsymbol{T}}$和$\overset{3}{\boldsymbol{T}}$，这些应力矢量一般不会正好垂直于作用平面，故可将其沿三个坐标轴进行分解。垂直于作用面的分量称为正应力，如 1 面上的σ_{11}，2 面上的σ_{22}和 3 面上的σ_{33}。平行作用面的两个分量称为剪应力，如 1 面上的σ_{12}，σ_{13}，2 面上的σ_{21}，σ_{23}，3 面上的σ_{31}，σ_{32}。三个应力矢量沿坐标轴的分解式为

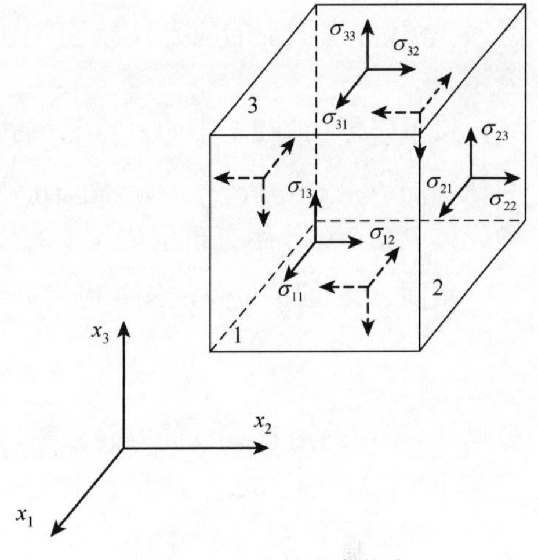

图 2.2 一点的应力状态

$$\overset{1}{\boldsymbol{T}}(\boldsymbol{x},\boldsymbol{n}=\boldsymbol{e}_1)=\sigma_{11}\boldsymbol{e}_1+\sigma_{12}\boldsymbol{e}_2+\sigma_{13}\boldsymbol{e}_3$$

$$\overset{2}{\boldsymbol{T}}(\boldsymbol{x},\boldsymbol{n}=\boldsymbol{e}_2)=\sigma_{21}\boldsymbol{e}_1+\sigma_{22}\boldsymbol{e}_2+\sigma_{23}\boldsymbol{e}_3$$

$$\overset{3}{\boldsymbol{T}}(\boldsymbol{x},\boldsymbol{n}=\boldsymbol{e}_3)=\sigma_{31}\boldsymbol{e}_1+\sigma_{32}\boldsymbol{e}_2+\sigma_{33}\boldsymbol{e}_3$$

可用指标记法统一地表示为

$$\overset{i}{\boldsymbol{T}}=\sigma_{ij}\boldsymbol{e}_j \tag{2.7}$$

其中，$\overset{i}{\boldsymbol{T}}$表示作用在外法线方向与$x_i$轴正方向相同的微面上的应力矢量，$\sigma_{ij}$表示$\overset{i}{\boldsymbol{T}}$的第$j$个分量。

三个应力矢量的 9 个分量σ_{ij}称为应力张量（2.3 节证明），记为

$$\sigma_{ij}=\begin{bmatrix}\overset{1}{\boldsymbol{T}}\\ \overset{2}{\boldsymbol{T}}\\ \overset{3}{\boldsymbol{T}}\end{bmatrix}=\begin{bmatrix}\sigma_{11} & \sigma_{12} & \sigma_{13}\\ \sigma_{21} & \sigma_{22} & \sigma_{23}\\ \sigma_{31} & \sigma_{32} & \sigma_{33}\end{bmatrix} \tag{2.8}$$

采用冯卡门（von Karman）标记，应力张量的分量还可写成

$$\sigma_{ij}=\begin{bmatrix}\sigma_x & \tau_{xy} & \tau_{xz}\\ \tau_{yx} & \sigma_y & \tau_{yz}\\ \tau_{zx} & \tau_{zy} & \sigma_z\end{bmatrix} \tag{2.9}$$

其中，σ表示正应力分量，τ表示剪应力分量。

应力正、负号规定：正面上的应力若指向坐标轴正方向为正，否则为负；负面上的应力若指向坐标轴负方向为正，否则为负。图 2.2 中标示的应力均为正值，

为避免混乱，负面上的应力只标了方向，没注符号。应力的单位是 $\mathrm{N/m^2}$ ，常用 Pa 表示。

接下来再从图 2.1 中的 P 点邻域截取一个微四面体 $PABC$ ，如图 2.3 所示。微元体的面 PAB ， PBC ， PAC 和 ABC 上分别作用有应力矢量 $\overset{-1}{\boldsymbol{T}}$ ， $\overset{-2}{\boldsymbol{T}}$ ， $\overset{-3}{\boldsymbol{T}}$ 和 $\overset{n}{\boldsymbol{T}}$ ，微元体 $PABC$ 还作用有单位体积上的体力 $\boldsymbol{F}_{\bar{V}}$ 。

斜面 ABC 的单位外法线 $\boldsymbol{n}$ 可用分量形式表示为

$$\boldsymbol{n}=(n_1,n_2,n_3)$$

分量 $n_i=\cos(\boldsymbol{e}_i,\boldsymbol{n})$ 即是 $\boldsymbol{n}$ 的方向余弦。于是面 PAB ， PBC ， PAC 的面积 A_1 ， A_2 和 A_3 可通过斜面 ABC 的面积 A 求得

$$A_i = An_i \tag{2.10}$$

如以 h 表示 P 点到 ABC 面上的垂直距离，则微元体 $PABC$ 的体积 $\bar{V}$ 为

$$\bar{V}=\frac{1}{3}Ah \tag{2.11}$$

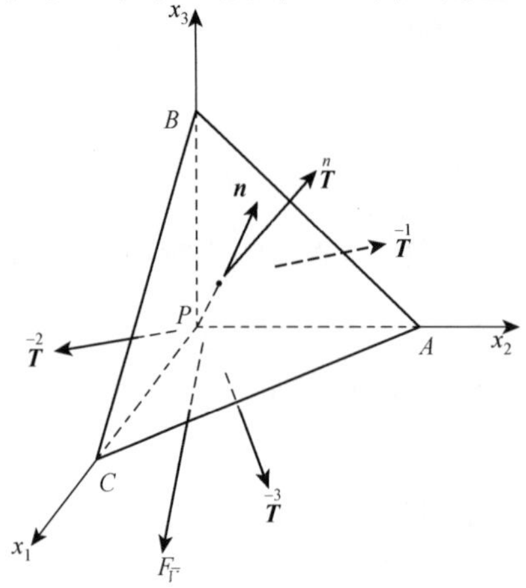

图 2.3　斜平面上的应力矢量

考虑微元体 $PABC$ 的平衡并利用式（2.10）和式（2.11）两式，有

$$\overset{n}{\boldsymbol{T}}(A)+\overset{-1}{\boldsymbol{T}}(An_1)+\overset{-2}{\boldsymbol{T}}(An_2)+\overset{-3}{\boldsymbol{T}}(An_3)+\boldsymbol{F}_{\bar{V}}\left(\frac{1}{3}Ah\right)=\boldsymbol{0}$$

将上式除以 A 并让 $h\to 0$ （即让面 ABC 移到 P 点），得

$$\overset{n}{\boldsymbol{T}}=-\overset{-1}{\boldsymbol{T}}(n_1)-\overset{-2}{\boldsymbol{T}}(n_2)-\overset{-3}{\boldsymbol{T}}(n_3) \tag{2.12}$$

应用式（2.6），上式可写为

$$\overset{n}{\boldsymbol{T}}=\overset{1}{\boldsymbol{T}}(n_1)+\overset{2}{\boldsymbol{T}}(n_2)+\overset{3}{\boldsymbol{T}}(n_3) \tag{2.13}$$

或用指标记法统一地表示为

$$\overset{n}{\boldsymbol{T}}=\overset{i}{\boldsymbol{T}}n_i \tag{2.14}$$

上式表明，过任意点 P 的截面 $\boldsymbol{n}$ 上的应力矢量 $\overset{n}{\boldsymbol{T}}$ 可以用过该点且垂直于三个坐标轴 x_i 的平面上的应力矢量 $\overset{i}{\boldsymbol{T}}$ 来表示。由式（2.7）可知，这三个垂直面上的应力矢量 $\overset{i}{\boldsymbol{T}}$ 又可通过 9 个应力分量 σ_{ij} 来表示。因此，一点的应力张量 σ_{ij} 完全确定了该点的应力状态。

2.3　柯西应力公式

将式（2.7）代入式（2.14）中，得

$$\overset{n}{\boldsymbol{T}}=\overset{i}{\boldsymbol{T}}n_i=\sigma_{ij}n_i\boldsymbol{e}_j$$

用 $\overset{n}{\boldsymbol{T}}$ 的分量表示为

$$\overset{n}{T}_i=\sigma_{ji}n_j \tag{2.15}$$

在 2.9 节将要证明 σ_{ij} 是对称的，即 $\sigma_{ij}=\sigma_{ji}$。故式（2.15）常写为

$$\overset{n}{T}_i=\sigma_{ij}n_j \tag{2.16}$$

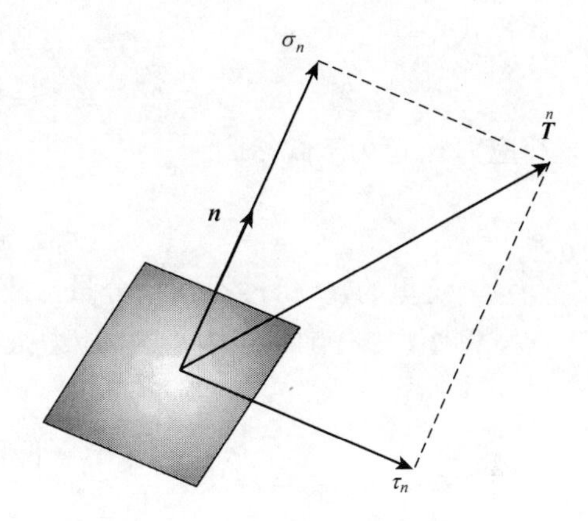

图 2.4　任意面上应力矢量的分解

若用并矢 $\boldsymbol{\sigma}=\sigma_{ij}\boldsymbol{e}_i\boldsymbol{e}_j$，并考虑 $\boldsymbol{\sigma}$ 的对称性，上两式可用实体形式表示为

$$\overset{n}{\boldsymbol{T}}=\boldsymbol{n}\cdot\boldsymbol{\sigma}=\boldsymbol{\sigma}\cdot\boldsymbol{n}=[\boldsymbol{\sigma}][\boldsymbol{n}] \tag{2.17}$$

式（2.15）、式（2.16）或式（2.17）就是不同形式的柯西应力公式。

为了证明 σ_{ij} 为二阶张量，我们将式（2.16）按式（1.85）写成指标形式

$$\overset{n}{T}_i=\sigma(i,j)n_j$$

已知 n_j 为任意矢量的分量，$\overset{n}{T}_i$ 为矢量分量，根据商法则，应力 $\sigma(i,j)$ 必定是二阶张量分量。

柯西应力公式的一个主要用处就是计算任意面 $\boldsymbol{n}$ 的正应力 σ_n 和剪应力 τ_n。在图 2.4 中，将应力矢量 $\overset{n}{\boldsymbol{T}}$ 沿作用面的法向分解

$$\sigma_n=\overset{n}{\boldsymbol{T}}\cdot\boldsymbol{n}$$

将式（2.17）代入上式，得

$$\sigma_n=\overset{n}{\boldsymbol{T}}\cdot\boldsymbol{n}=\boldsymbol{n}\cdot\boldsymbol{\sigma}\cdot\boldsymbol{n}=[\boldsymbol{n}]^{\mathrm{T}}[\boldsymbol{\sigma}][\boldsymbol{n}] \tag{2.18}$$

或写成分量形式

$$\sigma_n=\sigma_{ij}n_in_j \tag{2.19}$$

显然 $\sigma_n>0$ 时，$\overset{n}{\boldsymbol{T}}$ 指向作用面外，该面受控；反之，当 $\sigma_n<0$ 时，作用面受压。

应力矢量 $\overset{n}{\boldsymbol{T}}$ 的大小

$$(\overset{n}{T})^2 = |\overset{n}{\boldsymbol{T}}|^2 = \overset{n}{\boldsymbol{T}} \cdot \overset{n}{\boldsymbol{T}} = \overset{n}{T}_i \overset{n}{T}_i = (\overset{n}{T}_1)^2 + (\overset{n}{T}_2)^2 + (\overset{n}{T}_3)^2 \tag{2.20}$$

式中，$\overset{n}{T}_i$ 为 $\overset{n}{\boldsymbol{T}}$ 在三个坐标轴上的分量。如用式（2.17）计算，可将上式写成矩阵计算式

$$(\overset{n}{T})^2 = [\boldsymbol{n}]^{\mathrm{T}}[\boldsymbol{\sigma}]^2[\boldsymbol{n}] \tag{2.21}$$

剪应力 τ_n 可由下式得到

$$\tau_n = \sqrt{(\overset{n}{T})^2 - \sigma_n^2} \tag{2.22}$$

注意，这里的 σ_n 和 τ_n 是应力分量，故不用黑体表示。

例 2.1　一点的应力状态由应力张量 σ_{ij} 给出

$$\sigma_{ij} = [\boldsymbol{\sigma}] = \begin{bmatrix} 3 & 1 & 1 \\ 1 & 0 & 2 \\ 1 & 2 & 0 \end{bmatrix}$$

对于单位法线为 $\boldsymbol{n} = (0, 1/\sqrt{2}, 1/\sqrt{2})$ 的平面，计算

（a）应力矢量 $\overset{n}{\boldsymbol{T}}$ 及其大小 $\overset{n}{T}$；

（b）正应力 σ_n 和剪应力 τ_n。

解　为了便于使用 MATLAB 计算，这里主要利用矩阵计算式（2.17）和式（2.18）求解。

（a）应力矢量 $\overset{n}{\boldsymbol{T}}$ 按式（2.17）计算

$$\overset{n}{\boldsymbol{T}} = [\boldsymbol{\sigma}][\boldsymbol{n}] = \begin{bmatrix} 3 & 1 & 1 \\ 1 & 0 & 2 \\ 1 & 2 & 0 \end{bmatrix} \begin{bmatrix} 0 \\ \dfrac{1}{\sqrt{2}} \\ \dfrac{1}{\sqrt{2}} \end{bmatrix} = \begin{bmatrix} \sqrt{2} \\ \sqrt{2} \\ \sqrt{2} \end{bmatrix} \tag{例 2.1.1}$$

其大小 $\overset{n}{T}$ 由式（2.20）计算

$$(\overset{n}{T})^2 = (\overset{n}{T}_1)^2 + (\overset{n}{T}_2)^2 + (\overset{n}{T}_3)^2 = (\sqrt{2})^2 + (\sqrt{2})^2 + (\sqrt{2})^2 = 6 \text{ 即 } \overset{n}{T} = \sqrt{6} \tag{例 2.1.2}$$

（b）正应力 σ_n 由式（2.18）计算

$$\sigma_n = [\boldsymbol{n}]^{\mathrm{T}}[\boldsymbol{\sigma}][\boldsymbol{n}] = \begin{bmatrix} 0 & \dfrac{1}{\sqrt{2}} & \dfrac{1}{\sqrt{2}} \end{bmatrix} \begin{bmatrix} 3 & 1 & 1 \\ 1 & 0 & 2 \\ 1 & 2 & 0 \end{bmatrix} \begin{bmatrix} 0 \\ \dfrac{1}{\sqrt{2}} \\ \dfrac{1}{\sqrt{2}} \end{bmatrix} = 2 \tag{例 2.1.3}$$

剪应力τ_n由式（2.22）计算

$$\tau_n = \sqrt{(\overset{n}{T})^2 - \sigma_n^2} = \sqrt{6 - 2^2} = \sqrt{2} \qquad （例 2.1.4）$$

【注 2.1】用 MATLAB 计算。

```
>>clear
>>sigma = [3, 1, 1; 1, 0, 2; 1, 2, 0];          输入应力矩阵[σ]
>>n = [0; 1/sqrt(2); 1/sqrt(2)];                输入单位法线列阵[n]
>>T = sigma*n;                                  应力矢量列阵T，式（例 2.1.1）
>> T_n = norm(T);                               T的模，式（例 2.1.2）
>>sigma_n = n'*sigma*n;                         正应力σn，式（例 2.1.3）
>>tau_n = sqrt(T_n^2-sigma_n^2);                剪应力τn，式（例 2.1.4）
```

例 2.2 一点的应力张量σ_{ij}为

$$\sigma_{ij} = [\boldsymbol{\sigma}] = \begin{bmatrix} 4 & 1 & 0 \\ 1 & -6 & 2 \\ 0 & 2 & 1 \end{bmatrix}$$

试确定单位法线为$\boldsymbol{n} = (\cos\theta, \sin\theta, 0)$的平面应力矢量$\overset{n}{\boldsymbol{T}}$的大小$\overset{n}{T}$，并绘出其随$\theta\,(0 \leqslant \theta \leqslant \pi)$变化的曲线。

解 应用式（2.21）可求出

$$(\overset{n}{T})^2 = [\boldsymbol{n}]^{\mathrm{T}}[\boldsymbol{\sigma}]^2[\boldsymbol{n}] = \begin{bmatrix} \cos\theta & \sin\theta & 0 \end{bmatrix} \begin{bmatrix} 4 & 1 & 0 \\ 1 & -6 & 2 \\ 0 & 2 & 1 \end{bmatrix} \begin{bmatrix} 4 & 1 & 0 \\ 1 & -6 & 2 \\ 0 & 2 & 1 \end{bmatrix} \begin{bmatrix} \cos\theta \\ \sin\theta \\ 0 \end{bmatrix}$$

$$= 29 - 12\cos 2\theta - 2\sin 2\theta \qquad （例 2.2.1）$$

于是

$$\overset{n}{T} = \sqrt{29 - 12\cos 2\theta - 2\sin 2\theta} \qquad （例 2.2.2）$$

其曲线用 MAPLE 绘出，见图 2.5。

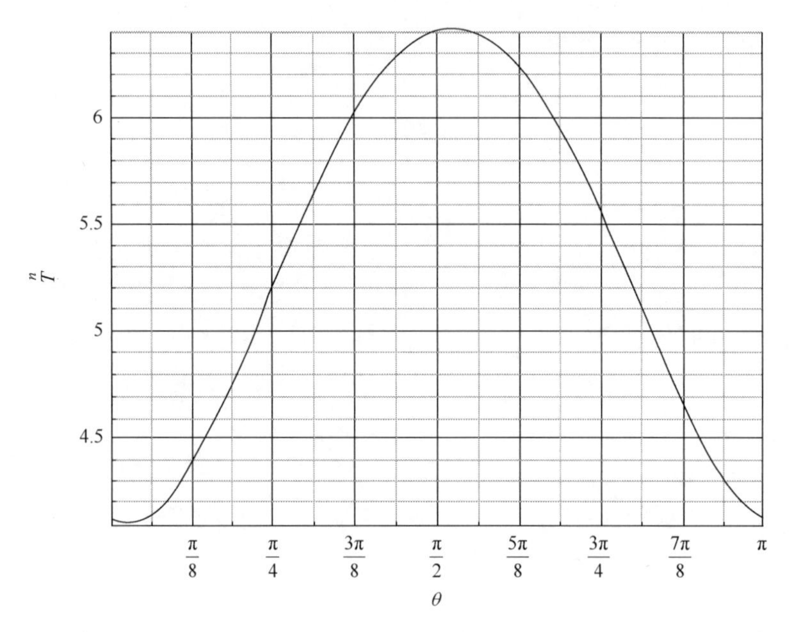

图 2.5　应力矢量大小随 θ 变化

【注 2.2】用 MAPLE 计算。

>restart:

>sigma: = Matrix([[4, 1, 0], [1, -6, 2], [0, 2, 1]]);　　输入应力矩阵$[\boldsymbol{\sigma}]$

>n: = <cos(theta), sin(theta), 0>;　　输入单位法线列阵$[\boldsymbol{n}]$

>T_n: = combine(sqrt(n^%T.sigma.sigma.n), trig);　　$\overset{n}{\boldsymbol{T}}$ 的模$|\overset{n}{\boldsymbol{T}}|$，式（例 2.2.1）及式（例 2.2.2）

>plot(T_n, theta = 0..Pi);　　画图

2.4　应力张量的坐标变换

像所有张量一样，应力张量的各个分量在坐标变换时，都要服从张量的坐标变换规则。应力张量是一个二阶张量，因此，它要满足式（1.56）的变换要求。如果假设新坐标系（$x_1'-x_2'-x_3'$）与旧坐标系（$x_1-x_2-x_3$）各坐标轴间的夹角余弦 Q_{ij} 按式（1.42）给定为

$$Q_{ij}=\begin{bmatrix} l_1 & m_1 & n_1 \\ l_2 & m_2 & n_2 \\ l_3 & m_3 & n_3 \end{bmatrix} \tag{2.23}$$

则将已知的 σ_{ij} 和式(2.23)代入式(1.56)后可求得新坐标系中的 σ'_{ij} (下面 MAPLE 中用 σ_n 表示)。

【注 2.3】用 MAPLE 可推出完整的计算公式

$> \sigma := \text{Matrix}([[\sigma_{11},\sigma_{12},\sigma_{13}],[\sigma_{12},\sigma_{22},\sigma_{23}],[\sigma_{13},\sigma_{23},\sigma_{33}]]);$

$$\sigma := \begin{bmatrix} \sigma_{11} & \sigma_{12} & \sigma_{13} \\ \sigma_{12} & \sigma_{22} & \sigma_{23} \\ \sigma_{13} & \sigma_{23} & \sigma_{33} \end{bmatrix}$$

$> Q := \text{Matrix}([[l_1,m_1,n_1],[l_2,m_2,n_2],[l_3,m_3,n_3]]);$

$$Q := \begin{bmatrix} l_1 & m_1 & n_1 \\ l_2 & m_2 & n_2 \\ l_3 & m_3 & n_3 \end{bmatrix}$$

$> \sigma n := Q.\sigma.Q^{+}:$ 应用式(例1.3.2)

$> \sigma n_{11} := \text{collect}(\sigma n[1,1],[\sigma_{11},\sigma_{22},\sigma_{33},\sigma_{12},\sigma_{23},\sigma_{13}]);$

$$\sigma n_{11} := l_1^2\sigma_{11} + m_1^2\sigma_{22} + n_1^2\sigma_{33} + 2m_1l_1\sigma_{12} + 2n_1\sigma_{23}m_1 + 2n_1\sigma_{13}l_1$$

$> \sigma n_{22} := \text{collect}(\sigma n[2,2],[\sigma_{11},\sigma_{22},\sigma_{33},\sigma_{12},\sigma_{23},\sigma_{13}]);$

$$\sigma n_{22} := l_2^2\sigma_{11} + m_2^2\sigma_{22} + n_2^2\sigma_{33} + 2m_2l_2\sigma_{12} + 2n_2\sigma_{23}m_2 + 2n_2\sigma_{13}l_2$$

$> \sigma n_{33} := \text{collect}(\sigma n[3,3],[\sigma_{11},\sigma_{22},\sigma_{33},\sigma_{12},\sigma_{23},\sigma_{13}]);$

$$\sigma n_{33} := l_3^2\sigma_{11} + m_3^2\sigma_{22} + n_3^2\sigma_{33} + 2m_3l_3\sigma_{12} + 2n_3\sigma_{23}m_3 + 2n_3\sigma_{13}l_3$$

$> \sigma n_{12} := \text{collect}(\sigma n[1,2],[\sigma_{11},\sigma_{22},\sigma_{33},\sigma_{12},\sigma_{23},\sigma_{13}]);$

$$\sigma n_{12} := l_1l_2\sigma_{11} + m_1m_2\sigma_{22} + n_1n_2\sigma_{33} + (m_1l_2 + l_1m_2)\sigma_{12} + (n_1m_2 + m_1n_2)\sigma_{23} + (n_1l_2 + l_1n_2)\sigma_{13}$$

$> \sigma n_{23} := \text{collect}(\sigma n[2,3],[\sigma_{11},\sigma_{22},\sigma_{33},\sigma_{12},\sigma_{23},\sigma_{13}]);$

$$\sigma n_{23} := l_2l_3\sigma_{11} + m_2m_3\sigma_{22} + n_2n_3\sigma_{33} + (m_2l_3 + l_2m_3)\sigma_{12} + (n_2m_3 + m_2n_3)\sigma_{23} + (n_2l_3 + l_2n_3)\sigma_{13}$$

$> \sigma n_{13} := \text{collect}(\sigma n[1,3],[\sigma_{11},\sigma_{22},\sigma_{33},\sigma_{12},\sigma_{23},\sigma_{13}]);$

$$\sigma n_{13} := l_1l_3\sigma_{11} + m_1m_3\sigma_{22} + n_1n_3\sigma_{33} + (m_1l_3 + l_1m_3)\sigma_{12} + (n_1m_3 + m_1n_3)\sigma_{23} + (n_1l_3 + l_1n_3)\sigma_{13}$$

对于二维问题，变换系数 Q_{ij} 由式(1.50)给出，此时，由式(1.56)可求得新坐标系中的平面应力分量 σ'_{ij}。

$$\begin{cases} \sigma'_x = \sigma_x\cos^2\theta + \sigma_y\sin^2\theta + 2\tau_{xy}\sin\theta\cos\theta \\ \sigma'_y = \sigma_x\sin^2\theta + \sigma_y\cos^2\theta - 2\tau_{xy}\sin\theta\cos\theta \\ \tau'_{xy} = -\sigma_x\sin\theta\cos\theta + \sigma_y\sin\theta\cos\theta + \tau_{xy}(\cos^2\theta - \sin^2\theta) \end{cases} \tag{2.24}$$

应用三角函数公式，常将上式写为倍角形式

$$\begin{cases}\sigma_x' = \dfrac{\sigma_x+\sigma_y}{2}+\dfrac{\sigma_x-\sigma_y}{2}\cos 2\theta+\tau_{xy}\sin 2\theta \\ \sigma_y' = \dfrac{\sigma_x+\sigma_y}{2}-\dfrac{\sigma_x-\sigma_y}{2}\cos 2\theta-\tau_{xy}\sin 2\theta \\ \tau_{xy}' = \dfrac{\sigma_y-\sigma_x}{2}\sin 2\theta+\tau_{xy}\cos 2\theta\end{cases} \tag{2.25}$$

2.5　主应力及主应力空间

过空间任意点的平面上的应力矢量 $\overset{n}{\boldsymbol{T}}$ 会随平面的转动而变化，这从例 2.2 图 2.5 中能清楚地看到：当平面转动至 $\boldsymbol{n}=(-0.082,0.997,0)$ 时，$\overset{n}{T}=6.416$ 取得最大值。为了更加直观地理解这个问题，在图 2.6 中，假设二维平面问题中 B 点的应力张量为

$$\sigma_{ij}=\begin{bmatrix}\sigma_x & \tau_{xy}\\ \tau_{xy} & \sigma_y\end{bmatrix}=\begin{bmatrix}2 & 1\\ 1 & 2\end{bmatrix} \tag{2.26}$$

过 B 点的 mn 平面法线为 $\boldsymbol{n}=(\cos\theta,\sin\theta)$。应用式（2.17）和式（2.21）可计算得出

$$\overset{n}{\boldsymbol{T}}=\begin{bmatrix}2\cos\theta+\sin\theta\\ \cos\theta+2\sin\theta\end{bmatrix}$$

和

$$\overset{n}{T}=\sqrt{5+4\sin 2\theta}$$

平面 mn 及其应力矢量在图 2.6 中用虚线表示。显然，平面 mn 旋转时，应力矢量 $\overset{n}{\boldsymbol{T}}$ 及其大小 $\overset{n}{T}$ 会随 θ 角变化而变化，$\overset{n}{T}$ 的变化规律见图 2.7。从图中看出，在 $0\leqslant\theta\leqslant\pi$ 范围内，$\overset{n}{T}$ 取得一次大值和一次小值。容易算出

$$\overset{n}{T}=\begin{cases}3, & \theta=\dfrac{\pi}{4}\\ 1, & \theta=\dfrac{3\pi}{4}\end{cases} \tag{2.27}$$

即当 $\theta=\pi/4$ 时，平面 $m'n'$ 上的应力矢量 $\overset{n}{\boldsymbol{T}}$ 取得极大值 3（图 2.6 中实线表示）。此时，应力矢量 $\overset{n}{\boldsymbol{T}}=(3\sqrt{2}/2,3\sqrt{2}/2)$，平面法线 $\boldsymbol{n}=(\sqrt{2}/2,\sqrt{2}/2)$，说明 $\overset{n}{\boldsymbol{T}}$ 与 $\boldsymbol{n}$ 共线。类似地，当 $\theta=3\pi/4$ 时，与平面 $m'n'$ 相互垂直的另一平面上的应力矢量 $\overset{n}{\boldsymbol{T}}$ 取

得极小值1（图中未表示），同时$\overset{n}{\boldsymbol{T}}$与$\boldsymbol{n}$共线。

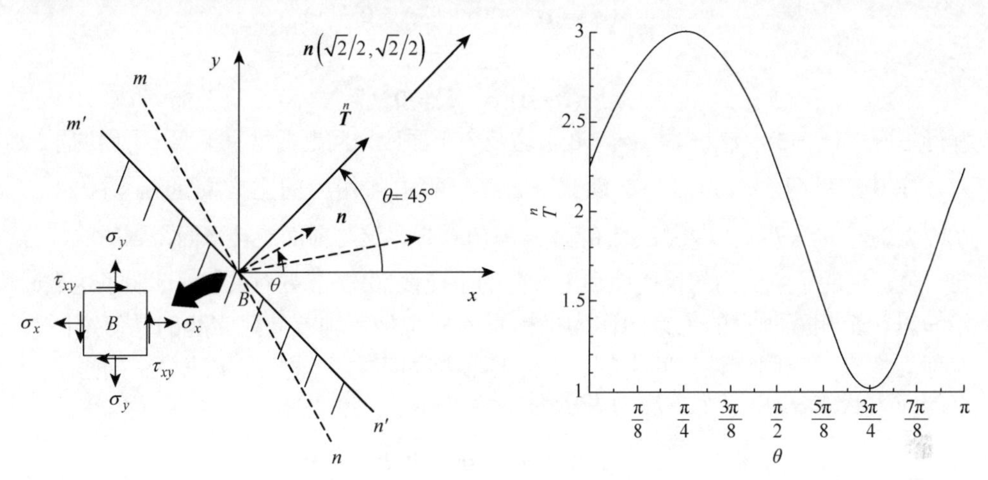

图 2.6　过一点 B 的平面应力矢量　　　　图 2.7　平面应力矢量大小变化规律

计算获得的$m'n'$平面及其另一正交平面就是应力**主平面**，主平面的法线方向称为应力**主方向**，如上面的$\boldsymbol{n}=(\sqrt{2}/2,\sqrt{2}/2)$和$\boldsymbol{n}=(-\sqrt{2}/2,\sqrt{2}/2)$，其上的正应力大小$\sigma_n$就等于应力矢量$\overset{n}{\boldsymbol{T}}$的大小$\overset{n}{T}$，常称这个应力为**主应力**，如上面的$\sigma_1=3$和$\sigma_2=1$，它是过点$B$所有平面中的最大或最小正应力。

其实，作为二阶对称张量的应力分量σ_{ij}，其主应力及主方向的计算可直接应用 1.7 节的知识计算其特征值和特征向量。此时，相应式（1.101）的特征方程变为

$$\Delta(\sigma)=\sigma^3-I_1\sigma^2+I_2\sigma-I_3=0 \tag{2.28}$$

式中应力张量的三个不变量由式（1.96）给出

$$\begin{cases} I_1=\sigma_{11}+\sigma_{22}+\sigma_{33}=\sigma_x+\sigma_y+\sigma_z & (2.29\text{a}) \\ I_2=\sigma_{11}\sigma_{22}+\sigma_{22}\sigma_{33}+\sigma_{33}\sigma_{11}-\sigma_{12}^2-\sigma_{23}^2-\sigma_{31}^2 & \\ \quad =\sigma_x\sigma_y+\sigma_y\sigma_z+\sigma_z\sigma_x-\tau_{xy}^2-\tau_{yz}^2-\tau_{zx}^2 & (2.29\text{b}) \\ I_3=\sigma_{11}\sigma_{22}\sigma_{33}+2\sigma_{12}\sigma_{23}\sigma_{31}-\sigma_{11}\sigma_{23}^2-\sigma_{22}\sigma_{31}^2-\sigma_{33}\sigma_{12}^2 & \\ \quad =\sigma_x\sigma_y\sigma_z+2\tau_{xy}\tau_{yz}\tau_{zx}-\sigma_x\tau_{yz}^2-\sigma_y\tau_{zx}^2-\sigma_z\tau_{xy}^2 & (2.29\text{c}) \end{cases}$$

式（2.28）的三个解σ_i即为σ_{ij}的主应力。将σ回代下式

$$(\sigma_{ij}-\sigma\delta_{ij})n_j=0$$

并利用$n_in_i=1$联立求解，可以计算出与三个主应力σ_i对应的三个主方向$\boldsymbol{n}_i$。

现在用计算特征值的方法重新考察式（2.26）的应力张量σ_{ij}，其相应的特征

方程为

$$\Delta(\sigma)=\sigma^3-4\sigma^2+3\sigma=0$$

或

$$\sigma(\sigma-1)(\sigma-3)=0$$

解得主应力$\sigma_1=3$，$\sigma_2=1$，$\sigma_3=0$。这是个平面应力问题，垂直于x-y平面的主应力$\sigma_3=0$，另两个应力即为前面式（2.27）所求，相应的主方向为$\boldsymbol{n}_1=(\sqrt{2}/2,\sqrt{2}/2,0)$，$\boldsymbol{n}_2=(-\sqrt{2}/2,\sqrt{2}/2,0)$，$\boldsymbol{n}_3=(0,0,1)$，这与前面旋转平面得到的法线方向一致，证明了主应力的极值性和主方向的正交性（1.7 节更为系统地证明了这点）。

以三个相互垂直的主方向作为坐标系的三个坐标轴方向建立起的几何空间，就称为**主应力空间**，该空间中的三个坐标轴称为**应力主轴**。在主应力空间里，一点的应力状态σ_{ij}用三个主应力表示为

$$\sigma_{ij}=\begin{bmatrix}\sigma_1 & 0 & 0\\ 0 & \sigma_2 & 0\\ 0 & 0 & \sigma_3\end{bmatrix}\tag{2.30}$$

类似式（例 1.4.2），主应力σ_i满足主不变量

$$\begin{cases}I_1=\sigma_1+\sigma_2+\sigma_3\\ I_2=\sigma_1\sigma_2+\sigma_2\sigma_3+\sigma_3\sigma_1\\ I_3=\sigma_1\sigma_2\sigma_3\end{cases}\tag{2.31}$$

式中，I_1，I_2，I_3分别称为**应力张量的第一、第二和第三不变量**。

若已知主应力σ_i，将式（2.30）代入式（2.19）、式（2.21）和式（2.22），容易得出

$$\begin{cases}\sigma_n=\sigma_1n_1^2+\sigma_2n_2^2+\sigma_3n_3^2 & (2.32\text{a})\\ \sigma_n^2+\tau_n^2=\sigma_1^2n_1^2+\sigma_2^2n_2^2+\sigma_3^2n_3^2 & (2.32\text{b})\end{cases}$$

再利用单位矢量$\boldsymbol{n}$的特性

$$n_1^2+n_2^2+n_3^2=1\tag{2.33}$$

联立式（2.32）和式（2.33）求解，可得出

$$\begin{cases}n_1^2=\dfrac{\tau_n^2+(\sigma_n-\sigma_2)(\sigma_n-\sigma_3)}{(\sigma_1-\sigma_2)(\sigma_1-\sigma_3)}\\ n_2^2=\dfrac{\tau_n^2+(\sigma_n-\sigma_3)(\sigma_n-\sigma_1)}{(\sigma_2-\sigma_3)(\sigma_2-\sigma_1)}\\ n_3^2=\dfrac{\tau_n^2+(\sigma_n-\sigma_1)(\sigma_n-\sigma_2)}{(\sigma_3-\sigma_1)(\sigma_3-\sigma_2)}\end{cases}\tag{2.34}$$

若进一步假定$\sigma_1 > \sigma_2 > \sigma_3$，并注意到式（2.34）必须大于或等于零，则可推出

$$\begin{cases}\tau_n^2 + (\sigma_n - \sigma_2)(\sigma_n - \sigma_3) \geqslant 0 \\ \tau_n^2 + (\sigma_n - \sigma_3)(\sigma_n - \sigma_1) \leqslant 0 \\ \tau_n^2 + (\sigma_n - \sigma_1)(\sigma_n - \sigma_2) \geqslant 0\end{cases} \tag{2.35}$$

上面三式取等号，则为平面坐标系$\tau_n - \sigma_n$中的三个圆，称为莫尔（Mohr）应力圆，见图2.8。式（2.35）的三个不等式给出了图2.8中的阴影区域，标定了过空间一点所有平面上的正应力σ_n和剪应力τ_n的关系。平面莫尔应力圆是最为常用的工具，在材料力学中用它来求解任意截面上的应力值或主应力值等都较为方便[7]。

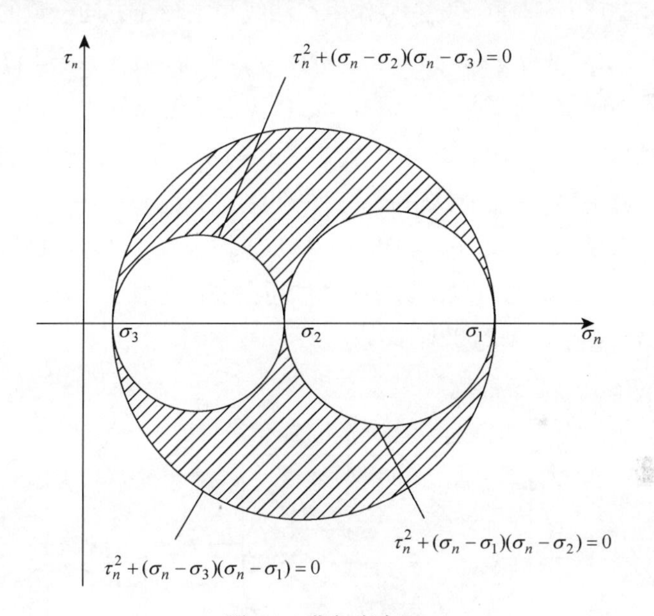

图2.8 莫尔应力圆

将式（2.32a）代入式（2.32b），有

$$\tau_n^2 = (\sigma_1^2 n_1^2 + \sigma_2^2 n_2^2 + \sigma_3^2 n_3^2) - (\sigma_1 n_1^2 + \sigma_2 n_2^2 + \sigma_3 n_3^2)^2 \tag{2.36}$$

从式（2.36）和式（2.33）中消去n_3，得到

$$\tau_n^2 = (\sigma_1^2 - \sigma_3^2)n_1^2 + (\sigma_2^2 - \sigma_3^2)n_2^2 + \sigma_3^2 - [(\sigma_1 - \sigma_3)n_1^2 + (\sigma_2 - \sigma_3)n_2^2 - \sigma_3]^2 \tag{2.37}$$

为求剪应力τ_n的驻值，令$\dfrac{\partial \tau_n^2}{\partial n_1} = 0$和$\dfrac{\partial \tau_n^2}{\partial n_2} = 0$，于是

$$\begin{cases}(\sigma_1^2 - \sigma_3^2)n_1 - 2[(\sigma_1 - \sigma_3)n_1^2 + (\sigma_2 - \sigma_3)n_2^2 + \sigma_3](\sigma_1 - \sigma_3)n_1 = 0 & \text{(2.38a)} \\ (\sigma_2^2 - \sigma_3^2)n_2 - 2[(\sigma_1 - \sigma_3)n_1^2 + (\sigma_2 - \sigma_3)n_2^2 + \sigma_3](\sigma_2 - \sigma_3)n_2 = 0 & \text{(2.38b)}\end{cases}$$

能满足式（2.38），使τ_n有驻值的条件可分为以下几种情况：

（1）$\sigma_1 \neq \sigma_2 \neq \sigma_3$，且$\sigma_1 > \sigma_2 > \sigma_3$，则由式（2.38）有

$$\begin{cases}\{(\sigma_1-\sigma_3)-2[(\sigma_1-\sigma_3)n_1^2+(\sigma_2-\sigma_3)n_2^2]\}n_1=0\\\{(\sigma_2-\sigma_3)-2[(\sigma_1-\sigma_3)n_1^2+(\sigma_2-\sigma_3)n_2^2]\}n_2=0\end{cases} \tag{2.39}$$

式(2.39)有三组解答：①$n_1=n_2=0$；②$n_1=0$，$n_2=\pm1/\sqrt{2}$；③$n_1=\pm1/\sqrt{2}$，$n_2=0$。利用式（2.33）可求得相应的n_3，再由式（2.36）求得相应的τ_n。概括起来有如下结论：

①$n_1=n_2=0$，$n_3=\pm1$，$\tau_n=0$作用在法线与主轴3方向一致的主平面上；

②$n_1=0$，$n_2=\pm1/\sqrt{2}$，$n_3=\pm1/\sqrt{2}$，$\tau_n=(\sigma_2-\sigma_3)/2$作用在经过主轴1并与主轴2和3成45°的平面上，记$\tau_1=\tau_n$，见图2.9（a）；

③$n_1=\pm1/\sqrt{2}$，$n_2=0$，$n_3=\pm1/\sqrt{2}$，$\tau_n=(\sigma_1-\sigma_3)/2$作用在经过主轴2并与主轴1和3成45°的平面上，记$\tau_2=\tau_n$，见图2.9（b）。

同样地，如果从式（2.36）和式（2.33）中消去n_2，那么就可以得出剪应力的另一个驻值$\tau_n=(\sigma_1-\sigma_2)/2$，该剪应力作用在经过主轴3并与主轴1和2成45°的平面上，记$\tau_3=\tau_n$，见图2.9（c）。

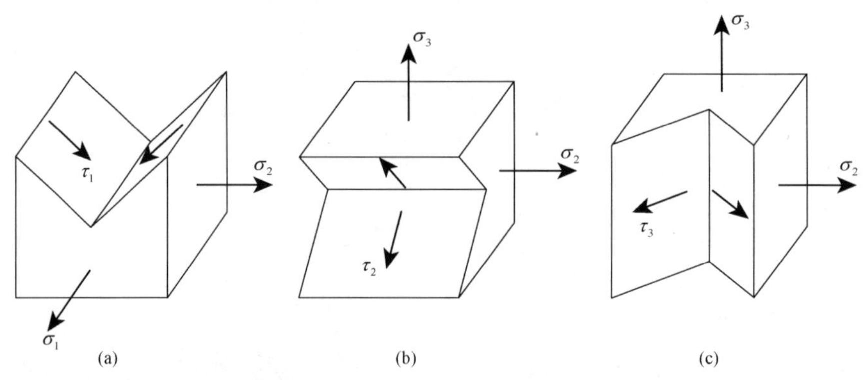

图2.9　最大剪应力所在微分面（当$\sigma_1 \neq \sigma_2 \neq \sigma_3$）

（2）若两个主应力相等，假设$\sigma_1=\sigma_3\neq\sigma_2$，则式(2.38a)自然满足。由式(2.38b)可得

$$[(\sigma_2-\sigma_3)-2(\sigma_2-\sigma_3)n_2^2]n_2=0$$

由此解得$n_2=0$和$n_2=\pm1/\sqrt{2}$。将$n_2=0$和$\sigma_1=\sigma_3$代入式（2.36），得$\tau_n=0$；将$n_2=\pm1/\sqrt{2}$和$\sigma_1=\sigma_3$代入式（2.36），得

$$\tau_n = \pm \frac{1}{2}(\sigma_1 - \sigma_2)$$

它作用在满足下式的平面上

$$\begin{cases} n_2 = \pm \dfrac{1}{\sqrt{2}} \\ n_1^2 + n_3^2 = \dfrac{1}{2} \end{cases}$$

由于 n_1 和 n_3 可取 $\left[-1/\sqrt{2}, 1/\sqrt{2}\right]$ 内相应的数，故这个剪应力驻值发生在与一个圆锥面相切的平面上，这个圆锥面与主轴 2 成 45° 交角，如图 2.10 所示。

（3）若三个主应力都相等，即 $\sigma_1 = \sigma_2 = \sigma_3$，由式（2.37）可知，过该点的任何平面上都没有剪应力。

上面关于剪应力 τ_n 驻值的讨论比较零碎，总结起来有如下结论：

① τ_n 的驻值发生在主平面平分角的平面上或主平面上；

② $\tau_1 = \frac{1}{2}|\sigma_2 - \sigma_3|$，$\tau_2 = \frac{1}{2}|\sigma_1 - \sigma_3|$，$\tau_3 = \frac{1}{2}|\sigma_1 - \sigma_2|$，称为**主剪应力**；

③主剪应力中最大者称为**最大剪应力** $\tau_{\max}$，对于 $\sigma_1 > \sigma_2 > \sigma_3$，$\tau_{\max} = \frac{1}{2}(\sigma_1 - \sigma_3)$。

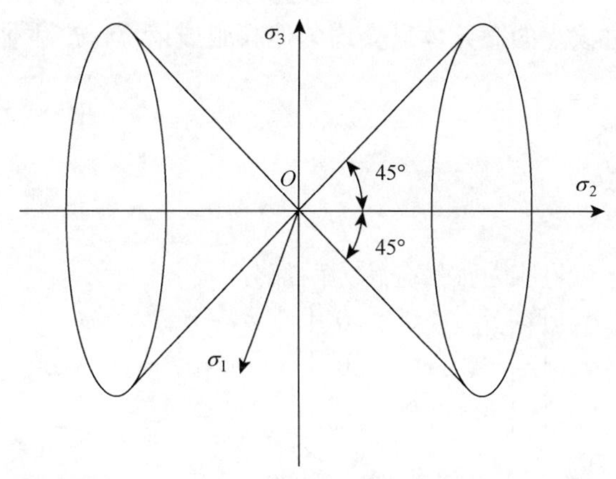

图 2.10　最大剪应力所在微分面（当 $\sigma_1 = \sigma_3 \neq \sigma_2$）

2.6　应力张量的分解及其不变量

2.6.1　球形应力张量

在主应力空间里，将式（2.30）代入式（2.16），可得应力矢量的分量

$$\overset{n}{T}_1 = \sigma_1 n_1, \quad \overset{n}{T}_2 = \sigma_2 n_2, \quad \overset{n}{T}_3 = \sigma_3 n_3$$

它们满足

$$\left(\frac{\overset{n}{T}_1}{\sigma_1}\right)^2 + \left(\frac{\overset{n}{T}_2}{\sigma_2}\right)^2 + \left(\frac{\overset{n}{T}_3}{\sigma_3}\right)^2 = 1$$

这是个椭球面方程。类似于 1.7 节，当三个主应力相等时，即 $\sigma_1 = \sigma_2 = \sigma_3 = \sigma_{\mathrm{m}}$，上式变为

$$(\overset{n}{T}_1)^2 + (\overset{n}{T}_2)^2 + (\overset{n}{T}_3)^2 = \sigma_{\mathrm{m}}^2 \tag{2.40}$$

这是应力矢量满足的球面方程，故称其对应的应力张量为球形张量。**球应力**张量的分量记为 p，按式（1.106）得到

$$p = \sigma_{\mathrm{m}} = \frac{1}{3}I_1 = \frac{1}{3}(\sigma_1 + \sigma_2 + \sigma_3) = \frac{1}{3}(\sigma_{11} + \sigma_{22} + \sigma_{33}) = \frac{1}{3}\sigma_{kk} \tag{2.41}$$

如果物体内一点处于球形应力状态下，则该点在各个方向上都只受相同的正应力作用，如同静水压力作用情况，故有时又将这种应力状况称为静水压力状况。在这种情形下，过该点的微元体只会均匀地膨胀或缩小，产生体积变化，不会发生形状上的改变。

2.6.2 偏应力张量

一般情况下，可将应力张量分解为两部分

$$\begin{bmatrix} \sigma_{11} & \sigma_{12} & \sigma_{13} \\ \sigma_{21} & \sigma_{22} & \sigma_{23} \\ \sigma_{31} & \sigma_{32} & \sigma_{33} \end{bmatrix} = \begin{bmatrix} \sigma_{\mathrm{m}} & 0 & 0 \\ 0 & \sigma_{\mathrm{m}} & 0 \\ 0 & 0 & \sigma_{\mathrm{m}} \end{bmatrix} + \begin{bmatrix} \sigma_{11} - \sigma_{\mathrm{m}} & \sigma_{12} & \sigma_{13} \\ \sigma_{21} & \sigma_{22} - \sigma_{\mathrm{m}} & \sigma_{23} \\ \sigma_{31} & \sigma_{32} & \sigma_{33} - \sigma_{\mathrm{m}} \end{bmatrix} \tag{2.42}$$

即一部分为球应力张量 $p\delta_{ij}$，另一部分为**偏应力**张量 s_{ij} 或应力偏量。式中 $\sigma_{\mathrm{m}} = (\sigma_{11} + \sigma_{22} + \sigma_{33})/3$ 为平均应力，用指标记法表示为

$$\sigma_{ij} = p\delta_{ij} + s_{ij} \tag{2.43}$$

或

$$s_{ij} = \sigma_{ij} - p\delta_{ij} \tag{2.44}$$

由于应力张量 σ_{ij} 是对称的二阶张量，从式（2.42）不难看出，应力偏量也是对称二阶张量，它描述了一点处的一种特殊应力状态。如将式（2.43）两个指标

等同，则有

$$\sigma_{ii} = p\delta_{ii} + s_{ii} = 3p + s_{ii}$$

将式（2.41）代入上式，得到

$$\sigma_{ii} = 3p + s_{ii} = \sigma_{ii} + s_{ii}$$

故

$$s_{ii} = s_{11} + s_{22} + s_{33} = 0 \tag{2.45}$$

这满足纯剪应力状态的充分必要条件[7]，说明偏应力状态表示一个纯剪应力状态，它仅会改变微元体的形状而不会改变其体积。

球应力张量与偏应力张量都是一种应力状态，因而也同样存在不变量。应用式（2.31）容易得出球应力张量的不变量

$$\begin{cases} I_1 = 3\sigma_{\mathrm{m}} \\ I_2 = 3\sigma_{\mathrm{m}}^2 = \dfrac{1}{3}I_1^2 \\ I_3 = \sigma_{\mathrm{m}}^3 = \dfrac{1}{27}I_1^3 \end{cases} \tag{2.46}$$

显然球应力张量只有一个不变量 I_1 是独立的。

应力偏量的主值 s_i 同样满足张量特征方程（1.101）得出的 s 三次方程

$$s^3 - J_1 s^2 - J_2 s - J_3 = 0 \tag{2.47}$$

其中

$$\begin{cases} J_1 = s_{11} + s_{22} + s_{33} = 0 & (2.48\text{a}) \\ J_2 = -\begin{vmatrix} s_{11} & s_{12} \\ s_{21} & s_{22} \end{vmatrix} - \begin{vmatrix} s_{22} & s_{23} \\ s_{32} & s_{33} \end{vmatrix} - \begin{vmatrix} s_{11} & s_{13} \\ s_{31} & s_{33} \end{vmatrix} \\ \quad = -s_{11}s_{22} - s_{22}s_{33} - s_{33}s_{11} + s_{12}^2 + s_{23}^2 + s_{31}^2 & (2.48\text{b}) \\ J_3 = \begin{vmatrix} s_{11} & s_{12} & s_{13} \\ s_{21} & s_{22} & s_{23} \\ s_{31} & s_{32} & s_{33} \end{vmatrix} \\ \quad = s_{11}s_{22}s_{33} + 2s_{12}s_{23}s_{31} - s_{11}s_{23}^2 - s_{22}s_{31}^2 - s_{33}s_{12}^2 & (2.48\text{c}) \end{cases}$$

式中，J_1，J_2，J_3 分别称为**应力偏量的第一、第二和第三不变量**。由于第一应力偏量不变量 $J_1 = 0$，所以求应力偏量的主值更加方便，求出 s_i 后，即可求出主应力

$$\sigma_i = s_i + \frac{I_1}{3} \tag{2.49}$$

将其代入求主应力的方程（2.28），得

$$\left(s+\frac{I_1}{3}\right)^3-I_1\left(s+\frac{I_1}{3}\right)^2+I_2\left(s+\frac{I_1}{3}\right)-I_3=0$$

化简后

$$s^3-\left(\frac{I_1^2}{3}-I_2\right)s-\left(\frac{2I_1^3}{27}-\frac{I_1I_2}{3}+I_3\right)=0$$

将上式与式（2.47）对比，有

$$\begin{cases}J_2=\dfrac{1}{3}(I_1^2-3I_2)\\ J_3=\dfrac{1}{27}(2I_1^3-9I_1I_2+27I_3)\end{cases}\tag{2.50}$$

需要说明的是，式（2.49）表示应力偏量的主方向与主应力方向是一致的。这是因为在原应力所有方向上减去一个常数正应力后不会改变其主方向，所以偏应力张量与原应力张量的方向是一致的。

在弹塑性理论中，J_2，J_3用得较多，因此这里专门讨论它们的不同表达式。

由于

$$\begin{aligned}J_1^2&=(s_{11}+s_{22}+s_{33})^2\\&=s_{11}^2+s_{22}^2+s_{33}^2+2(s_{11}s_{22}+s_{22}s_{33}+s_{33}s_{11})=0\end{aligned}$$

所以

$$-(s_{11}s_{22}+s_{22}s_{33}+s_{33}s_{11})=\frac{1}{2}(s_{11}^2+s_{22}^2+s_{33}^2)$$

于是，由式（2.48b），有

$$J_2=\frac{1}{2}(s_{11}^2+s_{22}^2+s_{33}^2+2s_{12}^2+2s_{23}^2+2s_{31}^2)=\frac{1}{2}s_{ij}s_{ij}\tag{2.51}$$

在主应力状态下，$s_{12}=s_{23}=s_{31}=0$，则有

$$J_2=\frac{1}{2}(s_1^2+s_2^2+s_3^2)\tag{2.52}$$

又

$$\begin{aligned}s_{11}^2+s_{22}^2+s_{33}^2&=\frac{2}{3}(s_{11}^2+s_{22}^2+s_{33}^2)+\frac{1}{3}(s_{11}^2+s_{22}^2+s_{33}^2)\\&=\frac{2}{3}(s_{11}^2+s_{22}^2+s_{33}^2-s_{11}s_{22}-s_{22}s_{33}-s_{33}s_{11})\\&=\frac{1}{3}\left[(s_{11}-s_{22})^2+(s_{22}-s_{33})^2+(s_{33}-s_{11})^2\right]\end{aligned}$$

所以

$$J_2 = \frac{1}{6}\left[(s_{11}-s_{22})^2+(s_{22}-s_{33})^2+(s_{33}-s_{11})^2\right]+s_{12}^2+s_{23}^2+s_{31}^2$$
$$=\frac{1}{6}\left[(\sigma_{11}-\sigma_{22})^2+(\sigma_{22}-\sigma_{33})^2+(\sigma_{33}-\sigma_{11})^2\right]+\sigma_{12}^2+\sigma_{23}^2+\sigma_{31}^2$$
$$=\frac{1}{6}\left[(\sigma_x-\sigma_y)^2+(\sigma_y-\sigma_z)^2+(\sigma_z-\sigma_x)^2\right]+\tau_{xy}^2+\tau_{yz}^2+\tau_{zx}^2 \tag{2.53}$$

在主应力状态下，有

$$J_2 = \frac{1}{6}\left[(\sigma_1-\sigma_2)^2+(\sigma_2-\sigma_3)^2+(\sigma_3-\sigma_1)^2\right] \tag{2.54}$$

由

$$(s_1+s_2+s_3)^3=0$$

展开后

$$(s_1+s_2+s_3)^3 = s_1^3+s_2^3+s_3^3+3s_1^2s_2+3s_1^2s_3+3s_2^2s_1$$
$$+3s_2^2s_3+3s_3^2s_1+3s_3^2s_2+6s_1s_2s_3$$
$$=s_1^3+s_2^3+s_3^3-3s_1s_2s_3+3s_1s_2(s_1+s_2+s_3)$$
$$+3s_2s_3(s_1+s_2+s_3)+3s_3s_1(s_1+s_2+s_3)$$
$$=s_1^3+s_2^3+s_3^3-3s_1s_2s_3=0$$

得到

$$s_1s_2s_3=\frac{1}{3}(s_1^3+s_2^3+s_3^3)$$

于是，J_3 在主应力状态下可表示为

$$J_3 = s_1s_2s_3 = \frac{1}{3}(s_1^3+s_2^3+s_3^3)$$
$$=\frac{1}{27}(2\sigma_1-\sigma_2-\sigma_3)(2\sigma_2-\sigma_3-\sigma_1)(2\sigma_3-\sigma_1-\sigma_2) \tag{2.55}$$

现在利用三角恒等式介绍一种求解应力偏量主值的简单方法。

令

$$s = r\cos\theta \tag{2.56}$$

代入式（2.47），并注意 $J_1=0$，有

$$\cos^3\theta-\frac{J_2}{r^2}\cos\theta-\frac{J_3}{r^3}=0 \tag{2.57}$$

若取

$$\begin{cases} \dfrac{J_2}{r^2} = \dfrac{3}{4} \\ \dfrac{J_3}{r^3} = \dfrac{\cos 3\theta}{4} \end{cases} \tag{2.58}$$

式（2.57）变为

$$4\cos^3\theta - 3\cos\theta - \cos 3\theta = 0$$

这恰好是三角恒等式。故由式（2.58）可得到满足特征方程的

$$\begin{cases} r = \sqrt{\dfrac{4J_2}{3}} = \dfrac{2\sqrt{J_2}}{\sqrt{3}} & (2.59\text{a}) \\ \cos 3\theta = \dfrac{4J_3}{r^3} = \dfrac{3\sqrt{3}J_3}{2J_2^{3/2}} & (2.59\text{b}) \end{cases}$$

进一步求得

$$\theta = \frac{1}{3}\arccos\frac{4J_3}{r^3} \tag{2.60}$$

θ 在 $0 \sim 2\pi$ 范围内有三个角值满足条件，故应力偏量的三个主值为

$$\begin{cases} s_1 = \dfrac{2\sqrt{J_2}}{\sqrt{3}}\cos\theta \\ s_2 = \dfrac{2\sqrt{J_2}}{\sqrt{3}}\cos\left(\dfrac{2\pi}{3} - \theta\right) \\ s_3 = \dfrac{2\sqrt{J_2}}{\sqrt{3}}\cos\left(\dfrac{2\pi}{3} + \theta\right) \end{cases} \tag{2.61}$$

利用式（2.49）容易求出相应的主应力。

例 2.3　已知一点的应力张量 σ_{ij}（各分量值同于例 1.4）为

$$\sigma_{ij} = \begin{bmatrix} 30 & -10 & 0 \\ -10 & 30 & 0 \\ 0 & 0 & 10 \end{bmatrix}$$

试求其主应力及主应力方向余弦。

解　应用式（2.29a）求出

$$I_1 = 30 + 30 + 10 = 70$$

$$\sigma_{\mathrm{m}}=\frac{I_1}{3}=\frac{70}{3}=23.333$$

相应的应力偏量为

$$s_{ij}=\begin{bmatrix}6.667 & -10 & 0\\ -10 & 6.667 & 0\\ 0 & 0 & -13.333\end{bmatrix}$$

应用式（2.51）求出

$$J_2=\frac{1}{2}\left[6.667^2+6.667^2+(-13.333)^2+2\times(-10)^2\right]=233.333$$

应用式（2.48c）求出

$$J_3=6.667\times6.667\times(-13.333)-(-13.333)\times(-10)^2=740.663$$

应用式（2.59b）可得出

$$\cos3\theta=\frac{3\times\sqrt{3}\times740.663}{2\times\sqrt{233.333^3}}=0.5399$$

故

$$3\theta=57.323^\circ \quad 即 \quad \theta=19.107^\circ$$

由式（2.61）得到

$$\begin{bmatrix}s_1\\ s_2\\ s_3\end{bmatrix}=17.638\times\begin{bmatrix}\cos19.107^\circ\\ \cos(120^\circ-19.107^\circ)\\ \cos(120^\circ+19.107^\circ)\end{bmatrix}=\begin{bmatrix}16.666\\ -3.333\\ -13.333\end{bmatrix}$$

于是，由式（2.49）得到

$$\begin{bmatrix}\sigma_1\\ \sigma_2\\ \sigma_3\end{bmatrix}=\begin{bmatrix}16.666\\ -3.333\\ -13.333\end{bmatrix}+\sigma_{\mathrm{m}}\begin{bmatrix}1\\ 1\\ 1\end{bmatrix}=\begin{bmatrix}40\\ 20\\ 10\end{bmatrix} \qquad \text{（例 2.3.1）}$$

各主应力方向余弦计算同例 1.4。

【注 2.4】用 MATLAB 计算。

```
>>clear
>>sigma = [30, -10, 0; -10, 30, 0; 0, 0, 10];                输入应力矩阵[σ]
```

```
>>invariants = [trace(sigma), (trace(sigma)^2-trace(sigma*sigma))/2, det(sigma)]; 计算应力不变量
>> [V, D] = eig(sigma);                                  应用式（1.100）计算特征值及特征向量
>>Principal_values = [D(1, 1); D(2, 2); D(3, 3)];                主应力大小，式（例 2.3.1）
>>Principal_directions = V';                                 主应力方向余弦，式（例 1.4.3）
```

2.7　八面体正应力与剪应力

在主应力空间中，与 3 个应力主轴夹角相等的平面称为等倾面，8 个等倾面构成了一个八面体，如图 2.11 所示。等倾面的外法线 $\boldsymbol{n}$ 与 3 个坐标主轴的方向余弦相等，即

$$\boldsymbol{n}=\left(\pm\frac{1}{\sqrt{3}},\pm\frac{1}{\sqrt{3}},\pm\frac{1}{\sqrt{3}}\right) \tag{2.62}$$

应用式（2.32），容易求得等倾面上的正应力（**八面体正应力**）σ_{oct} 和剪应力（**八面体剪应力**）τ_{oct} 分别为

$$\sigma_{\text{oct}}=\frac{1}{3}(\sigma_1+\sigma_2+\sigma_3)=\frac{I_1}{3}=\sigma_{\text{m}} \tag{2.63}$$

$$\begin{aligned}\tau_{\text{oct}}&=\sqrt{\frac{1}{3}(\sigma_1^2+\sigma_2^2+\sigma_3^2)-\frac{1}{9}(\sigma_1+\sigma_2+\sigma_3)^2}\\&=\frac{1}{3}\sqrt{(\sigma_1-\sigma_2)^2+(\sigma_2-\sigma_3)^2+(\sigma_3-\sigma_1)^2}\\&=\sqrt{\frac{2}{3}J_2}\end{aligned} \tag{2.64}$$

八面体剪应力与应力偏张量的第二不变量 J_2 密切相关，在塑性力学中具有重要的意义。

为使用方便，塑性理论中常将 τ_{oct} 乘以系数 $3/\sqrt{2}$ 称为广义剪应力 q 或应力强度 $\bar{\sigma}$：

$$\begin{aligned}q=\bar{\sigma}&=\frac{3}{\sqrt{2}}\tau_{\text{oct}}=\sqrt{3J_2}=\sqrt{\frac{3}{2}(\boldsymbol{s}:\boldsymbol{s})}\\&=\frac{1}{\sqrt{2}}\sqrt{(\sigma_1-\sigma_2)^2+(\sigma_2-\sigma_3)^2+(\sigma_3-\sigma_1)^2}\end{aligned} \tag{2.65}$$

在单向拉伸时，$\sigma_2=\sigma_3=0$，则 $\bar{\sigma}=\sigma_1$，故也将 $\bar{\sigma}$ 称为**等效应力**。

如将 τ_{oct} 乘以 $\sqrt{3/2}$ 就得 $\sqrt{J_2}$，常将它定义为**等效剪应力** $\bar{\tau}$，即

$$\bar{\tau} = \sqrt{J_2} = \frac{1}{\sqrt{6}}\sqrt{(\sigma_1 - \sigma_2)^2 + (\sigma_2 - \sigma_3)^2 + (\sigma_3 - \sigma_1)^2} \tag{2.66}$$

因为在纯剪情况下，$\sigma_1 = \tau$，$\sigma_2 = 0$，$\sigma_3 = -\tau$，有$\bar{\tau} = \tau$。

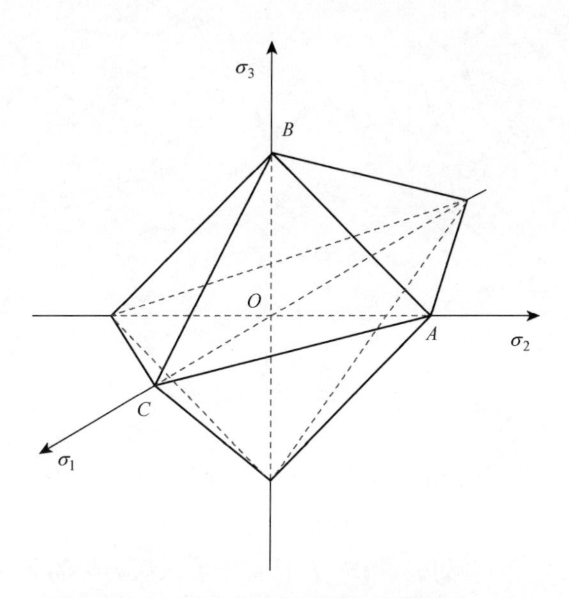

图 2.11 主应力空间中的八面体及等倾面 *ABC*

2.8 主应力空间中的应力几何表示

为了直观地理解物体内一点的应力状态，常在主应力空间中将该点的应力状态表示为空间的一个点，这个点的坐标 $P(\sigma_1,\sigma_2,\sigma_3)$ 表示一种可能的应力状态。

如图 2.12（a）所示，在主应力空间，过原点 O 作一条与三个坐标主轴具有相等夹角的直线 ON，则在该直线上的每一点其应力状态为 $\sigma_1 = \sigma_2 = \sigma_3$。因此，这条曲线上的每一点对应于球应力状态或静水压力状态，所以称这条直线为**静水压力轴**。而任何垂直于 ON 的平面称为**偏平面**，其方程为

$$\sigma_1 + \sigma_2 + \sigma_3 = \sqrt{3}\,\xi \tag{2.67}$$

式中，ξ 为原点沿法线 ON 到该平面的距离［图 2.12（b)］。

在塑性理论中，把经过原点 O 的偏平面

$$\sigma_1 + \sigma_2 + \sigma_3 = 0 \tag{2.68}$$

称为**π 平面**。

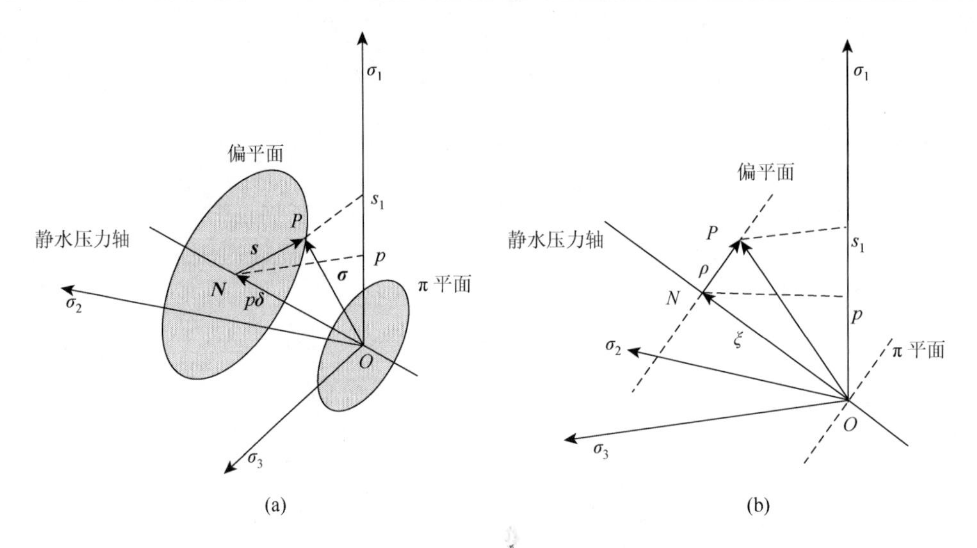

图 2.12　主应力空间中的偏平面

主应力空间上的点 $P(\sigma_1,\sigma_2,\sigma_3)$ 可用矢径 $\boldsymbol{OP}$（$\boldsymbol{\sigma}$）表示

$$\boldsymbol{OP}=\sigma_1\boldsymbol{e}_1+\sigma_2\boldsymbol{e}_2+\sigma_3\boldsymbol{e}_3$$

它能分解为沿静水压力轴的矢量 $\boldsymbol{ON}$ 及垂直于静水压力轴的矢量 $\boldsymbol{NP}$（在偏平面上）之和。$\boldsymbol{ON}$ 的单位矢量 $\boldsymbol{n}=(1/\sqrt{3},1/\sqrt{3},1/\sqrt{3})$，故 $\boldsymbol{OP}$ 在 $\boldsymbol{ON}$ 上的投影

$$\begin{aligned}\xi=|\boldsymbol{ON}|=\boldsymbol{OP}\cdot\boldsymbol{n}&=(\sigma_1,\sigma_2,\sigma_3)\cdot\left(\frac{1}{\sqrt{3}},\frac{1}{\sqrt{3}},\frac{1}{\sqrt{3}}\right)\\&=\frac{1}{\sqrt{3}}(\sigma_1+\sigma_2+\sigma_3)=\frac{I_1}{\sqrt{3}}=\sqrt{3}\sigma_{\mathrm{m}}=\sqrt{3}p\end{aligned}\tag{2.69}$$

矢量 $\boldsymbol{NP}$ 为

$$\begin{aligned}\boldsymbol{NP}=\boldsymbol{OP}-\boldsymbol{ON}=\boldsymbol{OP}-|\boldsymbol{ON}|\boldsymbol{n}&=(\sigma_1,\sigma_2,\sigma_3)-(\sigma_{\mathrm{m}},\sigma_{\mathrm{m}},\sigma_{\mathrm{m}})\\&=[(\sigma_1-\sigma_{\mathrm{m}}),(\sigma_2-\sigma_{\mathrm{m}}),(\sigma_3-\sigma_{\mathrm{m}})]\end{aligned}\tag{2.70}$$

利用式（2.49），有

$$\boldsymbol{NP}=(s_1,s_2,s_3)$$

即 $\boldsymbol{NP}$ 就是 $\boldsymbol{s}$，其长度为

$$\rho=|\boldsymbol{NP}|=\sqrt{s_1^2+s_2^2+s_3^2}=\sqrt{2J_2}\tag{2.71}$$

由此看出，在主应力空间如将应力用矢量表示为 $\boldsymbol{\sigma}=(\sigma_1,\sigma_2,\sigma_3)$，相应的偏应力表示为 $\boldsymbol{s}=(s_1,s_2,s_3)$，满足式（2.43）的克罗内克符号表示为矢量 $\boldsymbol{\delta}=(1,1,1)$，则图 2.12 中的 $\boldsymbol{ON}$ 即为 $p\boldsymbol{\delta}=(p,p,p)$，即图中的 ΔONP 完全满足式（2.44）的矢量表示 $\boldsymbol{s}=\boldsymbol{\sigma}-p\boldsymbol{\delta}$。

如从静水压力轴上的N点看向O点，可将三个主轴σ_i投影在$\boldsymbol{NP}$所在的偏平面上成为σ_i'，见图2.13。现在图2.14中考虑σ_1轴上一点$A(1,0,0)$，其矢径$\boldsymbol{OA}$为σ_1轴上的单位矢$\boldsymbol{e}_1=(1,0,0)$，仿照前面$\boldsymbol{OP}$的分解，将$\boldsymbol{OA}$分解为静水压力轴上的分矢量$\boldsymbol{OB}$及垂直于静水压力轴的分矢量$\boldsymbol{BA}$之和。类似式（2.70）可得到

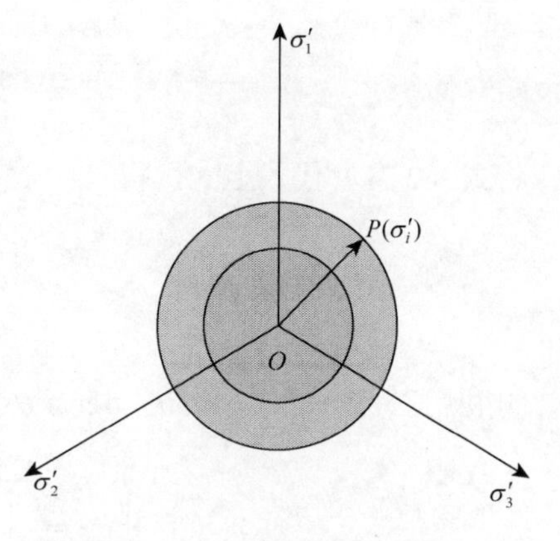

图2.13 坐标轴投影到偏平面上

$$\boldsymbol{BA}=\boldsymbol{OA}-\boldsymbol{OB}=(1,0,0)-\left(\frac{1}{3},\frac{1}{3},\frac{1}{3}\right)=\left(\frac{2}{3},-\frac{1}{3},-\frac{1}{3}\right)$$

$\boldsymbol{BA}$的单位矢量即为σ_1'轴的单位矢$\boldsymbol{e}_1'$（图2.15），于是有

$$\boldsymbol{e}_1'=\frac{\boldsymbol{BA}}{|\boldsymbol{BA}|}=\frac{3}{\sqrt{6}}\left(\frac{2}{3},-\frac{1}{3},-\frac{1}{3}\right)=\frac{1}{\sqrt{6}}(2,-1,-1)$$

在图2.15中，将图2.12中的偏平面上的矢量$\boldsymbol{NP}$在单位矢量$\boldsymbol{e}_1'$方向上的投影用NQ表示为

$$\begin{aligned}NQ&=\rho\cos\theta=\boldsymbol{NP}\cdot\boldsymbol{e}_1'=(s_1,s_2,s_3)\cdot\left(\frac{2}{\sqrt{6}},-\frac{1}{\sqrt{6}},-\frac{1}{\sqrt{6}}\right)\\&=\frac{1}{\sqrt{6}}(2s_1-s_2-s_3)\end{aligned}$$

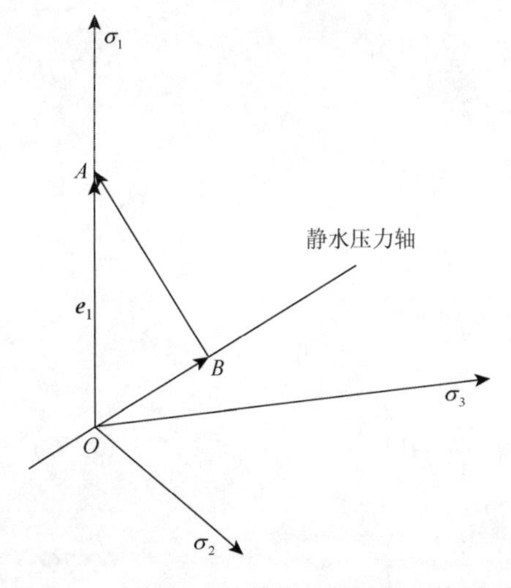

图2.14 坐标轴上的单位矢量投影到偏平面

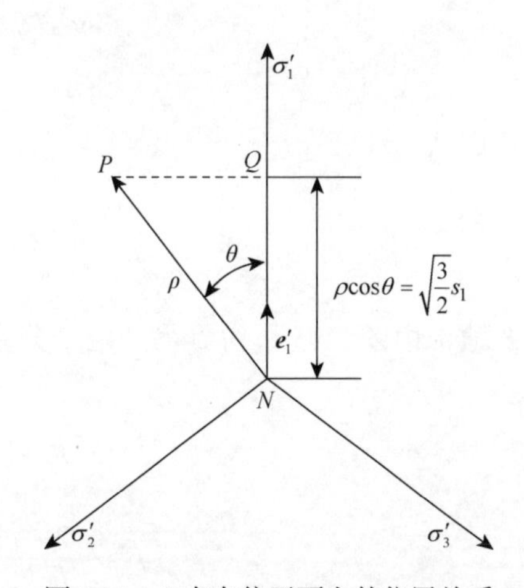

图2.15 P点在偏平面上的位置关系

利用$s_1+s_2+s_3=0$，上式可化简为

$$\rho\cos\theta = \frac{3}{\sqrt{6}}s_1 = \sqrt{\frac{3}{2}}s_1$$

将式（2.71）代入上式，得

$$\cos\theta = \frac{\sqrt{3}s_1}{2\sqrt{J_2}} \tag{2.72}$$

再利用三角恒等式$\cos 3\theta = 4\cos^3\theta - 3\cos\theta$，有

$$\cos 3\theta = 4\left(\frac{\sqrt{3}s_1}{2\sqrt{J_2}}\right)^3 - 3\left(\frac{\sqrt{3}s_1}{2\sqrt{J_2}}\right) = \frac{3\sqrt{3}}{2J_2^{3/2}}(s_1^3 - s_1 J_2) \tag{2.73}$$

应用式（2.52）及$J_1^2 = 0$的推导（参阅 2.6.2 节），有

$$J_2 = \frac{1}{2}(s_1^2 + s_2^2 + s_3^2) = -(s_1 s_2 + s_2 s_3 + s_3 s_1) \tag{2.74}$$

将式（2.73）分子中的J_2代换后

$$\cos 3\theta = \frac{3\sqrt{3}}{2J_2^{3/2}}\left[s_1^3 + s_1^2(s_2 + s_3) + s_1 s_2 s_3\right]$$

再用$s_2 + s_3 = -s_1$和$J_3 = s_1 s_2 s_3$代换，最后得到

$$\cos 3\theta = \frac{3\sqrt{3}}{2}\frac{J_3}{J_2^{3/2}} \tag{2.75}$$

由式（2.72），还可得出

$$s_1 = \frac{2}{\sqrt{3}}\sqrt{J_2}\cos\theta \tag{2.76a}$$

类似地，由图 2.15 可得到另外两个分量

$$s_2 = \frac{2}{\sqrt{3}}\sqrt{J_2}\cos\left(\frac{2\pi}{3} - \theta\right) \tag{2.76b}$$

$$s_3 = \frac{2}{\sqrt{3}}\sqrt{J_2}\cos\left(\frac{2\pi}{3} + \theta\right) \tag{2.76c}$$

这与式（2.61）完全相同。

可以证明[8]，当$\sigma_1 \geqslant \sigma_2 \geqslant \sigma_3$时，$0 \leqslant \theta \leqslant \pi/3$。

若引入洛德（Lode）参数μ_σ

$$\mu_\sigma = \frac{2\sigma_2 - \sigma_1 - \sigma_3}{\sigma_1 - \sigma_3} = \frac{2s_2 - s_1 - s_3}{s_1 - s_3} \tag{2.77}$$

及洛德角θ_σ

$$\tan\theta_\sigma = \frac{\mu_\sigma}{\sqrt{3}} \tag{2.78}$$

可推出

$$\begin{cases} s_1 = \dfrac{2}{\sqrt{3}}\sqrt{J_2}\sin(\theta_\sigma + \dfrac{2\pi}{3}) \\ s_2 = \dfrac{2}{\sqrt{3}}\sqrt{J_2}\sin\theta_\sigma \\ s_3 = \dfrac{2}{\sqrt{3}}\sqrt{J_2}\sin(\theta_\sigma - \dfrac{2\pi}{3}) \end{cases} \tag{2.79}$$

及

$$\sin 3\theta_\sigma = -\frac{3\sqrt{3}}{2}\frac{J_3}{J_2^{3/2}} \tag{2.80}$$

比较式（2.75）和式（2.80），在$0 \leqslant \theta \leqslant \pi/3$的条件下，容易得到

$$\theta = \frac{\pi}{6} + \theta_\sigma \tag{2.81}$$

其中$-\pi/6 \leqslant \theta_\sigma \leqslant \pi/6$，$\theta_\sigma$与$\theta$在偏平面上的几何关系见图2.16。

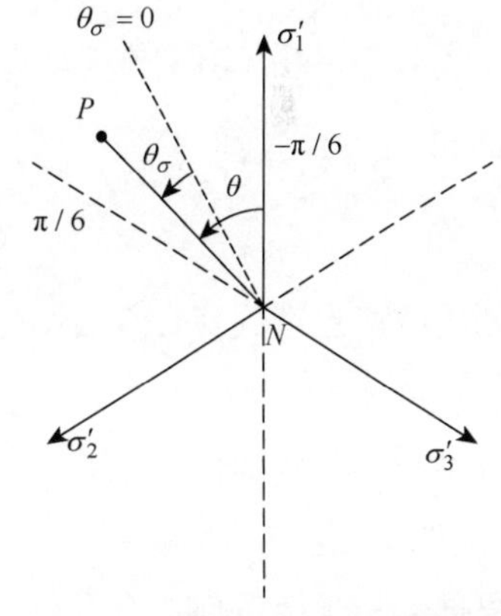

图2.16 偏平面上的θ_σ与θ关系

用例2.3中的数据可算出$\sin 3\theta_\sigma = -0.5399$，得$\theta_\sigma = -10.893°$，代入式（2.79），有$s_1 = 16.666$，$s_2 = -3.333$，$s_3 = -13.333$。这与原题解答一致。

μ_σ是描述应力偏量的一个特征值，其取值范围$-1 \leqslant \mu_\sigma \leqslant 1$，几个特殊情况为：

（1）在单向拉伸时，$\sigma_1 > 0$，$\sigma_2 = \sigma_3 = 0$，$\mu_\sigma = -1$，$\theta_\sigma = -\pi/6$，对应$\theta = 0$（拉子午线）。

（2）在纯剪时，$\sigma_2 = 0$，$\sigma_1 = -\sigma_3 = \tau$，$\mu_\sigma = 0$，$\theta_\sigma = 0$，对应$\theta = \pi/6$（剪力子午线）。

（3）在单向压缩时，$\sigma_3 < 0$，$\sigma_1 = \sigma_2 = 0$，$\mu_\sigma = 1$，$\theta_\sigma = \pi/6$，对应$\theta = \pi/3$（压子午线）。

从上面的推演看到，物体内一点的应力状态除了用主应力坐标$(\sigma_1,\sigma_2,\sigma_3)$表示外，还可用坐标$(\xi,\rho,\theta)$［或$(\xi,\rho,\theta_\sigma)$］表示。这种坐标张成的空间通常称为赫艾-韦斯特加德（Haigh-Westergaard）应力空间。由于坐标(ξ,ρ,θ)与应力不变量密切相关，故应力空间上的一个几何点位间接地注解了应力不变量的几何意义。

2.9　平衡微分方程

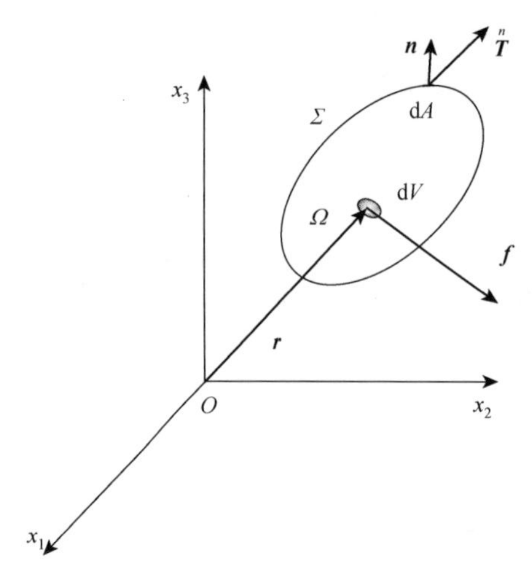

图 2.17　作用在任意体域 Ω 上的力

假定物体连续，物体应力分布也是连续的，则在外力作用下能唯一地确定物体应力场。对于静力学问题，作用在物体上的外力必须满足静力平衡条件，即合力和合力矩为零。物体处于平衡，则物体内任意部分也是平衡的，故可从物体内取出任意小部分体积Ω来考察其平衡条件（图 2.17）。设体域Ω的外表面积为Σ，其上作用有面力矢量$\overset{n}{\boldsymbol{T}}$（物体内截出体域的面力相当于应力矢），体内作用有体力$\boldsymbol{f}$。

根据力平衡条件，有

$$\oint_\Sigma \overset{n}{T}_i \,\mathrm{d}A + \int_\Omega f_i \,\mathrm{d}V = 0 \tag{2.82}$$

将式（2.15）代入上式，则可写为

$$\oint_\Sigma \sigma_{ji} n_j \mathrm{d}A + \int_\Omega f_i \,\mathrm{d}V = 0$$

利用散度定理式（1.133a），上式可表示成

$$\int_\Omega (\sigma_{ji,j} + f_i)\mathrm{d}V = 0$$

对于一个任意体域，必有

$$\sigma_{ji,j} + f_i = 0 \tag{2.83}$$

根据力矩平衡条件，有

$$\oint_\Sigma \boldsymbol{r} \times \overset{n}{\boldsymbol{T}} \mathrm{d}A + \int_\Omega \boldsymbol{r} \times \boldsymbol{f} \,\mathrm{d}V = 0$$

写成分量形式（注意x_j为矢径$\boldsymbol{r}$的分量）

$$\oint_\Sigma \in_{ijk} x_j \overset{n}{T}_k \,\mathrm{d}A + \int_\Omega \in_{ijk} x_j f_k \,\mathrm{d}V = 0 \tag{2.84}$$

将式（2.15）代入上式，有

$$\oint_{\Sigma} \epsilon_{ijk}\, x_j \sigma_{lk} n_l \mathrm{d}A + \int_{\Omega} \epsilon_{ijk}\, x_j f_k \,\mathrm{d}V = 0$$

利用散度定理式（1.131），固定 i，上式变为

$$\int_{\Omega} [(\epsilon_{ijk}\, x_j \sigma_{lk})_{,l} + \epsilon_{ijk}\, x_j f_k] \mathrm{d}V = 0$$

将积分式展开，并利用式（2.83）

$$\begin{aligned}
&\int_{\Omega} (\epsilon_{ijk}\, x_{j,l} \sigma_{lk} + \epsilon_{ijk}\, x_j \sigma_{lk,l} + \epsilon_{ijk}\, x_j f_k) \mathrm{d}V \\
&= \int_{\Omega} (\epsilon_{ijk}\, \delta_{jl} \sigma_{lk} + \epsilon_{ijk}\, x_j \sigma_{lk,l} + \epsilon_{ijk}\, x_j f_k) \mathrm{d}V \\
&= \int_{\Omega} (\epsilon_{ijk}\, \sigma_{jk} + \epsilon_{ijk}\, x_j \sigma_{lk,l} + \epsilon_{ijk}\, x_j f_k) \mathrm{d}V \\
&= \int_{\Omega} (\epsilon_{ijk}\, \sigma_{jk} - \epsilon_{ijk}\, x_j f_k + \epsilon_{ijk}\, x_j f_k) \mathrm{d}V \\
&= \int_{\Omega} \epsilon_{ijk}\, \sigma_{jk} \,\mathrm{d}V
\end{aligned}$$

最后得到

$$\int_{\Omega} \epsilon_{ijk}\, \sigma_{jk} \,\mathrm{d}V = 0$$

对于任意体积域，有

$$\epsilon_{ijk}\, \sigma_{jk} = 0$$

由于置换符号 ϵ_{ijk} 以指标 jk 反对称，故 σ_{jk} 必须对称才能满足上式，即有

$$\sigma_{ij} = \sigma_{ji} \tag{2.85}$$

因此，式（2.83）常写为

$$\sigma_{ij,j} + f_i = 0 \tag{2.86}$$

或写成实体形式

$$\nabla \cdot \boldsymbol{\sigma} + \boldsymbol{f} = \boldsymbol{0} \tag{2.87}$$

这便是弹性力学中极为重要的平衡微分方程，也常用冯卡门标记展开表示为

$$\begin{cases}
\dfrac{\partial \sigma_x}{\partial x} + \dfrac{\partial \tau_{xy}}{\partial y} + \dfrac{\partial \tau_{xz}}{\partial z} + f_x = 0 \\
\dfrac{\partial \tau_{yx}}{\partial x} + \dfrac{\partial \sigma_y}{\partial y} + \dfrac{\partial \tau_{yz}}{\partial z} + f_y = 0 \\
\dfrac{\partial \tau_{zx}}{\partial x} + \dfrac{\partial \sigma_{zy}}{\partial y} + \dfrac{\partial \sigma_z}{\partial z} + f_z = 0
\end{cases} \tag{2.88}$$

式（2.85）体现了剪应力的互等性，可表示为

$$\tau_{xy} = \tau_{yx}, \quad \tau_{xz} = \tau_{zx}, \quad \tau_{yz} = \tau_{zy} \tag{2.89}$$

由于应力张量对称，因此在三维空间中只有 6 个独立的应力分量；在二维空间中有 3 个独立的应力分量。

习　题

2.1　在坐标系 $x_i(\boldsymbol{e}_i)$ 下，已知一点的应力张量为

$$\sigma_{ij}=\begin{bmatrix}0.2 & 0.6 & 0.0\\ 0.6 & 1.2 & 0.0\\ 0.0 & 0.0 & 0.4\end{bmatrix}$$

计算过该点的平面 Σ: $2x_1-2x_2+x_3=1$ 上的应力矢量 $\overset{n}{\boldsymbol{T}}$ 及其大小 $\overset{n}{T}$，并求出其分量 σ_n 和 τ_n。如用 $\boldsymbol{\sigma}_n$ 和 $\boldsymbol{\tau}_n$ 分别表示 σ_n 和 τ_n 的矢量式，写出 $\boldsymbol{\sigma}_n$ 和 $\boldsymbol{\tau}_n$ 的实体表示（即用 $\boldsymbol{e}_i$ 表示的代数式）。

2.2　如坐标系旋转，其基满足 $\boldsymbol{e}_i'=Q_{ij}\boldsymbol{e}_j$，坐标变换系数：

$$Q_{ij}=\begin{bmatrix}\dfrac{12}{25} & -\dfrac{9}{25} & \dfrac{4}{5}\\ \dfrac{3}{5} & \dfrac{4}{5} & 0\\ -\dfrac{16}{25} & \dfrac{12}{25} & \dfrac{3}{5}\end{bmatrix}$$

求习题 2.1 的应力张量 σ_{ij} 在新坐标系 $x_i'(\boldsymbol{e}_i')$ 下的张量表示 σ_{ij}'。假设 Σ 平面位置不变，写出 $\boldsymbol{\sigma}_n'$ 和 $\boldsymbol{\tau}_n'$ 的实体表示（即用 $\boldsymbol{e}_i'$ 表示的代数式），并证明其大小 σ_n' 和 τ_n' 与 σ_n 和 τ_n 分别相等。

2.3　在平面坐标系下，导出应力分量由极坐标向笛卡儿坐标的变换式：

$$\begin{cases}\sigma_x=\sigma_\rho\cos^2\varphi+\sigma_\varphi\sin^2\varphi-2\tau_{\rho\varphi}\sin\varphi\cos\varphi\\ \sigma_y=\sigma_\rho\sin^2\varphi+\sigma_\varphi\cos^2\varphi+2\tau_{\rho\varphi}\sin\varphi\cos\varphi\\ \tau_{xy}=(\sigma_\rho-\sigma_\varphi)\sin\varphi\cos\varphi+\tau_{\rho\varphi}(\cos^2\varphi-\sin^2\varphi)\end{cases}$$

2.4　平面应力状态的应力分量 $\sigma_z=\tau_{yz}=\tau_{zx}=0$，试证明平面 xoy 内主应力和最大剪应力分别为

$$\begin{cases}\sigma_{1,2}=\dfrac{\sigma_x+\sigma_y}{2}\pm\sqrt{\left(\dfrac{\sigma_x-\sigma_y}{2}\right)^2+\tau_{xy}^2}\\ \tau_{\max}=\sqrt{\left(\dfrac{\sigma_x-\sigma_y}{2}\right)^2+\tau_{xy}^2}\end{cases}$$

2.5　物体中一点的应力状态为

$$\sigma_{ij}=\begin{bmatrix}3&1&1\\1&0&2\\1&2&0\end{bmatrix}$$

试计算：

（a）应力张量不变量 I_1，I_2 和 I_3；

（b）偏应力张量不变量 J_1，J_2 和 J_3；

（c）主应力及主方向；

（d）八面体正应力及剪应力；

（e）等效应力。

2.6 对于纯剪情况，其应力状态为

$$\sigma_{ij}=\begin{bmatrix}0&\tau&0\\\tau&0&0\\0&0&0\end{bmatrix}$$

计算主应力和主方向、八面体正应力和剪应力。

2.7 已知平面问题的应力场：

$$\sigma_x=Axy\,,\quad \sigma_y=0\,,\quad \tau_{xy}=\frac{A}{2}(h^2-y^2)$$

其中，A 和 h 为常数。试判断在体力为零的情况下，具有这种应力场的物体处于平衡状态。

第 3 章 运动和变形

弹塑性力学研究的对象是变形体，即在外部因素作用下会发生变形的物体。物体发生变形表现在物体内部各质点间发生了相对位置变化。如何度量物体质点运动和物体变形的关系是变形分析的重点，本章通过应变定义建立起应变-位移几何关系，通过连续位移场单值要求建立起应变相容方程。

由于物体变形是与材料性质无关的几何问题，所以不论是弹性或塑性变形的物体，对点的应变描述都是相同的。

3.1 变形与应变的基本概念

物体本身运动或在外部作用下发生变形，都会引起物体内部各质点产生位移。按照连续性假设，物体位移场是质点位置的连续函数。如果物体各点发生位移后仍保持各点间初始状态的相对位置，则物体实际上只产生了**刚体运动**，这种刚体运动包括**平移**和**转动**。如果物体各点发生位移变化后改变了各点间初始状态的相对位置，则物体产生了形状变化，称此物体发生了**变形**。

弹塑性力学最为关心的问题是物体的变形，然而物体内质点运动产生的位移不完全与物体变形有关，这就要求我们必须将位移分解出真正与变形相关的量来度量物体的变形，为此引入了**应变**的概念。

为描述物体内一点的变形，可取过该点的任意微小线段即线元进行研究。如图 3.1（a）中过 P 点的线元 PQ，变形前长度为 l_0，变形后长度为 l，变形前后线元长度的相对改变量常定义为**正应变**或**线应变**，即

$$\varepsilon=\frac{l-l_0}{l_0} \tag{3.1}$$

为进一步描述线元 PQ 变形前后的方向改变，以过同一点且与线元 PQ 垂直的另一线元 PR 作为参照［图 3.1（b）］。如变形后两线元之间的夹角为 θ，则将变形前后的直角改变量定义为**剪应变**

$$\gamma=\frac{\pi}{2}-\theta \tag{3.2}$$

从定义可知：正应变以伸长为正，缩短为负；剪应变以直角减小为正，增加为负。

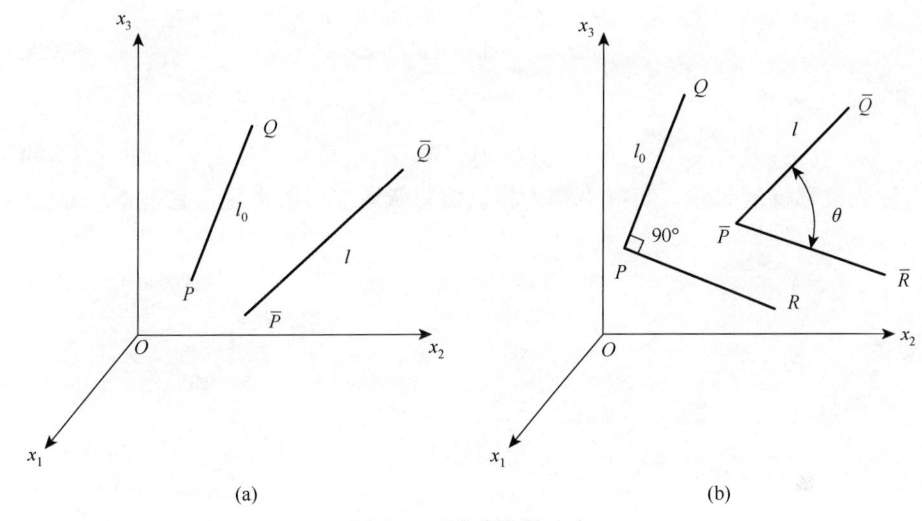

图 3.1　正应变与剪应变

过一点可作无穷多个不同方向的线元，所有这些线元的正应变和剪应变就构成了该点的应变状态。在 3.4 节将会看到类似一点的应力分析，只要已知通过一点且平行于一组相互垂直坐标轴的三条线上的长度和角度变化，就能计算出物体中通过该点的任何线段的长度变化及由该点放射的任何两线之间的夹角变化。

本章重点研究小变形问题，即物体质点位移量相比物体最小尺寸小得多的情况。

3.2　小变形问题的应变张量和旋转张量

考虑图 3.2 所示物体，将其未变形时状态设为初始构形，在外力或某些因素作用下物体发生了变形或运动，此时的状态称为当前构形（或变形构形）。在初始构形上取邻近两点 P 和 Q，形成线元 $\mathrm{d}\boldsymbol{x}$，物体变形后，两端点 P、Q 位移至新的位置 $\bar{P}$ 和 $\bar{Q}$，在当前构形上，这段线元变为了 $\mathrm{d}\bar{\boldsymbol{x}}$。$P$ 至 $\bar{P}$ 位移 $\boldsymbol{u}$，Q 至 $\bar{Q}$ 位移 $\bar{\boldsymbol{u}}$。由于 P 与 Q 邻近，故可将 Q 点位移在 P 点处用泰勒（Taylor）级数展开，并略去二阶及以上的高阶项

$$\bar{\boldsymbol{u}} = \boldsymbol{u} + \frac{\partial \boldsymbol{u}}{\partial \boldsymbol{x}} \cdot \mathrm{d}\boldsymbol{x} \tag{3.3}$$

将图 3.2 中的 $\mathrm{d}\boldsymbol{x}$ 平移至 $\bar{P}Q'$ 位置，如图 3.3 所示，容易得出 Q 点相对于 P 点位置在物体变形前后的位置变化量 $\mathrm{d}\boldsymbol{u}$，通常称其为**相对位移矢量**

$$\mathrm{d}\boldsymbol{u} = \bar{\boldsymbol{u}} - \boldsymbol{u} = \mathrm{d}\bar{\boldsymbol{x}} - \mathrm{d}\boldsymbol{x} \tag{3.4}$$

代入式（3.3）可得

$$\mathrm{d}\boldsymbol{u} = \frac{\partial \boldsymbol{u}}{\partial \boldsymbol{x}} \cdot \mathrm{d}\boldsymbol{x} = (\boldsymbol{u}\nabla) \cdot \mathrm{d}\boldsymbol{x} \tag{3.5a}$$

写成分量形式

$$\mathrm{d}u_i = u_{i,j}\mathrm{d}x_j \tag{3.5b}$$

$u_{i,j}$ 称为**位移梯度张量**，有时又称为**相对位移张量**。一般地说，它是不对称的。

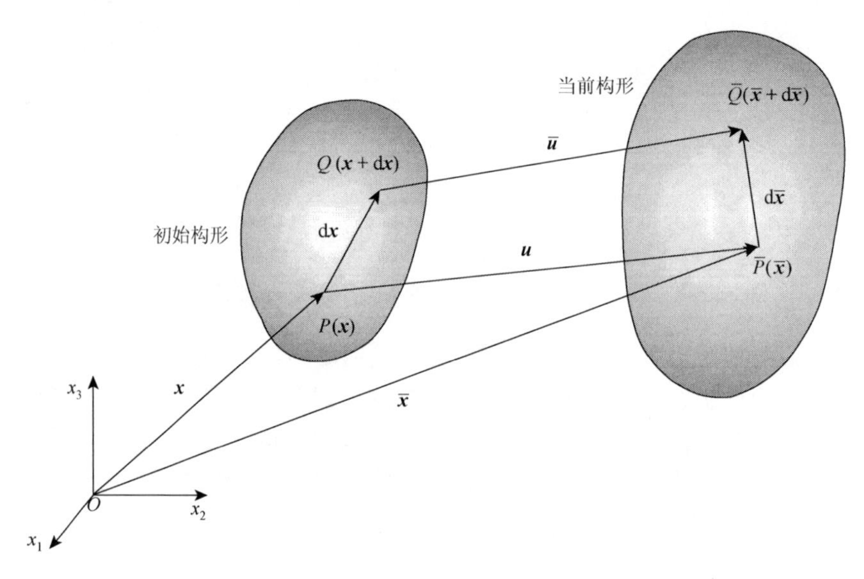

图 3.2　物体内质点的移动

从图 3.3 可看出，相对位移 d$\boldsymbol{u}$ 中可能含有刚体转动成分，这对我们关注的物体变形是无用的，故希望从上面公式中消除。我们知道，刚体转动以连接两点的线元长度保持不变为特征。如假定图 3.3 中线元 d$\boldsymbol{x}$ 变形至线元 d$\bar{\boldsymbol{x}}$ 只有刚体转动，则

$$|\mathrm{d}\boldsymbol{x}|^2 = |\mathrm{d}\bar{\boldsymbol{x}}|^2 = |\mathrm{d}\boldsymbol{x} + \mathrm{d}\boldsymbol{u}|^2 = |\mathrm{d}\boldsymbol{x}|^2 + 2\mathrm{d}\boldsymbol{x} \cdot \mathrm{d}\boldsymbol{u} + |\mathrm{d}\boldsymbol{u}|^2$$

对于无限小变量 d$\boldsymbol{u}$，可略去其二次项，将式（3.5b）代入上式得

$$2\mathrm{d}\boldsymbol{x} \cdot \mathrm{d}\boldsymbol{u} = 2\mathrm{d}x_i u_{i,j}\mathrm{d}x_j = 0$$

完整地写出各项

$$\begin{aligned}\mathrm{d}x_i u_{i,j}\mathrm{d}x_j &= u_{1,1}(\mathrm{d}x_1)^2 + u_{2,2}(\mathrm{d}x_2)^2 + u_{3,3}(\mathrm{d}x_3)^2 \\ &\quad + (u_{1,2} + u_{2,1})\mathrm{d}x_1\mathrm{d}x_2 + (u_{2,3} + u_{3,2})\mathrm{d}x_2\mathrm{d}x_3 + (u_{3,1} + u_{1,3})\mathrm{d}x_3\mathrm{d}x_1 \\ &= 0\end{aligned}$$

因对所有 dx_1，dx_2 和 dx_3，上式都要成立，故位移梯度张量 $u_{i,j}$ 代表刚体旋转的必要且充分条件是

$$u_{1,1}=u_{2,2}=u_{3,3}=u_{1,2}+u_{2,1}=u_{2,3}+u_{3,2}=u_{3,1}+u_{1,3}=0$$

即

$$u_{i,j}=-u_{j,i} \tag{3.6}$$

这说明刚体转动时，位移梯度张量 $u_{i,j}$ 必是反对称张量。

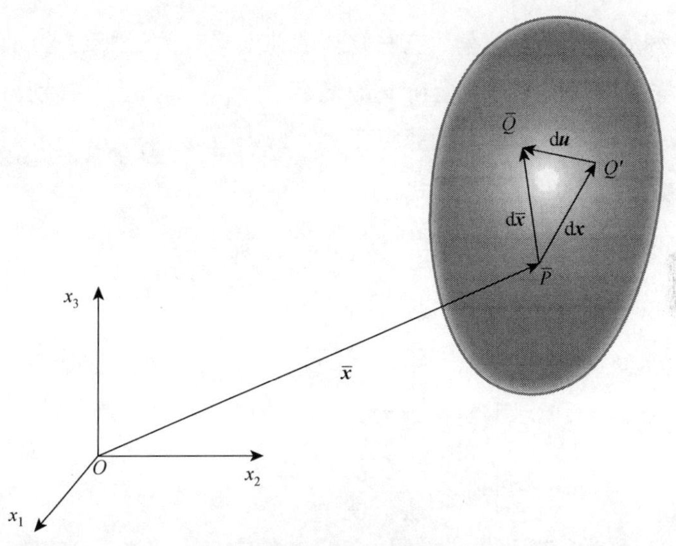

图 3.3 线元 d$\boldsymbol{x}$ 的相对位移

由 1.6 节可知，任意一个二阶张量都能分解为一个对称张量与一个反对称张量之和。因此，可将位移梯度张量 $u_{i,j}$ 分解成代表变形的对称张量与代表刚体转动的反对称张量之和

$$u_{i,j}=\varepsilon_{ij}+\Omega_{ij} \tag{3.7}$$

其中

$$\varepsilon_{ij}=\frac{1}{2}(u_{i,j}+u_{j,i}) \tag{3.8}$$

$$\Omega_{ij}=\frac{1}{2}(u_{i,j}-u_{j,i}) \tag{3.9}$$

写成矩阵形式

$$\varepsilon_{ij}=\begin{bmatrix} u_{1,1} & \frac{1}{2}(u_{1,2}+u_{2,1}) & \frac{1}{2}(u_{1,3}+u_{3,1}) \\ \frac{1}{2}(u_{1,2}+u_{2,1}) & u_{2,2} & \frac{1}{2}(u_{2,3}+u_{3,2}) \\ \frac{1}{2}(u_{1,3}+u_{3,1}) & \frac{1}{2}(u_{2,3}+u_{3,2}) & u_{3,3} \end{bmatrix} \tag{3.10}$$

$$\Omega_{ij}=\begin{bmatrix} 0 & \frac{1}{2}(u_{1,2}-u_{2,1}) & \frac{1}{2}(u_{1,3}-u_{3,1}) \\ -\frac{1}{2}(u_{1,2}-u_{2,1}) & 0 & \frac{1}{2}(u_{2,3}-u_{3,2}) \\ -\frac{1}{2}(u_{1,3}-u_{3,1}) & -\frac{1}{2}(u_{2,3}-u_{3,2}) & 0 \end{bmatrix} \tag{3.11}$$

对称张量ε_{ij}称为**柯西应变张量**，它与物体的纯变形有关，式（3.8）即为小变形应变的**几何方程**。如位移$\boldsymbol{u}$用分量(u,v,w)表示；ε_{11}，ε_{22}，ε_{33}分别写成ε_x，ε_y，ε_z；ε_{12}，ε_{23}，ε_{31}分别用工程剪应变$\gamma_{xy}/2$，$\gamma_{yz}/2$，$\gamma_{zx}/2$表示；则式（3.8）表示出最一般的应变几何方程形式

$$\begin{cases} \varepsilon_x=\dfrac{\partial u}{\partial x}, \quad \varepsilon_y=\dfrac{\partial v}{\partial y}, \quad \varepsilon_z=\dfrac{\partial w}{\partial z} \\ \gamma_{xy}=\dfrac{\partial u}{\partial y}+\dfrac{\partial v}{\partial x} \\ \gamma_{yz}=\dfrac{\partial v}{\partial z}+\dfrac{\partial w}{\partial y} \\ \gamma_{zx}=\dfrac{\partial w}{\partial x}+\dfrac{\partial u}{\partial z} \end{cases} \tag{3.12}$$

反对称张量Ω_{ij}称为**旋转张量**。按照ε_{ij}和Ω_{ij}的定义，式（3.3）可写为

$$\overline{u}_i=u_i+\varepsilon_{ij}\mathrm{d}x_j+\Omega_{ij}\mathrm{d}x_j \tag{3.13a}$$

用实体形式表示为

$$\overline{\boldsymbol{u}}=\boldsymbol{u}+\boldsymbol{\varepsilon}\cdot\mathrm{d}\boldsymbol{x}+\boldsymbol{\Omega}\cdot\mathrm{d}\boldsymbol{x} \tag{3.13b}$$

上式表示，过点P的线元上各点位移由三部分组成：第一部分是随P点的平移u_i；第二部分是应变张量ε_{ij}引起的纯变形；第三部分是旋转张量Ω_{ij}引起的绕P点的刚体转动。

这里的Ω_{ij}称为旋转张量是有意与1.4节的R_{ij}加以区别。事实上，对于刚体运动，有

$$\overline{x}_i=R_{ij}x_j+\overline{x}_i^c \tag{3.14}$$

其中，$\overline{x}_i^c$为物体的平移。由上式可得到

$$\mathrm{d}\overline{x}_i=R_{ij}\mathrm{d}x_j$$

参考式（1.54）并结合图3.3容易看出，矢量$\mathrm{d}\overline{\boldsymbol{x}}$是矢量$\mathrm{d}\boldsymbol{x}$以$\overline{P}$点为中心旋转后得到的矢量。将上式代入式（3.4），有

$$\mathrm{d}u_i=(R_{ij}-\delta_{ij})\mathrm{d}x_j$$

对于刚体运动，$\varepsilon_{ij}=0$。将上式代入式（3.13a），可得出关系式

$$\Omega_{ij}=R_{ij}-\delta_{ij} \tag{3.15}$$

3.3　应变张量和旋转张量的几何意义

3.3.1　小变形应变表示

图 3.2 中变形构形上 $\bar{P}$ 点的坐标 $\bar{x}_i$ 用初始坐标 x_i 表示为

$$\bar{x}_i = x_i + u_i \tag{3.16}$$

则

$$\mathrm{d}\bar{x}_i = \mathrm{d}x_i + u_{i,j}\mathrm{d}x_j \tag{3.17}$$

对如图 3.4 所示的平面变形问题，从初始构形上取任意点 P 作两个相互垂直的线元 $\mathrm{d}x$ 和 $\mathrm{d}y$，设 P 点坐标为 (x,y)，A 点和 B 点坐标分别为 $(x+\mathrm{d}x,y)$ 和 $(x,y+\mathrm{d}y)$。利用式（3.16）可得到变形后 $\bar{P}$ 点坐标为 (x_i+u_i)。参考图 3.2 由 P 点坐标容易得出 $\bar{Q}$ 点 $(\bar{A},\bar{B}$点$)$ 坐标 $(x_i+u_i+\mathrm{d}\bar{x}_i)$ ［其中 $\mathrm{d}\bar{x}_i$ 按式（3.17）计算］，于是

$$\begin{cases} P(x,y)\to\bar{P}(x+u,y+v) \\ A(x+\mathrm{d}x,y)\to\bar{A}\left(x+u+\mathrm{d}x+\dfrac{\partial u}{\partial x}\mathrm{d}x,\ y+v+\dfrac{\partial v}{\partial x}\mathrm{d}x\right) \\ B(x,y+\mathrm{d}y)\to\bar{B}\left(x+u+\dfrac{\partial u}{\partial y}\mathrm{d}y,\ y+v+\mathrm{d}y+\dfrac{\partial v}{\partial y}\mathrm{d}y\right) \end{cases}$$

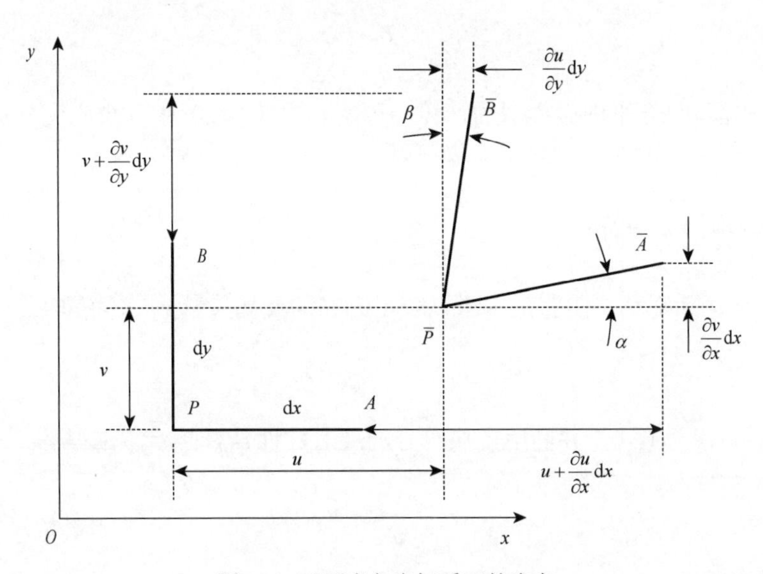

图 3.4　平面直角坐标系下的应变

根据线应变的定义，线元 PA 的应变为

$$\varepsilon_x = \frac{\overline{PA} - PA}{PA}$$

从图 3.4 中的几何关系，得

$$\overline{PA} = \sqrt{\left(\mathrm{d}x + \frac{\partial u}{\partial x}\mathrm{d}x\right)^2 + \left(\frac{\partial v}{\partial x}\mathrm{d}x\right)^2} = \sqrt{1 + 2\left(\frac{\partial u}{\partial x}\right) + \left(\frac{\partial u}{\partial x}\right)^2 + \left(\frac{\partial v}{\partial x}\right)^2}\,\mathrm{d}x \approx \left(1 + \frac{\partial u}{\partial x}\right)\mathrm{d}x$$

上式中略去了 v 导数高次项。由于 $PA = \mathrm{d}x$，所以

$$\varepsilon_x = \frac{\partial u}{\partial x} \tag{3.18}$$

当 $\varepsilon_x > 0$ 时，线元伸长；当 $\varepsilon_x < 0$ 时，线元缩短。类似地，可求出

$$\varepsilon_y = \frac{\partial v}{\partial y} \tag{3.19}$$

接下来考察 $\angle APB$ 的变化。根据剪应变 γ_{xy} 的定义，有

$$\gamma_{xy} = \frac{\pi}{2} - \angle\overline{APB} = \alpha + \beta$$

于是对于图 3.4 中的小应变情况，有 $\alpha \approx \tan\alpha$ 和 $\beta \approx \tan\beta$，则

$$\alpha = \frac{\frac{\partial v}{\partial x}\mathrm{d}x}{\mathrm{d}x + \frac{\partial u}{\partial x}\mathrm{d}x} \approx \frac{\partial v}{\partial x}, \quad \beta = \frac{\frac{\partial u}{\partial y}\mathrm{d}y}{\mathrm{d}y + \frac{\partial v}{\partial y}\mathrm{d}y} \approx \frac{\partial u}{\partial y}$$

最后得

$$\gamma_{xy} = \frac{\partial u}{\partial y} + \frac{\partial v}{\partial x} \tag{3.20}$$

通过 y-z 平面和 x-z 平面做类似的计算，可阐释式（3.12）中其余应变分量的几何意义。

3.3.2 刚体转动表示

任意一个反对称二阶张量都可以表示为它的反偶矢量 ω_k（习题 1.5）

$$\omega_k = -\frac{1}{2}\in_{ijk}\,\Omega_{ij} \tag{3.21}$$

将式（3.9）代入上式，并利用置换符号的反对称性 $\in_{ijk} = -\in_{jik}$，得

$$\omega_k = \frac{1}{2}\in_{ijk}\,u_{j,i} \tag{3.22a}$$

写成实体形式

$$\boldsymbol{\omega}=\omega_k\boldsymbol{e}_k=\frac{1}{2}\mathrm{curl}\,\boldsymbol{u} \tag{3.22b}$$

ω_k 称为位移场 u_i 的**转动矢量**。

在图3.5的平面 x-y 中，讨论相互正交的线元 PA 和 PB 绕 z 轴旋转，以逆时针方向为正。此时转动矢量 $\boldsymbol{\omega}$ 只有分量 ω_z，利用式（3.22a）容易写出

$$\omega_z=\frac{1}{2}\left(\frac{\partial v}{\partial x}-\frac{\partial u}{\partial y}\right)$$

参考前面推导的 α、β 角，从图3.5中可以看出，ω_z 就是这两个转角的平均值。若 $u_{2,1}=-u_{1,2}$，则 $\varepsilon_{12}=0$，$\omega_z=-u_{1,2}$，说明此时体元正是绕 z 轴做刚体（微小）转动，这解释了式（3.11）中 Ω_{21} 的几何意义。类似地，可解释其他旋转张量 Ω_{ij} 的几何意义。

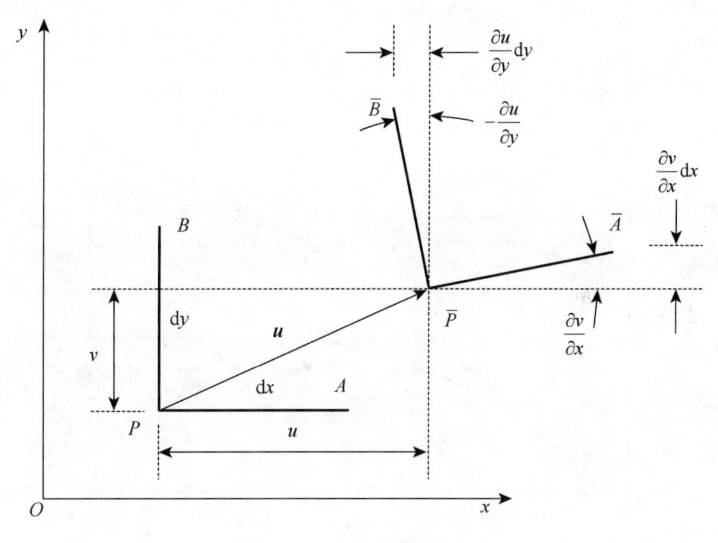

图3.5　平面内的刚体转动

3.3.3　一般刚体运动表示

反对称张量 Ω_{ij} 也可用反偶矢量 ω_k（习题1.5）表示为

$$\Omega_{ij}=-\in_{ijk}\,\omega_k \tag{3.23}$$

若物体只做刚体运动，即 $\boldsymbol{\varepsilon}=0$。利用式（3.23），可将式（3.13a）变为

$$\bar{u}_i=u_i+\in_{ikj}\,\omega_k\mathrm{d}x_j \tag{3.24a}$$

写成实体形式

$$\overline{\boldsymbol{u}} = \boldsymbol{u} + \boldsymbol{\omega} \times \mathrm{d}\boldsymbol{x} \tag{3.24b}$$

或用矩阵表示为

$$\begin{bmatrix} \overline{u} \\ \overline{v} \\ \overline{w} \end{bmatrix} = \begin{bmatrix} u \\ v \\ w \end{bmatrix} + \begin{bmatrix} 0 & -\omega_z & \omega_y \\ \omega_z & 0 & -\omega_x \\ -\omega_y & \omega_x & 0 \end{bmatrix} \begin{bmatrix} \mathrm{d}x \\ \mathrm{d}y \\ \mathrm{d}z \end{bmatrix} \tag{3.24c}$$

下面以图 3.6 所示的平面刚体运动为例说明上面的位移分解。假设在平面 x-y 内线元 $\mathrm{d}\boldsymbol{x}$ 先发生刚体位移 $\boldsymbol{u}$，然后再绕点 $\overline{P}$ 发生转动 $\boldsymbol{\omega}$，转动位移为 $\boldsymbol{\omega} \times \mathrm{d}\boldsymbol{x}$，其在 x 和 y 轴方向的分量分别为 $-\omega_z \mathrm{d}y$ 和 $\omega_z \mathrm{d}x$ 。于是端点 $\overline{Q}$ 的总位移为

$$\overline{u} = u - \omega_z \mathrm{d}y, \quad \overline{v} = v + \omega_z \mathrm{d}x$$

这个结果很容易从图 3.6 中直观地看出。

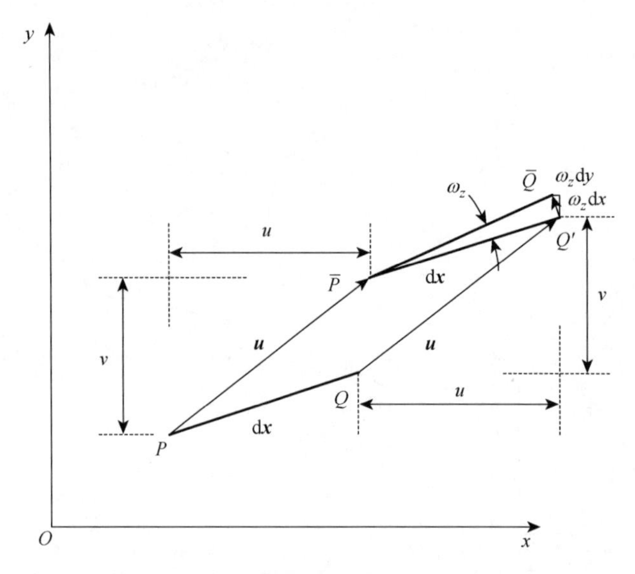

图 3.6　线元 $\mathrm{d}\boldsymbol{x}$ 的刚体运动（平移和转动）

对于平面问题，应用 $R_{ij} = Q_{ji}$，并参照式（1.50），得出

$$R_{ij} = \begin{bmatrix} \cos\omega_z & -\sin\omega_z \\ \sin\omega_z & \cos\omega_z \end{bmatrix} = \begin{bmatrix} 1 & -\omega_z \\ \omega_z & 1 \end{bmatrix}$$

线元 $\mathrm{d}\boldsymbol{x}$ 的转动是微小的，所以上式中取 $\sin\omega_z \approx \omega_z$，$\cos\omega_z \approx 1$。将上式代入式（3.15），有

$$\Omega_{ij} = \begin{bmatrix} 0 & -\omega_z \\ \omega_z & 0 \end{bmatrix}$$

对比式（3.24c），进一步验证了在小变形情况下式（3.15）的正确性。

例 3.1　物体内部位移场为：$u = Axy$，$v = Bxz^2$，$w = C(x^2 + y^2)$，其中 A，B 和 C 为任意常数。试求出应变张量 $\boldsymbol{\varepsilon}$、旋转张量 $\boldsymbol{\Omega}$ 和转动矢量 $\boldsymbol{\omega}$。

解　先求出位移梯度张量

$$\boldsymbol{u}\nabla = \begin{bmatrix} Ay & Ax & 0 \\ Bz^2 & 0 & 2Bxz \\ 2Cx & 2Cy & 0 \end{bmatrix}$$

将其分解成对称张量和反对称张量

$$\boldsymbol{\varepsilon} = \frac{1}{2}(\boldsymbol{u}\nabla + \nabla\boldsymbol{u}) = \begin{bmatrix} Ay & \frac{1}{2}(Ax + Bz^2) & Cx \\ \frac{1}{2}(Ax + Bz^2) & 0 & Bxz + Cy \\ Cx & Bxz + Cy & 0 \end{bmatrix}$$

$$\boldsymbol{\Omega} = \frac{1}{2}(\boldsymbol{u}\nabla - \nabla\boldsymbol{u}) = \begin{bmatrix} 0 & \frac{1}{2}(Ax - Bz^2) & -Cx \\ -\frac{1}{2}(Ax - Bz^2) & 0 & Bxz - Cy \\ Cx & -Bxz + Cy & 0 \end{bmatrix}$$

再由式（3.22b）得出

$$\boldsymbol{\omega} = \frac{1}{2}(\nabla \times \boldsymbol{u}) = \frac{1}{2}\begin{vmatrix} \boldsymbol{e}_1 & \boldsymbol{e}_2 & \boldsymbol{e}_3 \\ \dfrac{\partial}{\partial x} & \dfrac{\partial}{\partial y} & \dfrac{\partial}{\partial z} \\ Axy & Bxz^2 & C(x^2 + y^2) \end{vmatrix} = (Cy - Bxz)\boldsymbol{e}_1 - Cx\,\boldsymbol{e}_2 + \frac{1}{2}(Bz^2 - Ax)\boldsymbol{e}_3$$

事实上，根据式（3.24c）的对应关系，由 $\boldsymbol{\Omega}$ 矩阵可直接写出 $\omega_x = Cy - Bxz$，$\omega_y = -Cx$，$\omega_z = -\frac{1}{2}(Ax - Bz^2)$。

例 3.2　在图 3.7 的平面 x - y 中，过点 $\bar{P}$（原点 O）具有方向 $\boldsymbol{n} = (\sqrt{3}/2, 1/2)$ 的单位长线元 $\mathrm{d}\boldsymbol{x}$ 变形后，其末端 Q' 点移动位移 $\mathrm{d}\boldsymbol{u}$ 至 $\bar{Q}$ 点，线元 $\mathrm{d}\boldsymbol{x}$ 变为了 $\mathrm{d}\bar{\boldsymbol{x}}$。矢量 $\mathrm{d}\boldsymbol{u} = \mathrm{d}\bar{\boldsymbol{x}} - \mathrm{d}\boldsymbol{x}$ 即为线元 $\mathrm{d}\boldsymbol{x}$ 变形前后的相对位移矢。根据式（3.13b），可利用二阶仿射量 $\boldsymbol{\varepsilon}$ 和 $\boldsymbol{\Omega}$ 将 $\mathrm{d}\boldsymbol{x}$ 分别映射为相应于纯变形的相对位移矢（应变矢量）$\boldsymbol{u}^{\varepsilon}$ 和相应于刚体转动的相对位移矢量 $\boldsymbol{u}^{\omega}$（转动位移矢量），于是有

$$\mathrm{d}\boldsymbol{u} = \boldsymbol{\varepsilon} \cdot \mathrm{d}\boldsymbol{x} + \boldsymbol{\Omega} \cdot \mathrm{d}\boldsymbol{x} = \boldsymbol{u}^{\varepsilon} + \boldsymbol{u}^{\omega} \qquad \text{（例 3.2.1）}$$

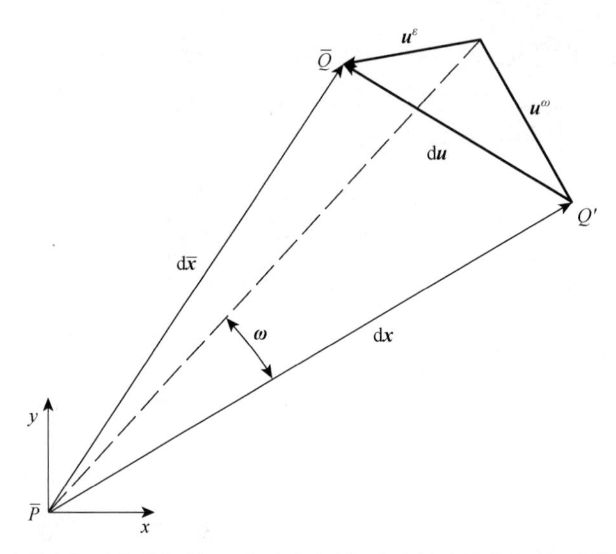

图 3.7　平面中相对位移矢量 d$\boldsymbol{u}$ 与应变矢量 $\boldsymbol{u}^{\varepsilon}$ 及转动位移矢量 $\boldsymbol{u}^{\omega}$ 的几何关系

现已知点 $\bar{P}$ 的位移梯度张量

$$u_{i,j}=\begin{bmatrix}-2 & -4\\ 2 & 1\end{bmatrix}\times 10^{-3}$$

试求出应变张量 ε_{ij}、旋转张量 Ω_{ij} 和转动矢量 ω_k。再应用式（例 3.2.1）计算出应变矢量 u_i^{ε}、转动位移矢量 u_i^{ω} 和相对位移矢量 du_i，并在图 3.7 中表示出这些矢量的相对位置关系。

解　由式（3.10）及式（3.11），可得

$$\varepsilon_{ij}=\begin{bmatrix}-2 & -1\\ -1 & 1\end{bmatrix}\times 10^{-3}$$

$$\Omega_{ij}=\begin{bmatrix}0 & -3\\ 3 & 0\end{bmatrix}\times 10^{-3}$$

用上面 Ω_{ij} 矩阵对比式（3.24c），容易得出 $\omega_z=(0,0,0.003)$。

由式（例 3.2.1），得

$$u_i^{\varepsilon}=\varepsilon_{ij}\mathrm{d}x_j=\varepsilon_{ij}n_j=\begin{bmatrix}-2 & -1\\ -1 & 1\end{bmatrix}\begin{bmatrix}\dfrac{\sqrt{3}}{2}\\ \dfrac{1}{2}\end{bmatrix}\times 10^{-3}=\begin{bmatrix}-2.232\\ -0.366\end{bmatrix}\times 10^{-3}$$

$$u_i^{\omega}=\Omega_{ij}\mathrm{d}x_j=\Omega_{ij}n_j=\begin{bmatrix}0 & -3\\ 3 & 0\end{bmatrix}\begin{bmatrix}\dfrac{\sqrt{3}}{2}\\ \dfrac{1}{2}\end{bmatrix}\times 10^{-3}=\begin{bmatrix}-1.500\\ 2.598\end{bmatrix}\times 10^{-3}$$

所以

$$\mathrm{d}u_i = u_i^{\varepsilon} + u_i^{\omega} = \begin{bmatrix} -2.232 \\ -0.366 \end{bmatrix} \times 10^{-3} + \begin{bmatrix} -1.500 \\ 2.598 \end{bmatrix} \times 10^{-3} = \begin{bmatrix} -3.732 \\ 2.232 \end{bmatrix} \times 10^{-3}$$

相对位移矢量 $\mathrm{d}\boldsymbol{u}$ 也可直接用位移梯度张量获得

$$\mathrm{d}u_i = u_{i,j}\mathrm{d}x_j = u_{i,j}n_j = \begin{bmatrix} -2 & -4 \\ 2 & 1 \end{bmatrix} \begin{bmatrix} \dfrac{\sqrt{3}}{2} \\ \dfrac{1}{2} \end{bmatrix} \times 10^{-3} = \begin{bmatrix} -3.732 \\ 2.232 \end{bmatrix} \times 10^{-3}$$

由于相对位移矢量 $\mathrm{d}\boldsymbol{u}$ 较线元 $\mathrm{d}\boldsymbol{x}$ 小得多，为便于观察，在图 3.7 中局部放大了线元末端的各个位移矢量。

应变矢量 $\boldsymbol{u}^{\varepsilon}$ 在线元 $\mathrm{d}\boldsymbol{x}$ 方向 $\boldsymbol{n}$ 的投影便是该点的正应变 ε_n

$$\varepsilon_n = u_i^{\varepsilon} n_i = \begin{bmatrix} \dfrac{\sqrt{3}}{2} & \dfrac{1}{2} \end{bmatrix} \begin{bmatrix} -2.232 \\ -0.366 \end{bmatrix} \times 10^{-3} = -2.116 \times 10^{-3}$$

$\boldsymbol{u}^{\varepsilon}$ 在与线元 $\mathrm{d}\boldsymbol{x}$ 正交的另一方向矢 $\boldsymbol{m} = (-1/2, \sqrt{3}/2)$ 上的投影 ε_{nm}

$$\varepsilon_{nm} = u_i^{\varepsilon} m_i = \begin{bmatrix} -\dfrac{1}{2} & \dfrac{\sqrt{3}}{2} \end{bmatrix} \begin{bmatrix} -2.232 \\ -0.366 \end{bmatrix} \times 10^{-3} = 0.799 \times 10^{-3}$$

即为这两个方向的剪应变，它们也可由 3.4 节的式（3.28）和式（3.35）直接求出。

3.4 应变分析

前面学习的柯西应变张量 ε_{ij} 描述了坐标方向上线元的伸长及其夹角的变化。现在利用 ε_{ij} 来求取任意方向上微线元长度的相对变化和任意两个方向之间夹角的变化。

3.4.1 任意方向线元的长度变化

以图 3.2 中的任意点 P 为例进行分析。假设 P 点在外界因素作用下位移 $\boldsymbol{u}$ 至新的位置 $\bar{P}$，P 点邻域的微线元 $\mathrm{d}\boldsymbol{x}$ 长度为 $\mathrm{d}s$，变形后 $\mathrm{d}\bar{\boldsymbol{x}}$ 长度变为 $\mathrm{d}\bar{s}$。为表示 $\mathrm{d}\boldsymbol{x}$ 的任意性，不妨设

$$\mathrm{d}\boldsymbol{x} = \mathrm{d}s\,\boldsymbol{n}$$

其中 $\boldsymbol{n} = (n_1, n_2, n_3)$ 为 $\mathrm{d}\boldsymbol{x}$ 方向的单位矢量。由式（3.4）知

$$\mathrm{d}\bar{\boldsymbol{x}} = \mathrm{d}\boldsymbol{x} + \mathrm{d}\boldsymbol{u}$$

于是

$$d\bar{s}^2 = |d\bar{\boldsymbol{x}}|^2 = |d\boldsymbol{x} + d\boldsymbol{u}|^2 = ds^2 + 2d\boldsymbol{x}\cdot d\boldsymbol{u} + |d\boldsymbol{u}|^2 \tag{3.25}$$

利用式（3.13b）有

$$d\boldsymbol{u} = \boldsymbol{\varepsilon}\cdot d\boldsymbol{x} + \boldsymbol{\Omega}\cdot d\boldsymbol{x}$$

对于反对称张量$\boldsymbol{\Omega}$及其反偶矢量$\boldsymbol{\omega}$，参照式（3.24）可得$\boldsymbol{\Omega}\cdot\boldsymbol{u} = \boldsymbol{\omega}\times\boldsymbol{u}$，于是上式变为

$$d\boldsymbol{u} = \boldsymbol{\varepsilon}\cdot d\boldsymbol{x} + \boldsymbol{\omega}\times d\boldsymbol{x} \tag{3.26}$$

将上式代入式（3.25）第二项，并注意$d\boldsymbol{x}\cdot(\boldsymbol{\omega}\times d\boldsymbol{x}) = 0$，即

$$2d\boldsymbol{x}\cdot d\boldsymbol{u} = 2d\boldsymbol{x}\cdot(\boldsymbol{\varepsilon}\cdot d\boldsymbol{x} + \boldsymbol{\omega}\times d\boldsymbol{x}) = 2ds^2\boldsymbol{n}\cdot\boldsymbol{\varepsilon}\cdot\boldsymbol{n} \tag{3.27}$$

对于小变形问题，忽略式（3.25）第三项的高阶项，所以

$$d\bar{s}^2 = ds^2 + 2ds^2\,\boldsymbol{n}\cdot\boldsymbol{\varepsilon}\cdot\boldsymbol{n}$$

或

$$d\bar{s}^2 - ds^2 = (d\bar{s} + ds)(d\bar{s} - ds) = 2ds^2\,\boldsymbol{n}\cdot\boldsymbol{\varepsilon}\cdot\boldsymbol{n}$$

于是，线元的正应变为

$$\varepsilon_n = \frac{d\bar{s} - ds}{ds} = \left(\frac{2ds}{d\bar{s} + ds}\right)\boldsymbol{n}\cdot\boldsymbol{\varepsilon}\cdot\boldsymbol{n} \approx \boldsymbol{n}\cdot\boldsymbol{\varepsilon}\cdot\boldsymbol{n} = n_i\varepsilon_{ij}n_j \tag{3.28}$$

上式表明，只要知道一点的应变张量，就可以求得经过该点任意方向上线元的正应变。

对于大变形问题，式（3.25）中的高阶项$|d\boldsymbol{u}|^2$可用式（3.5a）代入后，得

$$|d\boldsymbol{u}|^2 = d\boldsymbol{u}\cdot d\boldsymbol{u} = (\boldsymbol{u}\nabla)\cdot d\boldsymbol{x}\cdot(\boldsymbol{u}\nabla)\cdot d\boldsymbol{x} = d\boldsymbol{x}\cdot(\nabla\boldsymbol{u})\cdot(\boldsymbol{u}\nabla)\cdot d\boldsymbol{x} = ds^2\,\boldsymbol{n}\cdot(\nabla\boldsymbol{u})\cdot(\boldsymbol{u}\nabla)\cdot\boldsymbol{n} \tag{3.29}$$

将式（3.27）、式（3.29）代入式（3.25）可得

$$d\bar{s}^2 - ds^2 = 2ds^2\,\boldsymbol{n}\cdot\boldsymbol{E}\cdot\boldsymbol{n} \tag{3.30}$$

其中$\boldsymbol{E}$称为格林应变张量

$$\boldsymbol{E} = \boldsymbol{\varepsilon} + \frac{1}{2}(\nabla\boldsymbol{u})\cdot(\boldsymbol{u}\nabla) \tag{3.31}$$

将式（3.8）代入上式，写成$\boldsymbol{u}$的分量形式

$$E_{ij} = \frac{1}{2}(u_{i,j} + u_{j,i} + u_{r,i}u_{r,j}) \tag{3.32}$$

这是用拉格朗日表示的大应变几何方程。对小变形问题，$\boldsymbol{E} = \boldsymbol{\varepsilon}$。

3.4.2　相互垂直线元的角度变化

为方便叙述，我们将过点P相互垂直的两段线元分别记为$d\boldsymbol{x}^1$和$d\boldsymbol{x}^2$，两

段线元的起点均为$P(\boldsymbol{x})$点，终点矢径分别为$\boldsymbol{x}+\mathrm{d}\boldsymbol{x}^1$和$\boldsymbol{x}+\mathrm{d}\boldsymbol{x}^2$，线元分别为$\mathrm{d}s_1$和$\mathrm{d}s_2$，设

$$\mathrm{d}\boldsymbol{x}^1=\mathrm{d}s_1\,\boldsymbol{n},\quad \mathrm{d}\boldsymbol{x}^2=\mathrm{d}s_2\,\boldsymbol{m}$$

式中，$\boldsymbol{n}=(n_1,n_2,n_3)$为$\mathrm{d}\boldsymbol{x}^1$方向的单位矢量，$\boldsymbol{m}=(m_1,m_2,m_3)$为$\mathrm{d}\boldsymbol{x}^2$方向的单位矢量。由式（3.4）可得两线元变形后

$$\mathrm{d}\overline{\boldsymbol{x}}^1=\mathrm{d}\boldsymbol{x}^1+\mathrm{d}\boldsymbol{u}^1,\quad \mathrm{d}\overline{\boldsymbol{x}}^2=\mathrm{d}\boldsymbol{x}^2+\mathrm{d}\boldsymbol{u}^2 \tag{3.33}$$

为考察$\mathrm{d}\overline{\boldsymbol{x}}^1$和$\mathrm{d}\overline{\boldsymbol{x}}^2$之间的夹角，作它们的内积，由式（3.33）得

$$\mathrm{d}\overline{\boldsymbol{x}}^1\cdot\mathrm{d}\overline{\boldsymbol{x}}^2=\mathrm{d}\boldsymbol{x}^1\cdot\mathrm{d}\boldsymbol{x}^2+\mathrm{d}\boldsymbol{x}^1\cdot\mathrm{d}\boldsymbol{u}^2+\mathrm{d}\boldsymbol{u}^1\cdot\mathrm{d}\boldsymbol{x}^2+\mathrm{d}\boldsymbol{u}^1\cdot\mathrm{d}\boldsymbol{u}^2$$

注意正交条件$\mathrm{d}\boldsymbol{x}^1\cdot\mathrm{d}\boldsymbol{x}^2=0$，式（3.26）和式（3.5a），则式（3.33）变为

$$\mathrm{d}\overline{\boldsymbol{x}}^1\cdot\mathrm{d}\overline{\boldsymbol{x}}^2=\mathrm{d}\boldsymbol{x}^1\cdot(\boldsymbol{\omega}\times\mathrm{d}\boldsymbol{x}^2+\boldsymbol{\varepsilon}\cdot\mathrm{d}\boldsymbol{x}^2)+(\boldsymbol{\omega}\times\mathrm{d}\boldsymbol{x}^1+\boldsymbol{\varepsilon}\cdot\mathrm{d}\boldsymbol{x}^1)\cdot\mathrm{d}\boldsymbol{x}^2+(\boldsymbol{u}\nabla)\cdot\mathrm{d}\boldsymbol{x}^1\cdot(\boldsymbol{u}\nabla)\cdot\mathrm{d}\boldsymbol{x}^2$$

利用矢量混合积性质式（1.39），有$\mathrm{d}\boldsymbol{x}^1\cdot(\boldsymbol{\omega}\times\mathrm{d}\boldsymbol{x}^2)+(\boldsymbol{\omega}\times\mathrm{d}\boldsymbol{x}^1)\cdot\mathrm{d}\boldsymbol{x}^2=0$，再利用$\boldsymbol{\varepsilon}$对称性，从上式可得

$$\begin{aligned}\mathrm{d}\overline{\boldsymbol{x}}^1\cdot\mathrm{d}\overline{\boldsymbol{x}}^2&=\mathrm{d}\boldsymbol{x}^1\cdot\boldsymbol{\varepsilon}\cdot\mathrm{d}\boldsymbol{x}^2+\mathrm{d}\boldsymbol{x}^1\cdot\boldsymbol{\varepsilon}\cdot\mathrm{d}\boldsymbol{x}^2+\mathrm{d}\boldsymbol{x}^1\cdot(\nabla\boldsymbol{u})\cdot(\boldsymbol{u}\nabla)\cdot\mathrm{d}\boldsymbol{x}^2\\&=2\mathrm{d}s_1\mathrm{d}s_2\boldsymbol{n}\cdot\boldsymbol{E}\cdot\boldsymbol{m}\end{aligned}$$

对于小变形问题，有

$$\mathrm{d}\overline{\boldsymbol{x}}^1\cdot\mathrm{d}\overline{\boldsymbol{x}}^2=2\mathrm{d}s_1\mathrm{d}s_2\boldsymbol{n}\cdot\boldsymbol{\varepsilon}\cdot\boldsymbol{m} \tag{3.34}$$

设$\mathrm{d}\overline{\boldsymbol{x}}^1$和$\mathrm{d}\overline{\boldsymbol{x}}^2$之间的夹角为$\theta$，并设

$$\mathrm{d}\overline{s}_1=(1+\varepsilon_1)\mathrm{d}s_1,\quad \mathrm{d}\overline{s}_2=(1+\varepsilon_2)\mathrm{d}s_2$$

其中，$\mathrm{d}\overline{s}_1$和$\mathrm{d}\overline{s}_2$分别为$\mathrm{d}\overline{\boldsymbol{x}}^1$和$\mathrm{d}\overline{\boldsymbol{x}}^2$的长度，$\varepsilon_1$和$\varepsilon_2$分别为$\boldsymbol{n}$和$\boldsymbol{m}$方向上的线应变。将上式代入式（3.34），得

$$(1+\varepsilon_1)(1+\varepsilon_2)\cos\theta=2n_i\varepsilon_{ij}m_j$$

将θ用两线元变形后的直角改变量$\gamma_{\mathrm{nm}}=\pi/2-\theta$替换，并考虑小应变情况，有

$$\cos\theta=\sin\left(\frac{\pi}{2}-\theta\right)\approx\frac{\pi}{2}-\theta=\gamma_{nm}=2n_i\varepsilon_{ij}m_j$$

或表示为

$$\varepsilon_{nm}=\frac{\gamma_{nm}}{2}=n_i\varepsilon_{ij}m_j=\boldsymbol{n}\cdot\boldsymbol{\varepsilon}\cdot\boldsymbol{m} \tag{3.35}$$

用这个式子即可求出任意两正交方向线在变形前后的直角改变量。

例 3.3　一点的应变状态由应变张量ε_{ij}给定

$$\varepsilon_{ij}=\begin{bmatrix}1&-2&0\\-2&-4&0\\0&0&5\end{bmatrix}\times10^{-3}$$

试求纤维方向为 $\boldsymbol{n}=(1/2,\sqrt{2}/2,1/2)$ 的正应变 ε_n 及与之正交的方向纤维 $\boldsymbol{m}=(-1/2,\sqrt{2}/2,-1/2)$ 形成的剪应变 γ_{nm}。

解 应用式（3.28）可得出

$$\varepsilon_n=[\boldsymbol{n}]^{\mathrm{T}}[\varepsilon][\boldsymbol{n}]=\left[\frac{1}{2},\frac{\sqrt{2}}{2},\frac{1}{2}\right]\begin{bmatrix}1&-2&0\\-2&-4&0\\0&0&5\end{bmatrix}\begin{bmatrix}\frac{1}{2}\\\frac{\sqrt{2}}{2}\\\frac{1}{2}\end{bmatrix}\times10^{-3}=-1.9\times10^{-3}$$

再应用式（3.35）可得

$$\gamma_{nm}=2[\boldsymbol{n}]^{\mathrm{T}}[\varepsilon][\boldsymbol{m}]=2\times\left[\frac{1}{2},\frac{\sqrt{2}}{2},\frac{1}{2}\right]\begin{bmatrix}1&-2&0\\-2&-4&0\\0&0&5\end{bmatrix}\begin{bmatrix}-\frac{1}{2}\\\frac{\sqrt{2}}{2}\\-\frac{1}{2}\end{bmatrix}\times10^{-3}=-7.0\times10^{-3}\ \mathrm{rad}$$

例 3.4 一个单位边长的方形平板，简单剪切变形前后的状态如图 3.8 所示。板上任意点 (x,y) 变形前后的坐标变换为

$$\bar{x}=x+k_0y,\qquad \bar{y}=y$$

k_0 为 A 点水平位移。试计算柯西应变张量 $\boldsymbol{\varepsilon}$ 和格林应变张量 $\boldsymbol{E}$。

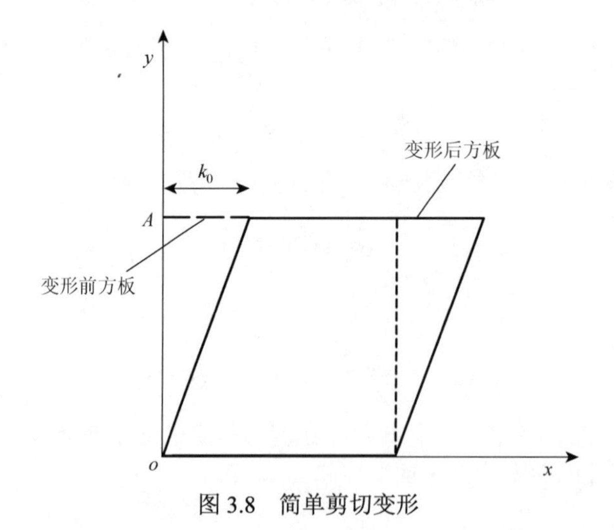

图 3.8 简单剪切变形

解 由式（3.16）可知

$$u=k_0y,\qquad v=0$$

故位移梯度张量

$$\boldsymbol{u}\nabla = u_{i,j} = \begin{bmatrix} 0 & k_0 \\ 0 & 0 \end{bmatrix}$$

应用式（3.10），有

$$\boldsymbol{\varepsilon} = \varepsilon_{ij} = \frac{1}{2}\begin{bmatrix} 0 & k_0 \\ k_0 & 0 \end{bmatrix}$$

位移左梯度

$$\nabla\boldsymbol{u} = (\boldsymbol{u}\nabla)^{\mathrm{T}} = u_{j,i} = \begin{bmatrix} 0 & 0 \\ k_0 & 0 \end{bmatrix}$$

应用式（3.31），得

$$\begin{aligned} \boldsymbol{E} &= \boldsymbol{\varepsilon} + \frac{1}{2}(\nabla\boldsymbol{u})\cdot(\boldsymbol{u}\nabla) = \frac{1}{2}\begin{bmatrix} 0 & k_0 \\ k_0 & 0 \end{bmatrix} + \frac{1}{2}\begin{bmatrix} 0 & 0 \\ k_0 & 0 \end{bmatrix}\begin{bmatrix} 0 & k_0 \\ 0 & 0 \end{bmatrix} \\ &= \frac{1}{2}\begin{bmatrix} 0 & k_0 \\ k_0 & 0 \end{bmatrix} + \frac{1}{2}\begin{bmatrix} 0 & 0 \\ 0 & k_0^2 \end{bmatrix} \\ &= \frac{1}{2}\begin{bmatrix} 0 & k_0 \\ k_0 & k_0^2 \end{bmatrix} \end{aligned}$$

小变形时，k_0 很小，$k_0^2 \approx 0$，所以 $\boldsymbol{E} = \boldsymbol{\varepsilon}$，此时工程剪应变 $\gamma_{xy} = 2\varepsilon_{xy} = k_0$。

从初始构形（虚线）到当前构形（实线）的变形平板是否存在转动成分，看旋转张量 $\boldsymbol{\Omega}$

$$\boldsymbol{\Omega} = \Omega_{ij} = \frac{1}{2}\begin{bmatrix} 0 & k_0 \\ -k_0 & 0 \end{bmatrix}$$

再由式（3.15）可得出转动张量 $\boldsymbol{R}$

$$\boldsymbol{R} = R_{ij} = \frac{1}{2}\begin{bmatrix} 2 & k_0 \\ -k_0 & 2 \end{bmatrix}$$

说明变形平板存在刚体转动成分。验证 $\boldsymbol{R}$ 的正交性

$$\boldsymbol{R}\cdot\boldsymbol{R}^{\mathrm{T}} = R_{ij}R_{ji} = \frac{1}{4}\begin{bmatrix} 4+k_0^2 & 0 \\ 0 & 4+k_0^2 \end{bmatrix}$$

只有在小变形情形下，$k_0^2 \approx 0$，才有 $\boldsymbol{R}\cdot\boldsymbol{R}^{\mathrm{T}} = \boldsymbol{I}$，这反证了式（3.15）只适用于小变形情况。

大变形问题通常就是几何非线性问题。在处理大变形问题时，一般将初始构形作为参考构形，使用拉格朗日（Lagrange）坐标 (X_i) 对物质点的物理量进行描述。当物体发生运动时，物质点在当前构形中的坐标用欧拉（Euler）坐标 (x_i) 表

示。物体的变形实质上就是由参考构形中全体代表性物质点到当前构形中相应的代表性物质点的变换，这种变换关系为 $\boldsymbol{x}=\boldsymbol{\phi}(\boldsymbol{X},t)$ 。对于图 3.2 中的位移 $\boldsymbol{u}$ ，这个函数关系式表示为 $\boldsymbol{x}=\boldsymbol{X}+\boldsymbol{u}(\boldsymbol{X},t)$ 。作为大变形问题中最重要的变形梯度 $\boldsymbol{F}$ ，将参考构形中 $\boldsymbol{X}$ 点邻域的有向线元 $\mathrm{d}\boldsymbol{X}$ 线性变换到当前构形中 $\boldsymbol{x}$ 点邻域的有向线元 $\mathrm{d}\boldsymbol{x}=\boldsymbol{F}\cdot\mathrm{d}\boldsymbol{X}$ ，由此奠定了几何非线性问题计算的基础。在例 3.4 中，变形梯度 $\boldsymbol{F}$ 为

$$\boldsymbol{F}=\frac{\partial \boldsymbol{x}}{\partial \boldsymbol{X}}=\begin{bmatrix}1 & k_0\\0 & 1\end{bmatrix}$$

相应的格林应变张量 $\boldsymbol{E}$ 为

$$\boldsymbol{E}=\frac{1}{2}(\boldsymbol{F}^{\mathrm{T}}\cdot\boldsymbol{F}-\boldsymbol{I})=\frac{1}{2}\begin{bmatrix}0 & k_0\\k_0 & k_0^2\end{bmatrix}$$

转动张量 $\boldsymbol{R}$ 为

$$\boldsymbol{R}=\frac{1}{\sqrt{4+k_0^2}}\begin{bmatrix}2 & k_0\\-k_0 & 2\end{bmatrix}$$

$\boldsymbol{R}$ 完全满足正交性条件。

对于小变形问题，拉格朗日坐标和欧拉坐标可取为一致，本章用 (x_i) 表示。

3.5 主应变与偏应变张量

3.5.1 应变张量的坐标变换

与应力张量坐标变换一样，应变张量的坐标变换也同样要满足式（1.56）。用 ε_{ij} 替代 σ_{ij} ，则 2.4 节中所有应力分量坐标变换公式适用于应变分量的坐标变换。

对于二维问题，类似式（2.24）可写出应变坐标变换公式

$$\begin{cases}\varepsilon_x'=\varepsilon_x\cos^2\theta+\varepsilon_y\sin^2\theta+\gamma_{xy}\sin\theta\cos\theta & (3.36\mathrm{a})\\ \varepsilon_y'=\varepsilon_x\sin^2\theta+\varepsilon_y\cos^2\theta-\gamma_{xy}\sin\theta\cos\theta & (3.36\mathrm{b})\\ \gamma_{xy}'=-2\varepsilon_x\sin\theta\cos\theta+2\varepsilon_y\sin\theta\cos\theta+\gamma_{xy}(\cos^2\theta-\sin^2\theta) & (3.36\mathrm{c})\end{cases}$$

3.5.2 主应变与主剪应变

应变与应力一样是对称二阶张量，其主值及主方向的计算直接应用 1.7 节知识完成，相应式（1.101）的特征方程变为

$$\Delta(\varepsilon)=\varepsilon^3-I_1'\varepsilon^2+I_2'\varepsilon-I_3'=0 \tag{3.37}$$

式中应变张量的三个不变量类同应力张量不变量可仿照式（2.29）给出

$$\begin{cases} I_1' = \varepsilon_{11} + \varepsilon_{22} + \varepsilon_{33} = \varepsilon_x + \varepsilon_y + \varepsilon_z \\ I_2' = \varepsilon_{11}\varepsilon_{22} + \varepsilon_{22}\varepsilon_{33} + \varepsilon_{33}\varepsilon_{11} - \varepsilon_{12}^2 - \varepsilon_{23}^2 - \varepsilon_{31}^2 \\ \quad = \varepsilon_x\varepsilon_y + \varepsilon_y\varepsilon_z + \varepsilon_z\varepsilon_x - \frac{1}{4}\gamma_{xy}^2 - \frac{1}{4}\gamma_{yz}^2 - \frac{1}{4}\gamma_{zx}^2 \\ I_3' = \varepsilon_{11}\varepsilon_{22}\varepsilon_{33} + 2\varepsilon_{12}\varepsilon_{23}\varepsilon_{31} - \varepsilon_{11}\varepsilon_{23}^2 - \varepsilon_{22}\varepsilon_{31}^2 - \varepsilon_{33}\varepsilon_{12}^2 \\ \quad = \varepsilon_x\varepsilon_y\varepsilon_z + \frac{1}{4}\gamma_{xy}\gamma_{yz}\gamma_{zx} - \frac{1}{4}\varepsilon_x\gamma_{yz}^2 - \frac{1}{4}\varepsilon_y\gamma_{zx}^2 - \frac{1}{4}\varepsilon_z\gamma_{xy}^2 \end{cases} \tag{3.38}$$

式（3.37）的三个解 ε_i 即为 ε_{ij} 的**主应变**。将 ε 回代下式

$$(\varepsilon_{ij} - \varepsilon\delta_{ij})n_j = 0$$

并利用 $n_i n_i = 1$ 联立求解，可以计算出与三个主应变 ε_i 对应的三个主方向 $\boldsymbol{n}_i$ 。

在主应变坐标系中，应变张量 ε_{ij} 变为

$$\varepsilon_{ij} = \begin{bmatrix} \varepsilon_1 & 0 & 0 \\ 0 & \varepsilon_2 & 0 \\ 0 & 0 & \varepsilon_3 \end{bmatrix} \tag{3.39}$$

它表示变形只有伸缩，没有剪切。主应变 ε_i 满足不变量

$$\begin{cases} I_1' = \varepsilon_1 + \varepsilon_2 + \varepsilon_3 \\ I_2' = \varepsilon_1\varepsilon_2 + \varepsilon_2\varepsilon_3 + \varepsilon_3\varepsilon_1 \\ I_3' = \varepsilon_1\varepsilon_2\varepsilon_3 \end{cases} \tag{3.40}$$

一点的**主剪应变**是指该点取得驻值的剪应变。类似计算剪应力驻值的方法，可求得张量主剪应变

$$\begin{cases} \vartheta_1 = \frac{1}{2}|\varepsilon_2 - \varepsilon_3| \\ \vartheta_2 = \frac{1}{2}|\varepsilon_1 - \varepsilon_3| \\ \vartheta_3 = \frac{1}{2}|\varepsilon_1 - \varepsilon_2| \end{cases} \tag{3.41}$$

或工程主剪应变

$$\begin{cases} \gamma_1 = |\varepsilon_2 - \varepsilon_3| \\ \gamma_2 = |\varepsilon_1 - \varepsilon_3| \\ \gamma_3 = |\varepsilon_1 - \varepsilon_2| \end{cases} \tag{3.42}$$

主剪应变的最大值即为**最大剪应变**。对于 $\varepsilon_1 > \varepsilon_2 > \varepsilon_3$，最大剪应变由下式给出

$$\gamma_{\max} = 2\vartheta_{\max} = \varepsilon_1 - \varepsilon_3 \tag{3.43}$$

主应变的几何意义是，当任一纤维 $\boldsymbol{n}$ 方向与应变矢量（例 3.2）$\boldsymbol{u}^{\varepsilon}$ 方向重合

时，该纤维 $\boldsymbol{n}$ 的方向即为主方向，应变矢量 $\boldsymbol{u}^{\varepsilon}$ 的长度 $|\boldsymbol{u}^{\varepsilon}|$ 便为主应变 ε。这意味着在主方向上的纤维，运动前是相互垂直的，运动后仍保持相互垂直。

3.5.3 偏应变张量

同应力张量一样，应变张量 ε_{ij} 也可分解为两部分：与体积变化相关的球形部分和与形状变化（畸变）相关的偏斜部分，即

$$\varepsilon_{ij}=\varepsilon_{\mathrm{m}}\delta_{ij}+e_{ij} \tag{3.44}$$

其中

$$\varepsilon_{\mathrm{m}}=\frac{1}{3}\varepsilon_{kk}=\frac{1}{3}(\varepsilon_x+\varepsilon_y+\varepsilon_z) \tag{3.45}$$

为平均应变或静水应变，对应于体积的膨胀或收缩。e_{ij} 为偏应变张量

$$e_{ij}=\begin{bmatrix} e_{11} & e_{12} & e_{13} \\ e_{21} & e_{22} & e_{23} \\ e_{31} & e_{32} & e_{33} \end{bmatrix}=\begin{bmatrix} \varepsilon_{11}-\varepsilon_{\mathrm{m}} & \varepsilon_{12} & \varepsilon_{13} \\ \varepsilon_{21} & \varepsilon_{22}-\varepsilon_{\mathrm{m}} & \varepsilon_{23} \\ \varepsilon_{31} & \varepsilon_{32} & \varepsilon_{33}-\varepsilon_{\mathrm{m}} \end{bmatrix} \tag{3.46}$$

偏应变张量 e_{ij} 的不变量类似于出现在特征方程（2.47）中的偏应力张量 s_{ij} 的不变量

$$e^3-J_1'e^2-J_2'e-J_3'=0 \tag{3.47}$$

其中

$$\begin{cases} J_1'=e_{11}+e_{22}+e_{33}=e_1+e_2+e_3=0 \\ J_2'=-\begin{vmatrix} e_{11} & e_{12} \\ e_{21} & e_{22} \end{vmatrix}-\begin{vmatrix} e_{22} & e_{23} \\ e_{32} & e_{33} \end{vmatrix}-\begin{vmatrix} e_{11} & e_{13} \\ e_{31} & e_{33} \end{vmatrix} \\ \quad =-e_{11}e_{22}-e_{22}e_{33}-e_{33}e_{11}+e_{12}^2+e_{23}^2+e_{31}^2 \\ \quad =\dfrac{1}{2}e_{ij}e_{ij}=-(e_1e_2+e_2e_3+e_3e_1) \\ J_3'=\begin{vmatrix} e_{11} & e_{12} & e_{13} \\ e_{21} & e_{22} & e_{23} \\ e_{31} & e_{32} & e_{33} \end{vmatrix} \\ \quad =e_{11}e_{22}e_{33}+2e_{12}e_{23}e_{31}-e_{11}e_{23}^2-e_{22}e_{31}^2-e_{33}e_{12}^2 \\ \quad =e_1e_2e_3 \end{cases} \tag{3.48}$$

式中，e_1，e_2，e_3 为偏应变张量的主值。

体积应变 ε_v 定义为微元体变形前后的体积变化率。设一六面单位微元体，其边缘分别沿三个主应变轴变化为 $(1+\varepsilon_1)$，$(1+\varepsilon_2)$，$(1+\varepsilon_3)$，则体积变化率为

$$\varepsilon_v = \frac{\Delta V}{V} = (1+\varepsilon_1)(1+\varepsilon_2)(1+\varepsilon_3) - 1$$

对于小应变情况

$$\varepsilon_v = \frac{\Delta V}{V} = \varepsilon_1 + \varepsilon_2 + \varepsilon_3 = I_1' = \varepsilon_x + \varepsilon_y + \varepsilon_z \tag{3.49}$$

即应变张量球形部分与体积应变 $\varepsilon_v = \varepsilon_{kk}$ 成正比。

例 3.5　应变测量时常将应变片布置成如图 3.9 所示的梅花形状。如测得结构物表面一点沿 L_a、L_b 和 L_c 三个方向的应变值分别为：$\varepsilon_a = 0.0015$，$\varepsilon_b = 0.0020$，$\varepsilon_c = 0.0045$。试求该点的主应变大小及主应变方向（按平面应变状态计算）。

解　在图 3.9 的坐标系中，将三个方向的应变量值分别作为不同转角下新坐标系中的 ε_x' 值，利用公式（3.36a）可得出

$$\varepsilon_a = \varepsilon_x \cos^2 30° + \varepsilon_y \sin^2 30° + \gamma_{xy} \sin 30° \cos 30° \quad 0.0015 = \frac{3}{4}\varepsilon_x + \frac{1}{4}\varepsilon_y + \frac{\sqrt{3}}{4}\gamma_{xy} \tag{例 3.5.1}$$

$$\varepsilon_b = \varepsilon_x \cos^2 90° + \varepsilon_y \sin^2 90° + \gamma_{xy} \sin 90° \cos 90° \quad 0.0020 = \varepsilon_y \tag{例 3.5.2}$$

$$\varepsilon_c = \varepsilon_x \cos^2 150° + \varepsilon_y \sin^2 150° + \gamma_{xy} \sin 150° \cos 150° \quad 0.0045 = \frac{3}{4}\varepsilon_x + \frac{1}{4}\varepsilon_y - \frac{\sqrt{3}}{4}\gamma_{xy} \tag{例 3.5.3}$$

联立求解方程（例 3.5.1）、（例 3.5.2）和（例 3.5.3），得到

$\varepsilon_x = 0.0033$，$\varepsilon_y = 0.0020$，$\gamma_{xy} = -0.0035$

于是应变张量

$$\varepsilon_{ij} = \begin{bmatrix} 0.0033 & -0.00175 \\ -0.00175 & 0.0020 \end{bmatrix}$$

利用注 2.4 的 MATLAB 程序容易解出主应变 $\varepsilon_1 = 0.0045$，$\varepsilon_2 = 0.0008$。相应的应变主方向 $\boldsymbol{n}_1 = (\mp 0.8210, \pm 0.5709)$，$\boldsymbol{n}_2 = (\mp 0.5709, \mp 0.8210)$。

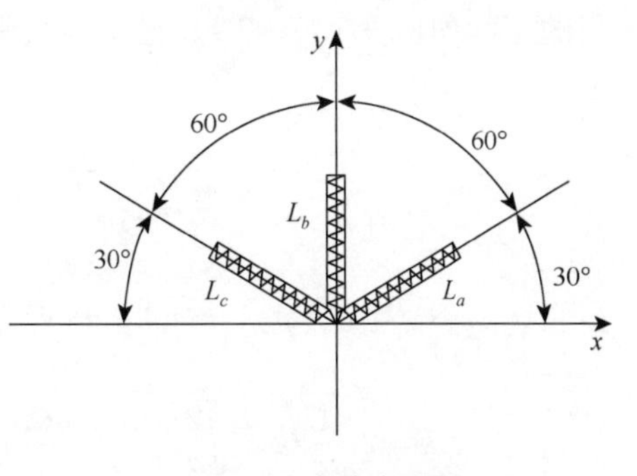

图 3.9　应变片布置图

对于平面问题，主应变及应变主方向也可直接用下式计算

$$\left.\begin{matrix}\varepsilon_1\\ \varepsilon_2\end{matrix}\right\}=\frac{\varepsilon_x+\varepsilon_y}{2}\pm\sqrt{\left(\frac{\varepsilon_x-\varepsilon_y}{2}\right)^2+\left(\frac{\gamma_{xy}}{2}\right)^2}$$
$$=\frac{0.0033+0.002}{2}\pm\sqrt{\left(\frac{0.0033-0.002}{2}\right)^2+\left(\frac{0.0035}{2}\right)^2}$$
$$=\begin{cases}0.0045\\0.0008\end{cases}$$

ε_1与x轴的夹角为α_1，则

$$\tan\alpha_1=2\frac{\varepsilon_1-\varepsilon_x}{\gamma_{xy}}=-2\times\frac{0.0045-0.0033}{0.0035}=-0.6857$$

于是得$\alpha_1=-34.44°$。同理求得ε_2与x轴的夹角$\alpha_2=55.56°$。

3.6 八面体应变

与三个主应变轴有相同倾角的材料纤维称为八面体纤维，其八面体正应变和剪应变分别用ε_{oct}和γ_{oct}表示。八面体纤维的单位矢量$\boldsymbol{n}=\left(1/\sqrt{3},1/\sqrt{3},1/\sqrt{3}\right)$，因此，由式（3.28）可得**八面体正应变**

$$\varepsilon_{\text{oct}}=\frac{1}{3}(\varepsilon_1+\varepsilon_2+\varepsilon_3)=\frac{I_1'}{3} \tag{3.50}$$

八面体纤维上的剪应变无数，将应变矢量$\boldsymbol{u}^{\varepsilon}$与$\boldsymbol{n}$构成的平面内剪应变$\vartheta_{\text{oct}}$对应的工程剪应变$\gamma_{\text{oct}}=2\vartheta_{\text{oct}}$定义为**八面体剪应变**，其大小可比对式(2.64)中的τ_{oct}求得

$$\gamma_{\text{oct}}=2\vartheta_{\text{oct}}=\frac{2}{3}\sqrt{(\varepsilon_1-\varepsilon_2)^2+(\varepsilon_2-\varepsilon_3)^2+(\varepsilon_3-\varepsilon_1)^2}=2\sqrt{\frac{2}{3}J_2'} \tag{3.51}$$

与等效应力类似，将γ_{oct}乘以系数$1/\sqrt{2}$称为**等效应变**

$$\bar{\varepsilon}=2\sqrt{\frac{1}{3}J_2'}=\sqrt{\frac{2}{3}e_{ij}e_{ij}}=\frac{\sqrt{2}}{3}\sqrt{(\varepsilon_1-\varepsilon_2)^2+(\varepsilon_2-\varepsilon_3)^2+(\varepsilon_3-\varepsilon_1)^2} \tag{3.52}$$

在单向拉伸时，如果材料不可压缩(经典塑性理论假设)，$\varepsilon_2=\varepsilon_3=-\varepsilon_1/2$，则$\bar{\varepsilon}=\varepsilon_1$。

将γ_{oct}乘以系数$\sqrt{3/2}$定义为**等效剪应变**

$$\bar{\gamma}=2\sqrt{J_2'}=\sqrt{\frac{2}{3}}\sqrt{(\varepsilon_1-\varepsilon_2)^2+(\varepsilon_2-\varepsilon_3)^2+(\varepsilon_3-\varepsilon_1)^2} \tag{3.53}$$

在纯剪时，$\varepsilon_1=-\varepsilon_3=\gamma/2>0$，$\varepsilon_2=0$，则 $\bar{\gamma}=\gamma$。

3.7　应变协调方程（相容方程）

几何方程（3.8）或（3.12）表示了 3 个位移值与 6 个应变分量的关系。当位移函数连续、单值时，即可获得连续单值的应变场；反之，如果应变分量是单值连续的，但同一点各应变分量的取值是任意的，则通过几何方程未必能求出连续单值的位移场。这是因为用 6 个方程求解 3 个位移分量，方程数目多于未知函数数目，显然有多组位移解满足方程，也就是物体内一点存在多个位移，这是应变不协调的结果。

应变不协调现象可用一个简单例子加以描述。考虑一物体用若干网格划分后的小区域，见图 3.10（a），若变形时各网格邻域相互协调，变形后产生的位移就是单值连续的［图 3.10（b）］。若网格变形各自为阵，不考虑相互协调性，则在网格边界处就会出现“撕裂”或“套叠”［图 3.10（c）］等现象。若出现“撕裂”现象，位移函数就发生了间断，若出现“套叠”现象，位移函数就不是单值的。

为了确保位移场连续单值，6 个应变分量不能任意给定，必须满足另外的补充条件，这个条件即为应变协调条件，其数学表达式最早由圣维南（Saint-Venant）推得，简称应变协调方程。

下面来推导应变协调方程。首先考虑平面内应变的相容性，将几何方程用指标展开

$$\begin{cases}\varepsilon_{11}=u_{1,1}\quad \varepsilon_{22}=u_{2,2}\quad \varepsilon_{33}=u_{3,3}\\ \varepsilon_{12}=\dfrac{1}{2}(u_{1,2}+u_{2,1})\quad \varepsilon_{23}=\dfrac{1}{2}(u_{2,3}+u_{3,2})\quad \varepsilon_{31}=\dfrac{1}{2}(u_{3,1}+u_{1,3})\end{cases} \tag{3.54}$$

根据偏导数与求导顺序无关的原则，用上式可写出

$$\varepsilon_{11,22}+\varepsilon_{22,11}=u_{1,122}+u_{2,211}=(u_{1,2}+u_{2,1})_{,12}=2\varepsilon_{12,12}$$

用同样的方法可获得另外两个类似的方程。作为结果可统一写为

$$\varepsilon_{\alpha\alpha,\beta\beta}+\varepsilon_{\beta\beta,\alpha\alpha}=2\varepsilon_{\alpha\beta,\alpha\beta}\quad(\alpha,\beta=1,2,3;\alpha\neq\beta) \tag{3.55}$$

上式中的指标不进行求和运算。

再考虑不同坐标平面应变的相容性。同样用式（3.54）可写出

$$(\varepsilon_{12,3}-\varepsilon_{23,1}+\varepsilon_{31,2})_{,1}=\frac{1}{2}(u_{1,23}+u_{2,13}-u_{2,31}-u_{3,21}+u_{3,12}+u_{1,32})_{,1}=u_{1,231}=\varepsilon_{11,23}$$

用类似的方法，借助圆形指标顺序表示法，可综合写出

$$(\varepsilon_{\alpha\beta,\gamma}-\varepsilon_{\beta\gamma,\alpha}+\varepsilon_{\gamma\alpha,\beta})_{,\alpha}=\varepsilon_{\alpha\alpha,\beta\gamma}\quad(\alpha,\beta,\gamma=1,2,3;\alpha\neq\beta\neq\gamma)\tag{3.56}$$

同样上式中的指标不进行求和运算。式（3.55）和式（3.56）即为应变协调方程。

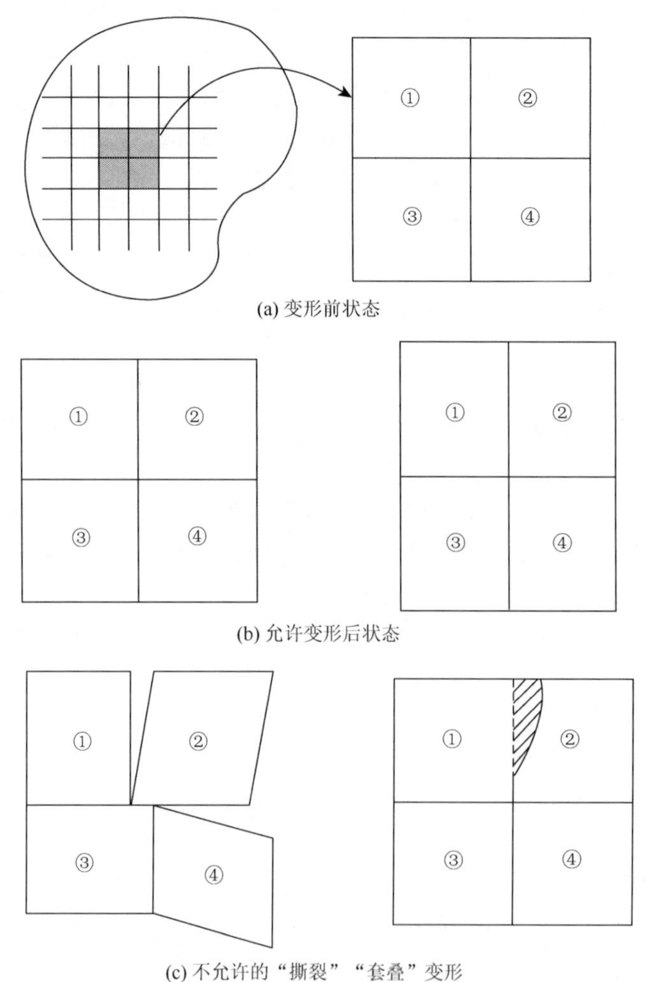

图 3.10　应变协调的几何意义

将方程（3.55）和（3.56）展开，写成工程应变形式

$$
\begin{cases}
\dfrac{\partial^2 \varepsilon_x}{\partial y^2}+\dfrac{\partial^2 \varepsilon_y}{\partial x^2}=\dfrac{\partial^2 \gamma_{xy}}{\partial x \partial y} \\
\dfrac{\partial^2 \varepsilon_y}{\partial z^2}+\dfrac{\partial^2 \varepsilon_z}{\partial y^2}=\dfrac{\partial^2 \gamma_{yz}}{\partial y \partial z} \\
\dfrac{\partial^2 \varepsilon_z}{\partial x^2}+\dfrac{\partial^2 \varepsilon_x}{\partial z^2}=\dfrac{\partial^2 \gamma_{zx}}{\partial z \partial x} \\
\dfrac{\partial}{\partial x}\left(\dfrac{\partial \gamma_{xy}}{\partial z}-\dfrac{\partial \gamma_{yz}}{\partial x}+\dfrac{\partial \gamma_{zx}}{\partial y}\right)=2\dfrac{\partial^2 \varepsilon_x}{\partial y \partial z} \\
\dfrac{\partial}{\partial y}\left(\dfrac{\partial \gamma_{yz}}{\partial x}-\dfrac{\partial \gamma_{zx}}{\partial y}+\dfrac{\partial \gamma_{xy}}{\partial z}\right)=2\dfrac{\partial^2 \varepsilon_y}{\partial z \partial x} \\
\dfrac{\partial}{\partial z}\left(\dfrac{\partial \gamma_{zx}}{\partial y}-\dfrac{\partial \gamma_{xy}}{\partial z}+\dfrac{\partial \gamma_{yz}}{\partial x}\right)=2\dfrac{\partial^2 \varepsilon_z}{\partial x \partial y}
\end{cases}
\tag{3.57}
$$

这 6 个方程就是保证单连通体中应变分量得出单值连续位移解的必要且充分条件。对于多连通体，除满足上述应变协调方程外，还应补充保证切口处位移单值连续的附加条件。

应变协调方程另一种更为简洁的表示是

$$
\varepsilon_{ij,kl}+\varepsilon_{kl,ij}-\varepsilon_{ik,jl}-\varepsilon_{jl,ik}=0 \tag{3.58}
$$

利用几何方程（3.8），这个表达式很容易得到证明。如将式（3.8）对 x_k 和 x_l 求导两次，有

$$
\varepsilon_{ij,kl}=\frac{1}{2}(u_{i,jkl}+u_{j,ikl})
$$

进行简单的脚标变换，可进一步得出下列关系式

$$
\varepsilon_{kl,ij}=\frac{1}{2}(u_{k,lij}+u_{l,kij})
$$

$$
\varepsilon_{ik,jl}=\frac{1}{2}(u_{i,kjl}+u_{k,ijl})
$$

$$
\varepsilon_{jl,ik}=\frac{1}{2}(u_{j,lik}+u_{l,jik})
$$

由于偏导数求导顺序可交换，故将上面四式代入式（3.58）左端，等式是明显成立的。

需要指出的是，如果用位移法求解弹塑性固体问题，应变协调方程自然满足；而用应力法求解时，则需专门考虑应变协调条件。

例 3.6　已知一结构实际应变为：$\varepsilon_x=Ay^3$，$\varepsilon_y=Ax^3$，$\varepsilon_{xy}=Bxy(x+y)$，

$\varepsilon_z = \varepsilon_{xz} = \varepsilon_{yz} = 0$，试求系数 A， B 间的关系。

解　由于应变是实际物体变形产生的，则它们一定满足变形协调方程(3.57)。将它们代入第 1 式

$$\frac{\partial^2 \varepsilon_x}{\partial y^2} + \frac{\partial^2 \varepsilon_y}{\partial x^2} = \frac{\partial^2 \gamma_{xy}}{\partial x \partial y}$$

有

$$6Ay + 6Ax = 2B(2x + 2y)$$
$$6A(x + y) = 4B(x + y)$$

从而得到

$$A = \frac{2}{3}B$$

再将应变分量代入其他 5 个变形协调方程均自然满足。

习　　题

3.1　确定下列位移场的应变张量 ε_{ij} 和旋转张量 Ω_{ij}：

（a）$\boldsymbol{u} = Ax_1^2\boldsymbol{e}_1 + Bx_1x_2\boldsymbol{e}_2 + Cx_1x_2x_3\boldsymbol{e}_3$；

（b）$\boldsymbol{u} = Ax_2^2\boldsymbol{e}_1 + B(x_1^2 + x_3^2)\boldsymbol{e}_2 + Cx_2x_3\boldsymbol{e}_3$。

式中， A， B 和 C 为任意常数。

3.2　给定一点的位移梯度张量：

$$u_{i,j} = \begin{bmatrix} 0.20 & 0.10 & 0.15 \\ 0.20 & 0.30 & -0.40 \\ 0.25 & 0.10 & 0.40 \end{bmatrix}$$

试计算：

（a）应变张量 ε_{ij}；

（b）旋转张量 Ω_{ij}；

（c）对具有方向 $\boldsymbol{n} = \left(\frac{1}{2}, \frac{1}{2}, \frac{1}{\sqrt{2}}\right)$ 的单位线元 $\mathrm{d}\boldsymbol{x} = \boldsymbol{n}$，求出应变矢量 $\boldsymbol{u}^{\varepsilon}$、转动位移矢量 $\boldsymbol{u}^{\omega}$ 和相对位移矢量 $\mathrm{d}\boldsymbol{u}$。

3.3　已知应变张量：

$$\varepsilon_{ij} = \begin{bmatrix} 2 & -2 & 1 \\ -2 & -4 & 3 \\ 1 & 3 & 5 \end{bmatrix} \times 10^{-3}$$

试计算：

（a）主应变和主方向；

（b）最大剪应变；

（c）偏应变张量及其不变量 J_2' 和 J_3'；

（d）体积应变 ε_v。

3.4　已知平面问题应变场：

$$\varepsilon_{ij} = \begin{bmatrix} A & 0 \\ 0 & -B \end{bmatrix}$$

A，B 为常数。试根据式（3.12）确定位移分量，并指出刚体运动项。

3.5　确定常数 A，B，使下列应变场满足应变协调方程：

$$\varepsilon_{ij} = \begin{bmatrix} Axy^2 & 0 & By \\ 0 & Ax^2y & Ay+Bz \\ By & Ay+Bz & Axz \end{bmatrix}$$

第3部分　弹 性 力 学

第 4 章　弹性材料的本构关系

前面两章分别从物体内部应力场平衡和小变形物体质点运动导出了平衡方程和几何方程，这些方程适用于任何连续介质，与物体的材料性质无关。要解决具体受力物体的力学问题，不可避免地要研究受力体的材料特性，建立起材料的本构关系。广义地讲，对材料物理特性关系的数学描述称为本构方程。限于本书只讨论固体材料问题，我们常把固体材料的应力-应变力学行为称为材料的本构关系。一般地，常将应力作为应变、应变率、应变历史和温度等的函数。本章只研究恒温条件下的弹性材料，故应力仅为应变的函数，与应变率、应变历史和温度无关。弹性材料的受力特点是材料受力发生变形，当撤除施加的外力后，材料能恢复原来的形状和大小。许多结构材料在小变形情况下都具有这种特性，故材料弹性本构关系是研究固体材料力学行为的基础。

4.1　材 料 特 性

最简单的材料力学试验是在室温条件下进行的低碳钢拉伸试验，其试验获得的典型应力-应变关系曲线如图 4.1 所示，初始段 OA 为一直线，应力与应变成正比，A 点对应的应力 σ_p 称为比例极限。应力超过 σ_p 后，应力-应变关系不再成直线，而沿曲线 AB 发展，B 点对应的应力 σ_e 称为弹性极限。当从 OAB 段任意一点卸载，应力-应变状态将沿着原加载路径下降至完全卸载时的 O 点，即不存在任何残余应变。这便是弹性材料最重要的特性。在除 OAB 弹性段外的其他曲线段卸载，当荷载全部移除时，材料应变不会完全恢复，留下的永久应变称为塑性应变。关于塑性变形问题，我们将在第 7 章讨论，本章着重分析讨论材料处于线弹性段 OA 的应力-应变关系。

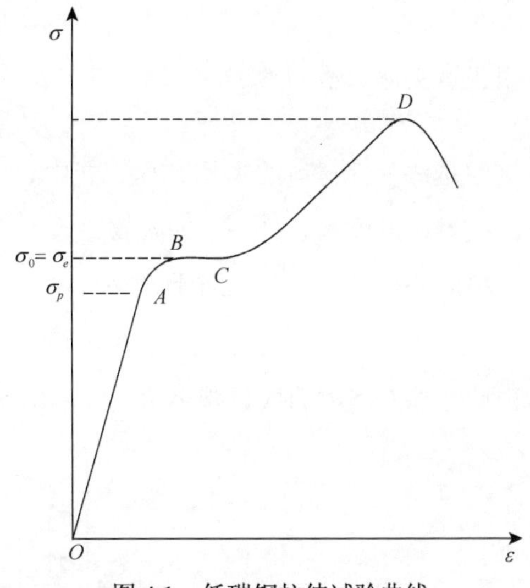

图 4.1　低碳钢拉伸试验曲线

4.2 广义胡克定律

假设弹性材料当前的应力状态仅与当前的变形状态有关，即应力仅是应变的函数。此时材料的本构关系可由

$$\sigma_{ij} = \phi_{ij}(\varepsilon_{kl}) \tag{4.1}$$

给出。其中，ϕ_{ij} 为弹性响应函数。如果在 ε_{kl}^0 附近按泰勒级数展开，则有

$$\sigma_{ij} = \sigma_{ij}^0 + \left(\frac{\partial \phi_{ij}}{\partial \varepsilon_{kl}}\right)_0 (\varepsilon_{kl} - \varepsilon_{kl}^0) + \cdots$$

如不考虑初应变 ε_{kl}^0 和初应力 σ_{ij}^0，则有

$$\sigma_{ij} = \left(\frac{\partial \phi_{ij}}{\partial \varepsilon_{kl}}\right)_0 \varepsilon_{kl} + \cdots$$

如变形很小，略去高次小量，令

$$C_{ijkl} = \left(\frac{\partial \phi_{ij}}{\partial \varepsilon_{kl}}\right)_0$$

则上式可写成

$$\sigma_{ij} = C_{ijkl}\varepsilon_{kl} \tag{4.2}$$

用张量实体表示为

$$\boldsymbol{\sigma} = \boldsymbol{C} : \boldsymbol{\varepsilon} \tag{4.3}$$

这便是线弹性材料的本构方程。式中 C_{ijkl} 为弹性常量张量，因为 σ_{ij} 和 ε_{kl} 均为二阶张量，所以 C_{ijkl} 是一个四阶张量，共有 $3^4 = 81$ 个常数。这些常数的存在反映了材料的各向异性性质。对于 σ_{ij} 和 ε_{kl} 都是对称的情况，可引出下列条件

$$C_{ijkl} = C_{jikl}, \quad C_{ijkl} = C_{ijlk}$$

由此，独立常数的数目减至36个。用沃伊特记法，应力 σ_{ij} 和应变 ε_{kl} 分别表示为

$$\sigma_{ij} = [\boldsymbol{\sigma}] = \begin{bmatrix} \sigma_{11} \\ \sigma_{22} \\ \sigma_{33} \\ \sigma_{12} \\ \sigma_{23} \\ \sigma_{13} \end{bmatrix}, \quad \varepsilon_{kl} = [\boldsymbol{\varepsilon}] = \begin{bmatrix} \varepsilon_{11} \\ \varepsilon_{22} \\ \varepsilon_{33} \\ \gamma_{12} \\ \gamma_{23} \\ \gamma_{13} \end{bmatrix} \tag{4.4}$$

其中，$\gamma_{12}=\varepsilon_{12}+\varepsilon_{21}=2\varepsilon_{12}$，$\gamma_{23}=\varepsilon_{23}+\varepsilon_{32}=2\varepsilon_{23}$和$\gamma_{13}=\varepsilon_{13}+\varepsilon_{31}=2\varepsilon_{13}$为工程剪应变。于是式（4.2）可用矩阵表示为

$$\begin{bmatrix}\sigma_{11}\\ \sigma_{22}\\ \sigma_{33}\\ \sigma_{12}\\ \sigma_{23}\\ \sigma_{13}\end{bmatrix}=\begin{bmatrix}C_{1111} & C_{1122} & C_{1133} & C_{1112} & C_{1123} & C_{1113}\\ C_{2211} & C_{2222} & C_{2233} & C_{2212} & C_{2223} & C_{2213}\\ C_{3311} & C_{3322} & C_{3333} & C_{3312} & C_{3323} & C_{3313}\\ C_{1211} & C_{1222} & C_{1233} & C_{1212} & C_{1223} & C_{1213}\\ C_{2311} & C_{2322} & C_{2333} & C_{2312} & C_{2323} & C_{2313}\\ C_{1311} & C_{1322} & C_{1333} & C_{1312} & C_{1323} & C_{1313}\end{bmatrix}\begin{bmatrix}\varepsilon_{11}\\ \varepsilon_{22}\\ \varepsilon_{33}\\ \gamma_{12}\\ \gamma_{23}\\ \gamma_{13}\end{bmatrix} \tag{4.5}$$

或用两指标表示为

$$\begin{bmatrix}\sigma_{11}\\ \sigma_{22}\\ \sigma_{33}\\ \sigma_{12}\\ \sigma_{23}\\ \sigma_{13}\end{bmatrix}=\begin{bmatrix}\bar{C}_{11} & \bar{C}_{12} & \bar{C}_{13} & \bar{C}_{14} & \bar{C}_{15} & \bar{C}_{16}\\ \bar{C}_{21} & \bar{C}_{22} & \bar{C}_{23} & \bar{C}_{24} & \bar{C}_{25} & \bar{C}_{26}\\ \bar{C}_{31} & \bar{C}_{32} & \bar{C}_{33} & \bar{C}_{34} & \bar{C}_{35} & \bar{C}_{36}\\ \bar{C}_{41} & \bar{C}_{42} & \bar{C}_{43} & \bar{C}_{44} & \bar{C}_{45} & \bar{C}_{46}\\ \bar{C}_{51} & \bar{C}_{52} & \bar{C}_{53} & \bar{C}_{54} & \bar{C}_{55} & \bar{C}_{56}\\ \bar{C}_{61} & \bar{C}_{62} & \bar{C}_{63} & \bar{C}_{64} & \bar{C}_{65} & \bar{C}_{66}\end{bmatrix}\begin{bmatrix}\varepsilon_{11}\\ \varepsilon_{22}\\ \varepsilon_{33}\\ \gamma_{12}\\ \gamma_{23}\\ \gamma_{13}\end{bmatrix} \tag{4.6}$$

这里应用了对称性$C_{ijkl}=C_{ijlk}$，即将$(C_{1112}+C_{1121})/2$缩写成了C_{1112}等。

如材料为格林弹性材料（4.5 节详述），应变能密度函数存在，当应力与应变成线性关系时，有

$$C_{ijkl}=C_{klij} \tag{4.7}$$

即式（4.5）或式（4.6）的弹性常数矩阵具有对称性，其元素从36个降为21个。

4.2.1　弹性对称面

当各向异性弹性体具有对称的内部结构时，将呈现对称的弹性性质。假设材料以x_1-x_2坐标面对称，则由坐标轴x_3作镜像变换后的新坐标系x_i'拥有的弹性常数$\bar{C}'_{mn}$与老坐标系x_i拥有的弹性常数$\bar{C}_{mn}$相等，即

$$\bar{C}'_{mn}=\bar{C}_{mn} \tag{4.8}$$

此时新老坐标轴之间的方向余弦见表 4.1。

表 4.1　新老坐标轴间的方向余弦（Q_{ij}）

新坐标轴	老坐标轴		
	x_1	x_2	x_3
x_1'	1	0	0
x_2'	0	1	0
x_3'	0	0	−1

由式（1.56）可得

$$\varepsilon'_{ij} = Q_{ik}Q_{jl}\varepsilon_{kl}$$

和

$$\sigma'_{ij} = Q_{ik}Q_{jl}\sigma_{kl}$$

即

$$\begin{cases} \varepsilon'_{11} = \varepsilon_{11} \\ \varepsilon'_{22} = \varepsilon_{22} \\ \varepsilon'_{33} = \varepsilon_{33} \\ \gamma'_{12} = \gamma_{12} \\ \gamma'_{23} = -\gamma_{23} \\ \gamma'_{13} = -\gamma_{13} \end{cases} \tag{4.9}$$

$$\begin{cases} \sigma'_{11} = \sigma_{11} & (4.10a) \\ \sigma'_{22} = \sigma_{22} & (4.10b) \\ \sigma'_{33} = \sigma_{33} & (4.10c) \\ \sigma'_{12} = \sigma_{12} & (4.10d) \\ \sigma'_{23} = -\sigma_{23} & (4.10e) \\ \sigma'_{13} = -\sigma_{13} & (4.10f) \end{cases}$$

由式（4.6）有

$$\sigma'_{11} = \bar{C}'_{11}\varepsilon'_{11} + \bar{C}'_{12}\varepsilon'_{22} + \bar{C}'_{13}\varepsilon'_{33} + \bar{C}'_{14}\gamma'_{12} + \bar{C}'_{15}\gamma'_{23} + \bar{C}'_{16}\gamma'_{13}$$

$$\sigma_{11} = \bar{C}_{11}\varepsilon_{11} + \bar{C}_{12}\varepsilon_{22} + \bar{C}_{13}\varepsilon_{33} + \bar{C}_{14}\gamma_{12} + \bar{C}_{15}\gamma_{23} + \bar{C}_{16}\gamma_{13}$$

代入式（4.10a），再利用式（4.8）和式（4.9）可得

$$\bar{C}_{15} = \bar{C}_{16} = 0$$

同理，由式（4.10b）和式（4.10c）分别得到

$$\bar{C}_{25} = \bar{C}_{26} = 0, \quad \bar{C}_{35} = \bar{C}_{36} = 0$$

再由式（4.10d）可得

$$\bar{C}_{45} = \bar{C}_{46} = 0$$

这证明了，当材料有一个弹性对称面时，其弹性常数又减去 8 个。故式（4.6）可写为

$$[\bar{\boldsymbol{C}}] = \begin{bmatrix} \bar{C}_{11} & \bar{C}_{12} & \bar{C}_{13} & \bar{C}_{14} & 0 & 0 \\ \bar{C}_{21} & \bar{C}_{22} & \bar{C}_{23} & \bar{C}_{24} & 0 & 0 \\ \bar{C}_{31} & \bar{C}_{32} & \bar{C}_{33} & \bar{C}_{34} & 0 & 0 \\ \bar{C}_{41} & \bar{C}_{42} & \bar{C}_{43} & \bar{C}_{44} & 0 & 0 \\ 0 & 0 & 0 & 0 & \bar{C}_{55} & \bar{C}_{56} \\ 0 & 0 & 0 & 0 & \bar{C}_{65} & \bar{C}_{66} \end{bmatrix} \tag{4.11}$$

4.2.2　正交各向异性

在 x_1 - x_2 坐标面对称的情况下，再以 x_1 - x_3 为对称面由坐标轴 x_2 作镜像变换后形成新的坐标系 x_i'，此时新老坐标轴之间的方向余弦见表 4.2。

表 4.2　新老坐标轴间的方向余弦（Q_{ij}）

新坐标轴	老坐标轴		
	x_1	x_2	x_3
x_1'	1	0	0
x_2'	0	−1	0
x_3'	0	0	1

相应的坐标变换矩阵为

$$Q_{ij} = \begin{bmatrix} 1 & 0 & 0 \\ 0 & -1 & 0 \\ 0 & 0 & 1 \end{bmatrix} \tag{4.12}$$

关于弹性常数矩阵的简化问题，除可用 4.2.1 节较为直观的方法进行分析讨论，还可用另一种方法来确定式（4.5）中的零元素。由于坐标变换，故在新的坐标系中有 $\sigma'_{ij} = C'_{ijkl}\varepsilon'_{kl}$，如要求弹性材料具有对称特性，则在 $\varepsilon'_{ij} = \varepsilon_{ij}$ 时要求 $\sigma'_{ij} = \sigma_{ij}$，反之亦然。于是可得出

$$C_{ijkl} = C'_{ijkl}$$

对于四阶张量，应用式（1.57），就可得到

$$C_{ijkl} = C'_{ijkl} = Q_{ip}Q_{jq}Q_{kr}Q_{ls}C_{pqrs} \tag{4.13}$$

对于本节的问题，注意式（4.12）中 Q_{ij} 的零元素，我们考察式（4.5）中两种类型的常数项，如

$$C_{1122} = Q_{1p}Q_{1q}Q_{2r}Q_{2s}C_{pqrs} = Q_{11}Q_{11}Q_{22}Q_{22}C_{1122} = C_{1122} \Rightarrow C_{1122} \neq 0$$

这类情况出现在

$$\mathrm{sign}(Q_{ip}) \times \mathrm{sign}(Q_{jq}) \times \mathrm{sign}(Q_{kr}) \times \mathrm{sign}(Q_{ls}) = 1$$

时，而另一类情况出现在

$$\mathrm{sign}(Q_{ip}) \times \mathrm{sign}(Q_{jq}) \times \mathrm{sign}(Q_{kr}) \times \mathrm{sign}(Q_{ls}) = -1$$

时，如

$$C_{1112}=Q_{1p}Q_{1q}Q_{1r}Q_{2s}C_{pqrs}=Q_{11}Q_{11}Q_{11}Q_{22}C_{1112}=-C_{1112}\Rightarrow C_{1112}=0$$

类似地，还可得出

$$C_{2212}=C_{3312}=C_{2313}=0$$

即相应的式（4.6）可进一步简化为

$$[\bar{\boldsymbol{C}}]=\begin{bmatrix}\bar{C}_{11} & \bar{C}_{12} & \bar{C}_{13} & 0 & 0 & 0\\ \bar{C}_{21} & \bar{C}_{22} & \bar{C}_{23} & 0 & 0 & 0\\ \bar{C}_{31} & \bar{C}_{32} & \bar{C}_{33} & 0 & 0 & 0\\ 0 & 0 & 0 & \bar{C}_{44} & 0 & 0\\ 0 & 0 & 0 & 0 & \bar{C}_{55} & 0\\ 0 & 0 & 0 & 0 & 0 & \bar{C}_{66}\end{bmatrix} \tag{4.14}$$

此时非零元素减为 9 个。

读者容易证明，若再以 x_2 - x_3 为对称面镜像 x_1 坐标轴，相应的 $[\bar{\boldsymbol{C}}]$ 矩阵不变。这种具有三个互相垂直坐标面的对称材料称为**正交各向异性材料**。

4.2.3　横向各向同性

在这种情况下，材料表现出关于某一个坐标轴的旋转弹性对称。假定 x_3 轴为弹性对称轴，则各向同性平面为图 4.2 所示的 x_1 - x_2 平面。我们通过考虑三个不同的转角 $\theta=180°$， $90°$ 及 $45°$ 来推导弹性常数矩阵 $[\boldsymbol{C}]$。

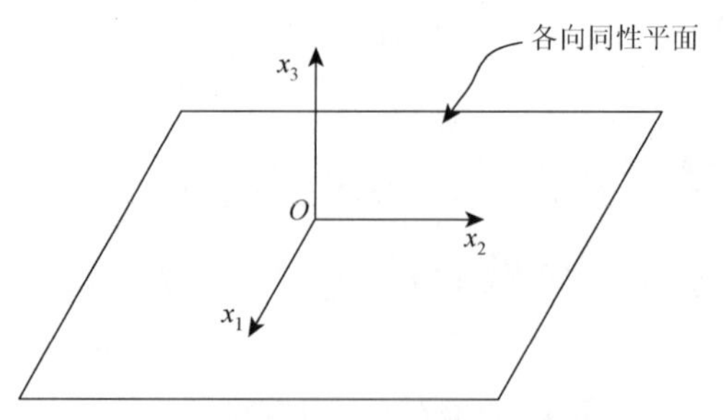

图 4.2　横向各向同性材料的坐标轴

对于 $\theta=180°$，坐标变换矩阵为

$$Q_{ij}=\begin{bmatrix}-1 & 0 & 0\\ 0 & -1 & 0\\ 0 & 0 & 1\end{bmatrix}$$

按照前面类似的方法，可将式（4.5）的弹性常数简化为

$$[\boldsymbol{C}]=\begin{bmatrix} C_{1111} & C_{1122} & C_{1133} & C_{1112} & 0 & 0 \\ C_{2211} & C_{2222} & C_{2233} & C_{2212} & 0 & 0 \\ C_{3311} & C_{3322} & C_{3333} & C_{3312} & 0 & 0 \\ C_{1211} & C_{1222} & C_{1233} & C_{1212} & 0 & 0 \\ 0 & 0 & 0 & 0 & C_{2323} & C_{2313} \\ 0 & 0 & 0 & 0 & C_{1323} & C_{1313} \end{bmatrix}$$

对于 $\theta=90°$，坐标变换矩阵为

$$Q_{ij}=\begin{bmatrix} 0 & 1 & 0 \\ -1 & 0 & 0 \\ 0 & 0 & 1 \end{bmatrix}$$

相应的 $[\boldsymbol{C}]$ 进一步简化为

$$[\boldsymbol{C}]=\begin{bmatrix} C_{1111} & C_{1122} & C_{1133} & C_{1112} & 0 & 0 \\ C_{1122} & C_{1111} & C_{1133} & -C_{1112} & 0 & 0 \\ C_{1133} & C_{1133} & C_{3333} & 0 & 0 & 0 \\ C_{1112} & -C_{1112} & 0 & C_{1212} & 0 & 0 \\ 0 & 0 & 0 & 0 & C_{2323} & 0 \\ 0 & 0 & 0 & 0 & 0 & C_{2323} \end{bmatrix}$$

对于 $\theta=45°$，坐标变换矩阵为

$$Q_{ij}=\begin{bmatrix} 1/\sqrt{2} & 1/\sqrt{2} & 0 \\ -1/\sqrt{2} & 1/\sqrt{2} & 0 \\ 0 & 0 & 1 \end{bmatrix}$$

从而

$$[\boldsymbol{C}]=\begin{bmatrix} C_{1111} & C_{1122} & C_{1133} & 0 & 0 & 0 \\ C_{1122} & C_{1111} & C_{1133} & 0 & 0 & 0 \\ C_{1133} & C_{1133} & C_{3333} & 0 & 0 & 0 \\ 0 & 0 & 0 & C_{1111}-C_{1122}/2 & 0 & 0 \\ 0 & 0 & 0 & 0 & C_{2323} & 0 \\ 0 & 0 & 0 & 0 & 0 & C_{2323} \end{bmatrix} \tag{4.15}$$

可以验证，对于任意 θ 角，上式保持不变。此时独立弹性常数减为 5 个。

4.2.4 各向同性线弹性体

各向同性材料的材料特性在任意方向都是相等的，它可由前面讨论的横向各向同性体变换对称轴而获得，如将 x_3 轴与 x_1 轴互换，或与 x_2 轴互换，由材料弹性关系不变的条件可得

$$C_{3333}=C_{1111}，\quad C_{1133}=C_{1122}，\quad C_{2323}=\frac{1}{2}(C_{1111}+C_{1122})$$

此时式（4.15）中仅有 2 个独立的常数 C_{1111} 和 C_{1122}，即

$$[\boldsymbol{C}]=\begin{bmatrix} C_{1111} & C_{1122} & C_{1122} & 0 & 0 & 0 \\ C_{1122} & C_{1111} & C_{1122} & 0 & 0 & 0 \\ C_{1122} & C_{1122} & C_{1111} & 0 & 0 & 0 \\ 0 & 0 & 0 & (C_{1111}-C_{1122})/2 & 0 & 0 \\ 0 & 0 & 0 & 0 & (C_{1111}-C_{1122})/2 & 0 \\ 0 & 0 & 0 & 0 & 0 & (C_{1111}-C_{1122})/2 \end{bmatrix} \tag{4.16}$$

这可用拉梅（Lame）常数 λ 和 μ 表示，令

$$C_{1122}=\lambda \quad 和 \quad \frac{1}{2}(C_{1111}-C_{1122})=\mu$$

则

$$[\bar{\boldsymbol{C}}]=[\boldsymbol{C}]=\begin{bmatrix} \lambda+2\mu & \lambda & \lambda & 0 & 0 & 0 \\ \lambda & \lambda+2\mu & \lambda & 0 & 0 & 0 \\ \lambda & \lambda & \lambda+2\mu & 0 & 0 & 0 \\ 0 & 0 & 0 & \mu & 0 & 0 \\ 0 & 0 & 0 & 0 & \mu & 0 \\ 0 & 0 & 0 & 0 & 0 & \mu \end{bmatrix} \tag{4.17}$$

矩阵 $[\bar{\boldsymbol{C}}]$ 的各个元数也可用下列张量方程表示

$$C_{ijkl}=\lambda\delta_{ij}\delta_{kl}+\mu(\delta_{ik}\delta_{jl}+\delta_{il}\delta_{jk}) \tag{4.18}$$

例如

$$\begin{aligned} \bar{C}_{11}&=C_{1111}=\lambda\delta_{11}\delta_{11}+\mu(\delta_{11}\delta_{11}+\delta_{11}\delta_{11})=\lambda+2\mu \\ \bar{C}_{12}&=C_{1122}=\lambda\delta_{11}\delta_{22}+\mu(\delta_{12}\delta_{12}+\delta_{12}\delta_{12})=\lambda \\ \bar{C}_{44}&=(C_{1111}-C_{1122})/2=\mu \end{aligned}$$

应用式（4.2）和式（4.18），可得

$$\sigma_{ij} = \lambda\delta_{ij}\delta_{kl}\varepsilon_{kl} + \mu(\delta_{ik}\delta_{jl} + \delta_{il}\delta_{jk})\varepsilon_{kl}$$

或

$$\sigma_{ij} = \lambda\delta_{ij}\varepsilon_{kk} + 2\mu\varepsilon_{ij} \tag{4.19}$$

相反地，应变 ε_{ij} 也能用本构方程（4.19）中的应力 σ_{ij} 表示，由式（4.19），有

$$\sigma_{kk} = (3\lambda + 2\mu)\varepsilon_{kk}$$

或

$$\varepsilon_{kk} = \frac{\sigma_{kk}}{3\lambda + 2\mu} \tag{4.20}$$

将 ε_{kk} 代回式（4.19），并求解 ε_{ij}，可得

$$\varepsilon_{ij} = \frac{1}{2\mu}\left(\sigma_{ij} - \frac{\lambda}{3\lambda + 2\mu}\sigma_{kk}\delta_{ij}\right) \tag{4.21}$$

式（4.19）和式（4.21）都是各向同性线弹性材料本构关系的一般形式。这些方程表明，对于各向同性材料，其应力和应变张量的主方向是一致的（见例 4.1）。

为了得到偏量响应关系，利用 $s_{ij} = \sigma_{ij} - p\delta_{ij} = \sigma_{ij} - \sigma_{kk}\delta_{ij}/3$，用式（4.19）和式（4.20）代入导出

$$s_{ij} = (\lambda\delta_{ij}\varepsilon_{kk} + 2\mu\varepsilon_{ij}) - \frac{1}{3}(3\lambda + 2\mu)\varepsilon_{kk}\delta_{ij}$$

再利用 $\varepsilon_{ij} = e_{ij} + \varepsilon_{kk}\delta_{ij}/3$，可得

$$s_{ij} = \lambda\delta_{ij}\varepsilon_{kk} + 2\mu\left(e_{ij} + \frac{1}{3}\varepsilon_{kk}\delta_{ij}\right) - \frac{1}{3}(3\lambda + 2\mu)\varepsilon_{kk}\delta_{ij}$$

化简后，有

$$s_{ij} = 2\mu e_{ij} \tag{4.22}$$

例 4.1　证明各向同性线弹性材料应力与应变主轴重合。

证明　以应变主轴表示的应变张量为

$$\varepsilon_{ij} = \begin{bmatrix} \varepsilon_1 & 0 & 0 \\ 0 & \varepsilon_2 & 0 \\ 0 & 0 & \varepsilon_3 \end{bmatrix}$$

将其代入式（4.19），容易得到

$$\sigma_{ij} = 0，\text{当} i \neq j \text{时}$$

即所有剪应力分量均为零，故主应力与主应变是同轴的。

4.3　弹性常数的物理意义

前面定义的拉梅常数 λ 和 μ 可通过几个简单的应力和应变状态试验结果求得。

4.3.1　简单拉伸试验

一个受 x_1 轴方向拉伸的单轴试验［图 4.3（a）］，其唯一的非零应力分量是 $\sigma_{11}=\sigma$，将**杨氏模量（弹性模量）** E 和**泊松比** ν 定义为

$$E=\frac{\sigma_{11}}{\varepsilon_{11}},\quad \nu=-\frac{\varepsilon_{22}}{\varepsilon_{11}}=-\frac{\varepsilon_{33}}{\varepsilon_{11}} \tag{4.23}$$

由式（4.19）和式（4.21）可求得

$$E=\frac{\mu(2\mu+3\lambda)}{\lambda+\mu},\quad \nu=\frac{\lambda}{2(\lambda+\mu)} \tag{4.24}$$

4.3.2　纯剪试验

如图 4.3（b）所示的纯剪试验，$\sigma_{12}=\sigma_{21}=\tau_{12}=\tau_{21}=\tau$，其他应力分量均为零，则**剪切模量**定义为

$$G=\frac{\sigma_{12}}{\gamma_{12}}=\frac{\tau}{2\varepsilon_{12}} \tag{4.25}$$

由式（4.19），得

$$G=\mu$$

4.3.3　静水压缩试验

在这种情况下［图 4.3（c）］，$\sigma_{11}=\sigma_{22}=\sigma_{33}=-p$（$p$ 为压力值，始终取值为正）是应力分量中仅有的几个非零分量，则 $\sigma_{kk}=-3p$。这时体积模量 K 定义为静水压力 p 与相应的体积改变 ε_{kk} 之比，故根据式（4.20）有

$$K=-\frac{p}{\varepsilon_{kk}}=\lambda+\frac{2}{3}\mu \tag{4.26}$$

则平均应力 σ_{m} 与体积应变 ε_v 的关系可表示为

$$\sigma_{\mathrm{m}}=K\varepsilon_{kk}=K\varepsilon_v \tag{4.27}$$

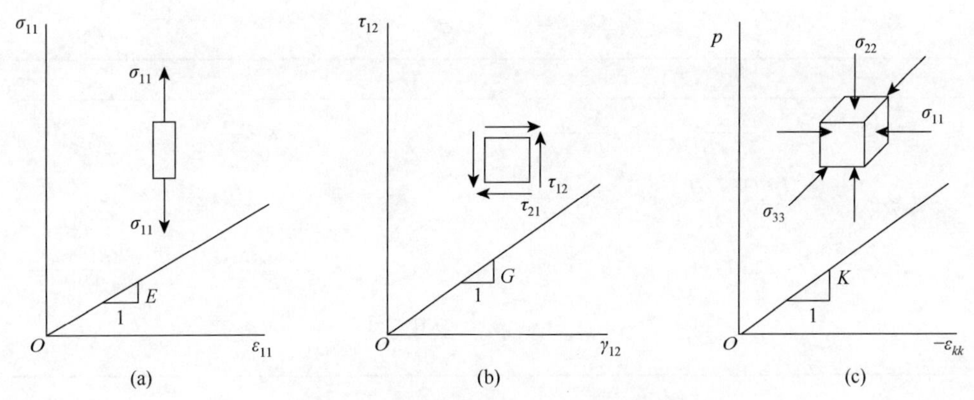

图 4.3　各向同性线弹性材料的简单试验

由式（4.24）可反算出

$$\lambda=\frac{\nu E}{(1+\nu)(1-2\nu)},\quad \mu=\frac{E}{2(1+\nu)}$$

于是，体积模量 K 可用 E 和 ν 表示为

$$K=\frac{E}{3(1-2\nu)}$$

由此可看出，当 ν 接近 0.5 时，体积模量 K 趋于无穷大，这表明材料为不可压缩的。一些类似于橡胶的材料的 ν 值接近于此值。

为便于使用，将各种弹性常数之间的关系汇总于表 4.3 中，一些典型的工程材料弹性常数参考值见表 4.4。

一般地，真实弹性材料其常数 E，G 和 K 总是正值，即

$$E>0,\ G>0,\ K>0, \tag{4.28}$$

应用上式和表 4.3 中的关系，可以证明（4.5 节讨论）

$$-1<\nu<\frac{1}{2} \tag{4.29}$$

对于现有材料，还没有发现 ν 为负值。因此，对于绝大多数实际使用的材料都认为 ν 为正值。

表 4.3　各种弹性常数之间的关系

	E	ν	G	λ	K
E,ν	E	ν	$\frac{E}{2(1+\nu)}$	$\frac{\nu E}{(1+\nu)(1-2\nu)}$	$\frac{E}{3(1-2\nu)}$
E,K	E	$\frac{3K-E}{6K}$	$\frac{3KE}{9K-E}$	$\frac{K(9K-3E)}{9K-E}$	K
E,G	E	$\frac{E-2G}{2G}$	G	$\frac{G(E-2G)}{3G-E}$	$\frac{GE}{9G-3E}$

续表

	E	ν	G	λ	K
G,K	$\dfrac{9GK}{3K+G}$	$\dfrac{3K-2G}{6K+2G}$	G	$K-\dfrac{2G}{3}$	K
G,λ	$\dfrac{G(3\lambda+2G)}{\lambda+G}$	$\dfrac{\lambda}{2(\lambda+G)}$	G	λ	$\lambda+\dfrac{2G}{3}$
G,ν	$2G(1+\nu)$	ν	G	$\dfrac{2G\nu}{1-2\nu}$	$\dfrac{2G(1+\nu)}{3(1-2\nu)}$
K,ν	$3K(1-2\nu)$	ν	$\dfrac{3K(1-2\nu)}{2(1+\nu)}$	$\dfrac{3K\nu}{1+\nu}$	K

表 4.4　各种工程材料弹性常数参考值

	E/GPa	ν	G/GPa	λ/GPa	K/GPa
铝	68.9	0.34	25.7	54.6	71.8
铜	89.6	0.34	33.4	93.3	93.3
玻璃	68.9	0.25	27.6	27.6	45.9
橡胶	0.0019	0.499	0.654×10^{-3}	0.326	0.326
钢材	207	0.29	80.2	111	164
混凝土	27.6	0.20	11.5	7.7	15.3

4.4　应力-应变关系的不同表示形式

用沃伊特记法将弹性常量张量 $\boldsymbol{C}$ 用矩阵表示为式（4.5），其元素与式（4.6）中的矩阵 $[\bar{C}]$ 等价，故在以后的矩阵表示中将用 $[C]$ 替代 $[\bar{C}]$。于是线弹性材料的本构方程（4.3）用矩阵表示为

$$[\boldsymbol{\sigma}]=[\boldsymbol{C}][\boldsymbol{\varepsilon}] \tag{4.30}$$

或用应力表示应变

$$[\boldsymbol{\varepsilon}]=[\boldsymbol{C}]^{-1}[\boldsymbol{\sigma}]=[\boldsymbol{D}][\boldsymbol{\sigma}] \tag{4.31}$$

其中，$[\boldsymbol{C}]$ 为弹性刚度矩阵，$[\boldsymbol{D}]$ 为弹性柔度矩阵。

4.4.1　各向同性线弹性材料

除了用式（4.17）的弹性刚度矩阵 $[\boldsymbol{C}]=[\bar{\boldsymbol{C}}]$ 表示式（4.19）外，还可用表 4.3 中的其他参数替换式（4.17）中的 λ 和 μ 形成新的弹性刚度矩阵，如常用 E，ν 的表示式

$$[\boldsymbol{C}]=\frac{E}{(1+\nu)(1-2\nu)}\begin{bmatrix}1-\nu & \nu & \nu & 0 & 0 & 0\\ \nu & 1-\nu & \nu & 0 & 0 & 0\\ \nu & \nu & 1-\nu & 0 & 0 & 0\\ 0 & 0 & 0 & (1-2\nu)/2 & 0 & 0\\ 0 & 0 & 0 & 0 & (1-2\nu)/2 & 0\\ 0 & 0 & 0 & 0 & 0 & (1-2\nu)/2\end{bmatrix} \tag{4.32}$$

相应的弹性柔度矩阵

$$[\boldsymbol{D}]=\frac{1}{E}\begin{bmatrix}1 & -\nu & -\nu & 0 & 0 & 0\\ -\nu & 1 & -\nu & 0 & 0 & 0\\ -\nu & -\nu & 1 & 0 & 0 & 0\\ 0 & 0 & 0 & 2(1+\nu) & 0 & 0\\ 0 & 0 & 0 & 0 & 2(1+\nu) & 0\\ 0 & 0 & 0 & 0 & 0 & 2(1+\nu)\end{bmatrix} \tag{4.33}$$

对于二维平面应力问题（$\sigma_z=\tau_{yz}=\tau_{zx}=0$），式（4.32）和式（4.33）可退化为（将角标用 x，y，z 替换）

$$\begin{bmatrix}\sigma_x\\ \sigma_y\\ \tau_{xy}\end{bmatrix}=\frac{E}{1-\nu^2}\begin{bmatrix}1 & \nu & 0\\ \nu & 1 & 0\\ 0 & 0 & (1-\nu)/2\end{bmatrix}\begin{bmatrix}\varepsilon_x\\ \varepsilon_y\\ \gamma_{xy}\end{bmatrix} \tag{4.34}$$

和

$$\begin{bmatrix}\varepsilon_x\\ \varepsilon_y\\ \gamma_{xy}\end{bmatrix}=\frac{1}{E}\begin{bmatrix}1 & -\nu & 0\\ -\nu & 1 & 0\\ 0 & 0 & 2(1+\nu)\end{bmatrix}\begin{bmatrix}\sigma_x\\ \sigma_y\\ \tau_{xy}\end{bmatrix} \tag{4.35}$$

平面应力的 ε_z 不为零，其值用下式计算

$$\varepsilon_z=\frac{-\nu}{E}(\sigma_x+\sigma_y)=\frac{-\nu}{1-\nu}(\varepsilon_x+\varepsilon_y) \tag{4.36}$$

而 γ_{yz} 和 γ_{zx} 为零。

对于二维平面应变问题（$\varepsilon_z=\gamma_{yz}=\gamma_{zx}=0$），有

$$\begin{bmatrix}\sigma_x\\ \sigma_y\\ \tau_{xy}\end{bmatrix}=\frac{E}{(1+\nu)(1-2\nu)}\begin{bmatrix}1-\nu & \nu & 0\\ \nu & 1-\nu & 0\\ 0 & 0 & (1-2\nu)/2\end{bmatrix}\begin{bmatrix}\varepsilon_x\\ \varepsilon_y\\ \gamma_{xy}\end{bmatrix} \tag{4.37}$$

和

$$\begin{bmatrix} \varepsilon_x \\ \varepsilon_y \\ \gamma_{xy} \end{bmatrix} = \frac{1+\nu}{E} \begin{bmatrix} 1-\nu & -\nu & 0 \\ -\nu & 1-\nu & 0 \\ 0 & 0 & 2 \end{bmatrix} \begin{bmatrix} \sigma_x \\ \sigma_y \\ \tau_{xy} \end{bmatrix} \tag{4.38}$$

平面应变的σ_z不为零，其值用下式计算

$$\sigma_z = \nu(\sigma_x + \sigma_y) \tag{4.39}$$

而τ_{yz}和τ_{zx}为零。

4.4.2 正交各向异性材料

正交各向异性弹性材料的独立弹性常数只有 9 个，其弹性刚度矩阵$[\boldsymbol{C}]$表示为式（4.14），相应式（4.31）可表示为

$$\begin{bmatrix} \varepsilon_{11} \\ \varepsilon_{22} \\ \varepsilon_{33} \\ \gamma_{12} \\ \gamma_{23} \\ \gamma_{13} \end{bmatrix} = \begin{bmatrix} D_{11} & D_{12} & D_{13} & 0 & 0 & 0 \\ D_{21} & D_{22} & D_{23} & 0 & 0 & 0 \\ D_{31} & D_{32} & D_{33} & 0 & 0 & 0 \\ 0 & 0 & 0 & D_{44} & 0 & 0 \\ 0 & 0 & 0 & 0 & D_{55} & 0 \\ 0 & 0 & 0 & 0 & 0 & D_{66} \end{bmatrix} \begin{bmatrix} \sigma_{11} \\ \sigma_{22} \\ \sigma_{33} \\ \tau_{12} \\ \tau_{23} \\ \tau_{13} \end{bmatrix} \tag{4.40}$$

$[\boldsymbol{D}]$为弹性柔度矩阵。现考虑在x_1方向上单轴加载，即$\sigma_{22} = \sigma_{33} = 0$。由上式可得

$$\varepsilon_{11} = D_{11}\sigma_{11},\ \varepsilon_{22} = D_{21}\sigma_{11} = \frac{D_{21}}{D_{11}}\varepsilon_{11},\ \varepsilon_{33} = D_{31}\sigma_{11} = \frac{D_{31}}{D_{11}}\varepsilon_{11}$$

比较各向同性材料的情况

$$\varepsilon_{11} = \frac{1}{E}\sigma_{11},\ \varepsilon_{22} = -\nu\varepsilon_{11},\ \varepsilon_{33} = -\nu\varepsilon_{11}$$

可引入正交弹性常数

$$D_{11} = \frac{1}{E_1},\ \frac{D_{21}}{D_{11}} = -\nu_{12} \Rightarrow D_{21} = -\frac{\nu_{12}}{E_1},\ \frac{D_{31}}{D_{11}} = -\nu_{13} \Rightarrow D_{31} = -\frac{\nu_{13}}{E_1}$$

按照这种方法，可推出另外几个柔度系数D_{12}，D_{13}，D_{22}，D_{23}，D_{32}，D_{33}。由式（4.40）还可得出正交剪应变

$$\gamma_{12} = D_{44}\tau_{12},\ \gamma_{23} = D_{55}\tau_{23},\ \gamma_{13} = D_{66}\tau_{13}$$

比较相应的各向同性材料情况

$$\gamma_{12} = \frac{1}{G}\tau_{12},\ \gamma_{23} = \frac{1}{G}\tau_{23},\ \gamma_{13} = \frac{1}{G}\tau_{13}$$

可引入另外一组正交弹性常数

$$D_{44}=\frac{1}{G_{12}},\ D_{55}=\frac{1}{G_{23}},\ D_{66}=\frac{1}{G_{13}}$$

因此，式（4.40）可重写为

$$\begin{bmatrix}\varepsilon_{11}\\ \varepsilon_{22}\\ \varepsilon_{33}\\ \gamma_{12}\\ \gamma_{23}\\ \gamma_{13}\end{bmatrix}=\begin{bmatrix}\frac{1}{E_1} & -\frac{\nu_{21}}{E_2} & -\frac{\nu_{31}}{E_3} & 0 & 0 & 0\\ -\frac{\nu_{12}}{E_1} & \frac{1}{E_2} & -\frac{\nu_{32}}{E_3} & 0 & 0 & 0\\ -\frac{\nu_{13}}{E_1} & -\frac{\nu_{23}}{E_2} & \frac{1}{E_3} & 0 & 0 & 0\\ 0 & 0 & 0 & \frac{1}{G_{12}} & 0 & 0\\ 0 & 0 & 0 & 0 & \frac{1}{G_{23}} & 0\\ 0 & 0 & 0 & 0 & 0 & \frac{1}{G_{13}}\end{bmatrix}\begin{bmatrix}\sigma_{11}\\ \sigma_{22}\\ \sigma_{33}\\ \tau_{12}\\ \tau_{23}\\ \tau_{13}\end{bmatrix} \tag{4.41}$$

其中，E_1，E_2，E_3 依次为沿 x_1 轴、x_2 轴、x_3 轴方向的弹性模量；G_{12}，G_{23}，G_{13} 依次为平行于坐标平面 x_1 - x_2，x_2 - x_3，x_1 - x_3 的剪切模量；$\nu_{ij}\ (i,j=1,2,3)$ 为泊松比，表示由 i 方向的拉应力引起的 j 方向应变与 i 方向应变之比的负值。一般地，$\nu_{ij}\neq\nu_{ji}$，但对于格林弹性材料，有 $\nu_{ij}/E_i=\nu_{ji}/E_j$，即

$$\frac{\nu_{12}}{E_1}=\frac{\nu_{21}}{E_2},\ \frac{\nu_{13}}{E_1}=\frac{\nu_{31}}{E_3},\ \frac{\nu_{23}}{E_2}=\frac{\nu_{32}}{E_3} \tag{4.42}$$

弹性柔度矩阵[$\boldsymbol{D}$]是对称的，包含了 12 个弹性常数，由于式（4.42）的关系，故[$\boldsymbol{D}$]只有 9 个独立常数。

如将式（4.14）也用 E，ν，G 表示，并将$[\bar{\boldsymbol{C}}]$换为$[\boldsymbol{C}]$，则有

$$\begin{cases}C_{11}=E_1(1-\nu_{23}\nu_{32})\,d,\quad C_{22}=E_2(1-\nu_{13}\nu_{31})\,d,\quad C_{33}=E_3(1-\nu_{12}\nu_{21})\,d\\ C_{12}=E_1(\nu_{21}+\nu_{31}\nu_{23})\,d=E_2(\nu_{12}+\nu_{32}\nu_{13})\,d=C_{21}\\ C_{13}=E_1(\nu_{31}+\nu_{21}\nu_{32})\,d=E_3(\nu_{13}+\nu_{12}\nu_{23})\,d=C_{31}\\ C_{23}=E_2(\nu_{32}+\nu_{12}\nu_{31})\,d=E_3(\nu_{23}+\nu_{21}\nu_{13})\,d=C_{32}\\ C_{44}=G_{12},\quad C_{55}=G_{23},\quad C_{66}=G_{13},\end{cases} \tag{4.43}$$

其中

$$d=\frac{1}{1-\nu_{12}\nu_{21}-\nu_{23}\nu_{32}-\nu_{31}\nu_{13}-2\nu_{21}\nu_{32}\nu_{13}}$$

例 4.2　正交各向异性材料的特性为：$E_1=200\,\text{GPa}$，$E_2=150\,\text{GPa}$，$E_3=100\,\text{GPa}$，$\nu_{12}=0.333$，$\nu_{23}=0.45$，$\nu_{13}=0.70$，$G_{12}=100\,\text{GPa}$，$G_{23}=80\,\text{GPa}$，

$G_{13}=60\,\text{GPa}$。在给定一点应变张量

$$\varepsilon_{ij}=\begin{bmatrix}0.01 & 0.005 & 0\\ 0.005 & 0.02 & 0\\ 0 & 0 & 0.03\end{bmatrix}$$

情况下确定该点的应力张量 σ_{ij}。

解　由式（4.42）可分别计算出

$$\nu_{21}=\frac{\nu_{12}}{E_1}E_2=0.25，\quad \nu_{31}=\frac{\nu_{13}}{E_1}E_3=0.35，\quad \nu_{32}=\frac{\nu_{23}}{E_2}E_3=0.30$$

将各已知弹性常数代入式（4.43），得

$d=2.3151$，$C_{11}=400.52$，$C_{12}=188.57$，$C_{13}=196.75$，$C_{22}=262.19$，$C_{23}=144.66$，$C_{33}=212.26$，$C_{44}=100.00$，$C_{55}=80$，$C_{66}=60.00$。

由式（4.30）不难得出应力张量

$$\sigma_{ij}=\begin{bmatrix}13.68 & 1.00 & 0\\ 1.00 & 11.47 & 0\\ 0 & 0 & 11.23\end{bmatrix}$$

注意用式（4.30）计算时，需将应变及应力分量写为列阵，同时注意用剪应变分量 $\gamma_{12}=2\varepsilon_{12}$。

4.4.3　横向各向同性材料

假设各向同性平面为 x_1 - x_2 平面，对称轴为 x_3，则弹性常数 $E_1=E_2=E_p$，$E_3=E_t$，$\nu_{21}=\nu_{12}=\nu_p$，$\nu_{31}=\nu_{32}=\nu_{tp}$，$\nu_{13}=\nu_{23}=\nu_{pt}$，$G_{12}=G_p$，$G_{13}=G_{23}=G_t$。根据式（4.41），容易得出对应于式（4.15）的弹性柔度矩阵 $[\boldsymbol{D}]$。

$$[\boldsymbol{D}]=\begin{bmatrix}\dfrac{1}{E_p} & -\dfrac{\nu_p}{E_p} & -\dfrac{\nu_{tp}}{E_t} & 0 & 0 & 0\\ -\dfrac{\nu_p}{E_p} & \dfrac{1}{E_p} & -\dfrac{\nu_{tp}}{E_t} & 0 & 0 & 0\\ -\dfrac{\nu_{pt}}{E_p} & -\dfrac{\nu_{pt}}{E_p} & \dfrac{1}{E_t} & 0 & 0 & 0\\ 0 & 0 & 0 & \dfrac{1}{G_p} & 0 & 0\\ 0 & 0 & 0 & 0 & \dfrac{1}{G_t} & 0\\ 0 & 0 & 0 & 0 & 0 & \dfrac{1}{G_t}\end{bmatrix} \tag{4.44}$$

类似式（4.42），同样有

$$\frac{\nu_{tp}}{E_t}=\frac{\nu_{pt}}{E_p} \tag{4.45}$$

再从式（4.15）和式（4.43）推得

$$\begin{aligned}2G_p&=C_{11}-C_{12}=E_p(1-\nu_p-2\nu_{pt}\nu_{tp})d\\&=\frac{1-\nu_p-2\nu_{pt}\nu_{tp}}{1-\nu_p^2-2\nu_{pt}\nu_{tp}-2\nu_p\nu_{pt}\nu_{tp}}E_p\\&=\frac{E_p}{1+\nu_p}\end{aligned}$$

于是

$$G_p=\frac{E_p}{2(1+\nu_p)} \tag{4.46}$$

这样$[\boldsymbol{D}]$包含了E_p，E_t，ν_p，ν_{tp}，G_t 5 个独立的弹性常数。

【注 4.1】对于线弹性材料，在大多数有限元软件中习惯于输入弹性常数E，ν，G。

在 ABAQUS 中，由于式（4.4）中应力与应变分量列阵的第 5 个元素与第 6 个元素对调，所以其相应的弹性刚度矩阵元素顺序也要作相应调整。定义材料特性的典型 inp 文件如下：

```
** 各向同性线弹性材料
* Material, name = 材料名
* Elastic, type = isotropic                定义各向同性材料
E, ν,                                      输入E，ν值
** 正交各向异性线弹性材料（用E，ν，G）
* Material, name = 材料名
* Elastic, type = engineering constants    定义正交各向异性材料
E1, E2, E3, ν12, ν13, ν23, G12, G13, G23   输入E1，E2，E3，ν12，ν13，ν23，G12，G13，G23值
```

各向异性材料或正交各向异性材料也可直接通过输入弹性刚度矩阵的 21 个元素或 9 个元素来定义

4.5　弹性应变能

4.5.1　弹性应变能概念

物体在外力作用下会发生变形，作用力从初始构形位置移动到了当前构形的新位置，外力做了功，同时物体内部能量也会发生改变。根据能量守恒定律（热力学第一定律），对于一个热力学体系，在其变形过程中，其总内能U和总动能K

的变化等于外力所做的功W与系统热能Q的变化和，即

$$\delta U+\delta K=\delta W+\delta Q \tag{4.47}$$

如物体上的外力施加缓慢（准静态加载过程），不会引起物体惯性力，则可不计动能变化δK。同时，如假设物体变形过程是绝热的，即变形过程中物体不与外界发生热交换，即δQ为零。于是$\delta U=\delta W$，即外力对系统所做的功全部转化为物体的内能。对弹性体而言，这种储存在物体内部的内能是因物体变形而获得的，故将其称为**弹性应变能**。由于弹性变形是一个没有能量耗散的可逆过程，所以卸载后弹性应变能将全部释放出来。

考虑一简单的拉伸杆，从其内部取一六面体单元（尺寸分别为Δx、Δy和Δz），其受力时变形的前后位置如图 4.4 所示，由于研究的是单轴构件，故仅考虑x方向的变形，y方向和z方向在外力作用前后其尺寸不变。在图 4.4 中仅画出了x-y平面构形，假设在这个变形过程中，单元应力从零增加到σ，相应的应变从零增加到ε，则单元应变能等于作用在单元上的应力σ_x（相当于该单元的外力）所做的功，即

$$\begin{aligned}\delta U&=\int_0^\sigma \sigma_x(\Delta y\Delta z)\mathrm{d}\left(u+\frac{\partial u}{\partial x}\Delta x\right)-\int_0^\sigma \sigma_x(\Delta y\Delta z)\mathrm{d}u\\&=\int_0^\sigma \sigma_x(\Delta x\Delta y\Delta z)\mathrm{d}\left(\frac{\partial u}{\partial x}\right)=(\Delta x\Delta y\Delta z)\int_0^\sigma \sigma_x\mathrm{d}\varepsilon_x\end{aligned} \tag{4.48}$$

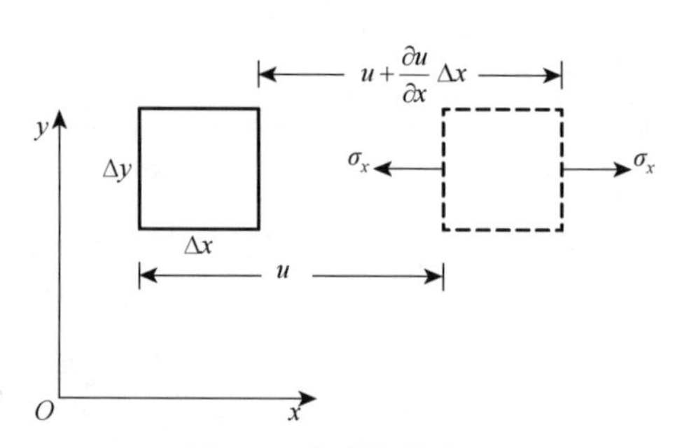

图 4.4　单向拉伸变形

上式推导应用了小变形假设，即变形前后单元尺寸不变，其体积为$\Delta V=\Delta x\Delta y\Delta z$。一般将单位体积的应变能定义为**应变能密度**，即

$$U_0=\frac{\delta U}{\Delta V}=\int_0^\sigma \sigma_x\mathrm{d}\varepsilon_x \tag{4.49}$$

对于线弹性材料，应力-应变关系满足胡克（Hook）定律，故

$$U_0=\int_0^\sigma \sigma_x\mathrm{d}\varepsilon_x=\int_0^\sigma \frac{\sigma_x}{E}\mathrm{d}\sigma_x=\frac{\sigma^2}{2E}=\frac{E\varepsilon^2}{2}=\frac{1}{2}\sigma\varepsilon \tag{4.50}$$

对于剪切变形单元（图 4.5），类似于式（4.48）的推导，有

$$\delta U=\int_0^\tau \tau_{xy}(\Delta y\Delta z)\mathrm{d}\left(\frac{\partial v}{\partial x}\Delta x\right)+\int_0^\tau \tau_{xy}(\Delta x\Delta z)\mathrm{d}\left(\frac{\partial u}{\partial y}\Delta y\right)$$

$$=\int_0^\tau \tau_{xy}(\Delta x\Delta y\Delta z)\mathrm{d}\left(\frac{\partial u}{\partial y}+\frac{\partial v}{\partial x}\right)=(\Delta x\Delta y\Delta z)\int_0^\tau \tau_{xy}\mathrm{d}\gamma_{xy} \tag{4.51}$$

于是，应变能密度为

$$U_0=\frac{\delta U}{\Delta V}=\int_0^\tau \tau_{xy}\mathrm{d}\gamma_{xy} \tag{4.52}$$

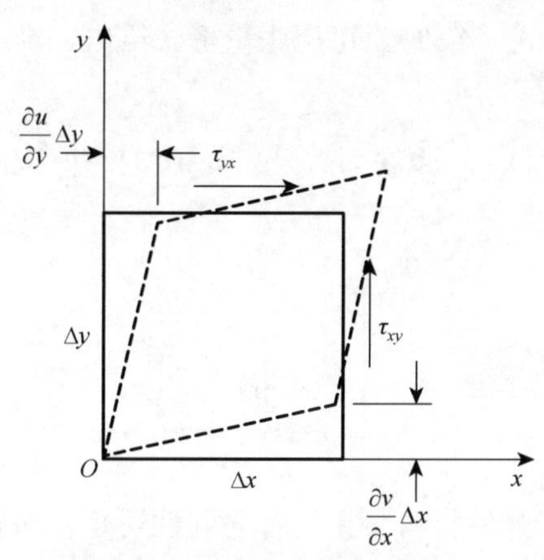

图 4.5　剪切变形

同样地，对满足胡克定律的线弹性材料，有

$$U_0=\int_0^\tau \tau_{xy}\mathrm{d}\gamma_{xy}=\int_0^\tau \frac{\tau_{xy}}{G}\mathrm{d}\tau_{xy}=\frac{\tau^2}{2G}=\frac{G\gamma^2}{2}=\frac{1}{2}\tau\gamma \tag{4.53}$$

对于三维受力状况，受力单元上作用有 6 个应力分量（图 2.2）即 σ_x、σ_y、σ_z、τ_{xy}、τ_{yz}、τ_{xz}，似乎应变能的计算很复杂。然而，根据能量守恒定律，应变能的大小与弹性体的受力次序无关，而完全确定于应力应变的最终大小（要不然，按某一种次序对弹性体加载，而按另一种次序卸载，就会在一个循环中使弹性体增加或减少部分能量，这显然是不可能的）。因此，可假定 6 个应力分量和 6 个应变分量全部同时按同样的比例增加到最后的大小，就可以简单地利用式（4.50）和式（4.53）叠加 3 个正应力和 3 个剪应力分别产生的应变能密度得到总的应变能密度

$$U_0=\frac{1}{2}(\sigma_x\varepsilon_x+\sigma_y\varepsilon_y+\sigma_z\varepsilon_z+\tau_{xy}\gamma_{xy}+\tau_{yz}\gamma_{yz}+\tau_{xz}\gamma_{xz})=\frac{1}{2}\sigma_{ij}\varepsilon_{ij} \tag{4.54}$$

对于各向同性弹性体，将式（4.19）代入上式，可得

$$U_0(\varepsilon_{ij})=\frac{1}{2}\sigma_{ij}\varepsilon_{ij}=\frac{1}{2}\varepsilon_{ij}(2\mu\varepsilon_{ij}+\lambda\varepsilon_{kk}\delta_{ij})=\mu\varepsilon_{ij}\varepsilon_{ij}+\frac{1}{2}\lambda\varepsilon_{kk}\varepsilon_{jj}$$

$$=G\left(\varepsilon_x^2+\varepsilon_y^2+\varepsilon_z^2+\frac{1}{2}\gamma_{xy}^2+\frac{1}{2}\gamma_{yz}^2+\frac{1}{2}\gamma_{xz}^2\right)+\frac{1}{2}\lambda(\varepsilon_x+\varepsilon_y+\varepsilon_z)^2 \tag{4.55}$$

将式（4.21）代入式（4.54）并应用表 4.3 中的 E，ν 替换掉 λ，μ，得

$$
\begin{aligned}
U_0(\sigma_{ij}) &= \frac{1}{2}\sigma_{ij}\varepsilon_{ij} = \frac{1+\nu}{2E}\sigma_{ij}\sigma_{ij} - \frac{\nu}{2E}\sigma_{kk}\sigma_{jj} \\
&= \frac{1+\nu}{2E}(\sigma_x^2+\sigma_y^2+\sigma_z^2+2\tau_{xy}^2+2\tau_{yz}^2+2\tau_{xz}^2) - \frac{\nu}{2E}(\sigma_x+\sigma_y+\sigma_z)^2
\end{aligned} \tag{4.56}
$$

从上面两式可看出，各向同性弹性体的弹性应变能密度函数恒为正，且分别为 ε_{ij} 和 σ_{ij} 的二次齐次函数，即应变能密度 U_0 是应变张量（或应力张量）的正定函数。

结合式（4.49）和式（4.52），可用张量形式给出三维应力状况下应变能密度函数的一般表达式

$$
U_0(\varepsilon_{ij}) = \int_0^{\varepsilon_{ij}} \sigma_{ij}\mathrm{d}\varepsilon_{ij} \quad \text{或} \quad U_0(\sigma_{ij}) = \int_0^{\sigma_{ij}} \varepsilon_{ij}\mathrm{d}\sigma_{ij} \tag{4.57}
$$

因此

$$
\begin{cases}
\sigma_{ij} = \dfrac{\partial U_0(\varepsilon_{ij})}{\partial \varepsilon_{ij}} & \text{(4.58a)} \\[2ex]
\varepsilon_{ij} = \dfrac{\partial U_0(\sigma_{ij})}{\partial \sigma_{ij}} & \text{(4.58b)}
\end{cases}
$$

这从能量角度建立起了弹性材料（无论各向同性还是各向异性体）最具普遍意义的应力-应变关系，满足式（4.58）的弹性材料称为**超弹性**或**格林弹性材料**，它反映的应力-应变关系不限于线弹性材料，也适用于非线性弹性材料。

现在来对应变能密度求二次导数，由于求偏导可交换顺序，所以有

$$
\frac{\partial}{\partial \varepsilon_{kl}}\left(\frac{\partial U_0}{\partial \varepsilon_{ij}}\right) = \frac{\partial}{\partial \varepsilon_{ij}}\left(\frac{\partial U_0}{\partial \varepsilon_{kl}}\right)
$$

应用式（4.58），上式转化为

$$
\frac{\partial \sigma_{ij}}{\partial \varepsilon_{kl}} = \frac{\partial \sigma_{kl}}{\partial \varepsilon_{ij}}
$$

在线弹性情况下，将式（4.2）代入上式，便可导出式（4.7）表示的弹性常量张量的对称性 $C_{ijkl} = C_{klij}$。

如已知弹性应变能密度 U_0，则体域为 Ω 的弹性体总应变能为

$$
U = \int_\Omega U_0 \mathrm{d}V \tag{4.59}
$$

4.5.2　应变能分解

将式（2.43）和式（3.48）代入式（4.54），得到

$$U_0 = \frac{1}{2}\sigma_{ij}\varepsilon_{ij} = \frac{1}{2}(p\delta_{ij} + s_{ij})(\varepsilon_{\mathrm{m}}\delta_{ij} + e_{ij})$$

利用 $\delta_{ij}\delta_{ij} = \delta_{ii} = 3$， $s_{ij}\delta_{ij} = s_{ii} = 0$， $e_{ij}\delta_{ij} = e_{ii} = 0$，上式可简化为

$$U_0 = \frac{3}{2}p\varepsilon_{\mathrm{m}} + \frac{1}{2}s_{ij}e_{ij} = U_v + U_d \tag{4.60}$$

上式表明，应变能密度 U_0 能分解为 U_v 与 U_d 的和。U_v 由物体的体积变形引起，称为**体积应变比能**；U_d 则由物体的形状变化引起，称为**形状改变比能**。

现将 U_v 和 U_d 用应力分量展开表示

$$U_v = \frac{3}{2}p\varepsilon_{\mathrm{m}} = \frac{1}{6}\sigma_{kk}\varepsilon_{jj} = \frac{1-2\nu}{6E}\sigma_{kk}\sigma_{jj} = \frac{1-2\nu}{6E}(\sigma_x + \sigma_y + \sigma_z)^2 \tag{4.61}$$

$$\begin{aligned} U_d &= \frac{1}{2}s_{ij}e_{ij} = \frac{1}{2}s_{ij}s_{ij}\frac{1}{2G} = \frac{1}{2G}J_2 \\ &= \frac{1}{12G}\left[(\sigma_x - \sigma_y)^2 + (\sigma_y - \sigma_z)^2 + (\sigma_z - \sigma_x)^2 + 6(\tau_{xy}^2 + \tau_{yz}^2 + \tau_{xz}^2)\right] \end{aligned} \tag{4.62}$$

4.5.3　弹性常数取值范围讨论

在 4.3 节已经讨论了弹性常数的物理意义，并通过式（4.28）和式（4.29）给出了一些弹性常数的取值范围。现在应用式（4.56）的结论

$$U_0 > 0 \tag{4.63}$$

来详细讨论这些弹性常数取值范围限定的实际意义。

对于单轴拉伸情况，应变能密度 U_0 由式（4.50）表示为

$$U_0 = \frac{\sigma^2}{2E}$$

因 $U_0 > 0$，故要求 $E > 0$。

对于简单剪切情况，应变能密度 U_0 由式（4.53）表示为

$$U_0 = \frac{\tau^2}{2G}$$

同样，因 $U_0 > 0$，故要求 $G > 0$。再由于 $G = E/2(1+\nu)$，所以 $1+\nu > 0$，于是 $\nu > -1$。

对于静水压力情况，$\sigma_{11} = \sigma_{22} = \sigma_{33} = -p = \sigma_{kk}/3$，其他应力分量为零。应变能密度 U_0 由式（4.56）表示为

$$
\begin{aligned}
U_0(\sigma_{ij}) &= \frac{1+\nu}{2E}\sigma_{ij}\sigma_{ij} - \frac{\nu}{2E}\sigma_{kk}\sigma_{ll} \\
&= \frac{1+\nu}{2E}3(-p)^2 - \frac{\nu}{2E}(-3p)^2 \\
&= \frac{3p^2}{2E}(1-2\nu)
\end{aligned}
$$

由于$U_0 > 0$，$E > 0$，所以必须$1-2\nu > 0$，即$\nu < 1/2$。综合上面讨论的简单剪切情况，最后有结论

$$
-1 < \nu < \frac{1}{2}
$$

这就是式（4.29）。应用表 4.3 的关系，不难看出$K > 0$。

4.6 虚 功 原 理

虚功原理是应用能量法求解固体力学的基础，它被广泛应用于有限单元方法和其他数值计算力学方法中。本节陈述的**虚功原理**又称为**虚位移原理**。所谓虚位移是指物体上任意点施加的想象位移，这个想象位移可能是物体的真实位移也可能不是，它独立于物体真实的受力体系，但需满足物体变形相容条件。具体地讲，物体质点的虚位移δu_i与其作用在质点上的外力（面力t_i或体力f_i）无关，只要是物体几何约束允许的可能位移都可作为虚位移。即如果物体的位移边界Σ_u上的位移为$\overline{u}_i$，则在Σ_u上施加的虚位移δu_i必须为零，才能保证这个边界的实际位移是原物体固有的位移$\overline{u}_i$。所谓虚功是指质点施加了虚位移后作用在质点上的外力所做的功δW。由于设定的虚位移δu_i是微小量，所以认为在这个位移发生过程中质点上的外力是恒定不变的。

考虑在处于平衡状态下的一边界为Σ的域Ω上施加虚位移δu_i（图 4.6），相应各点的虚应变$\delta\varepsilon_{ij}$必须满足$\delta\varepsilon_{ij} = 1/2(\delta u_{i,j} + \delta u_{j,i})$。设分析域$\Omega$上作用有体力$f_i$，其边界$\Sigma = \Sigma_u \cup \Sigma_t$上，分别作用有已知位移$\overline{u}_i$（$\Sigma_u$上）和面力$\overline{t}_i$（$\Sigma_t$上）。在边界$\Sigma_t$上，面力$\overline{t}_i$相当于体内任意斜截面$n_i$上的应力矢量$\overset{n}{T}_i$，故$\overline{t}_i$满足式（2.16），即$\overline{t}_i = \sigma_{ij} n_j$。由于在$\Sigma_u$上虚位移$\delta u_i = 0$，故外力虚功

$$
\begin{aligned}
\delta W &= \int_{\Omega} f_i \delta u_i \, \mathrm{d}V + \int_{\Sigma_t} \overline{t}_i \delta u_i \, \mathrm{d}A \\
&= \int_{\Omega} f_i \delta u_i \, \mathrm{d}V + \int_{\Sigma} \sigma_{ij} n_j \delta u_i \, \mathrm{d}A
\end{aligned} \tag{4.64}
$$

第二项应用散度定理展开，有

$$
\begin{aligned}
\delta W &= \int_{\Omega} f_i \delta u_i \mathrm{d}V + \int_{\Omega} (\sigma_{ij} \delta u_i)_{,j} \mathrm{d}V \\
&= \int_{\Omega} f_i \delta u_i \mathrm{d}V + \int_{\Omega} (\sigma_{ij,j} \delta u_i + \sigma_{ij} \delta u_{i,j}) \mathrm{d}V \\
&= \int_{\Omega} (\sigma_{ij,j} + f_i) \delta u_i \mathrm{d}V + \int_{\Omega} \sigma_{ij} \delta u_{i,j} \mathrm{d}V
\end{aligned}
$$

对于静态平衡问题，第一项应用平衡微分方程（2.86）可消去，于是上式简化为

$$
\delta W = \int_{\Omega} \sigma_{ij} \delta u_{i,j} \mathrm{d}V \tag{4.65}
$$

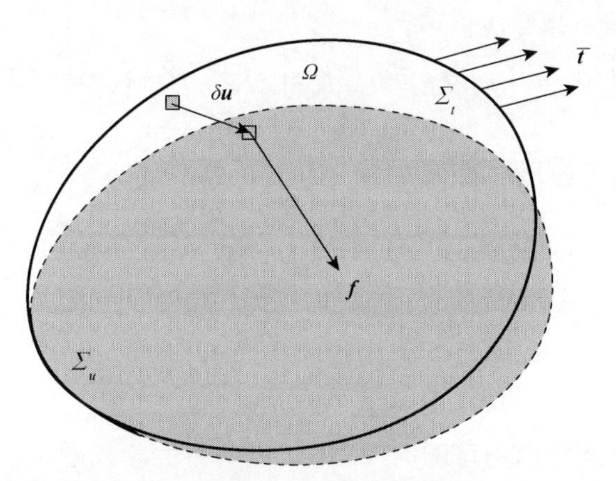

图 4.6　物体发生虚位移时的前后构形

另外，由于施加的虚位移必然引起物体变形，故物体会获得应变能 δU，应用式（4.59）和式（4.58）可得到

$$
\begin{aligned}
\delta U &= \delta \int_{\Omega} U_0 \mathrm{d}V = \int_{\Omega} \delta U_0 \mathrm{d}V = \int_{\Omega} \sigma_{ij} \delta \varepsilon_{ij} \mathrm{d}V \\
&= \int_{\Omega} \sigma_{ij} \frac{1}{2} (\delta u_{i,j} + \delta u_{j,i}) \mathrm{d}V \\
&= \int_{\Omega} \left(\frac{1}{2} \sigma_{ij} \delta u_{i,j} + \frac{1}{2} \sigma_{ij} \delta u_{j,i} \right) \mathrm{d}V
\end{aligned} \tag{4.66}
$$

将第二项傀指标 i 、 j 顺序替换，得

$$
\begin{aligned}
\delta U &= \int_{\Omega} \left(\frac{1}{2} \sigma_{ij} \delta u_{i,j} + \frac{1}{2} \sigma_{ji} \delta u_{i,j} \right) \mathrm{d}V \\
&= \int_{\Omega} \sigma_{ij} \delta u_{i,j} \, \mathrm{d}V
\end{aligned} \tag{4.67}
$$

从上面的推导看出，物体应变能其实就是应力在虚应变上所做的内力虚功。

对比式（4.65）和式（4.67），有

$$
\delta W = \delta U \tag{4.68}
$$

在忽略动能 δK 和热能 δQ 的情况下，上式即为热力学第一定律式（4.47）。

将式（4.68）用式（4.64）和式（4.66）展开，得到

$$\int_{\Omega} f_i \delta u_i \mathrm{d}V + \int_{\Sigma} \overline{t}_i \delta u_i \mathrm{d}A = \int_{\Omega} \sigma_{ij} \delta \varepsilon_{ij} \mathrm{d}V \tag{4.69}$$

这就是著名的**虚功方程**。它可表述为：处于平衡状态的弹性体，在虚位移过程中，外力在虚位移上所做的虚功等于应力在与该虚位移相应的虚应变上所做的虚功。

如将式（4.69）右端的被积函数展开

$$\sigma_{ij}\delta\varepsilon_{ij} = \frac{1}{2}\sigma_{ij}(\delta u_{i,j} + \delta u_{j,i}) = \sigma_{ij}\delta u_{i,j} = (\sigma_{ij}\delta u_i)_{,j} - \sigma_{ij,j}\delta u_i$$

则式（4.69）能进一步写成

$$\int_{\Omega}\left[(\sigma_{ij}\delta u_i)_{,j} - \sigma_{ij,j}\delta u_i\right]\mathrm{d}V - \int_{\Omega} f_i \delta u_i \mathrm{d}V - \int_{\Sigma} \overline{t}_i \delta u_i \mathrm{d}A = 0$$

或

$$\int_{\Omega}(\sigma_{ij,j} + f_i)\delta u_i \mathrm{d}V + \int_{\Sigma}(\overline{t}_i - \sigma_{ij}n_j)\delta u_i \mathrm{d}A = 0 \tag{4.70}$$

这里推导再次应用了散度定理，将体积分$\int_{\Omega}(\sigma_{ij}\delta u_i)_{,j}\mathrm{d}V$替换成了面积分$\int_{\Sigma}\sigma_{ij}n_j\delta u_i \mathrm{d}A$。对于任意$\delta u_i$，式（4.70）成立必须满足

$$\sigma_{ij,j} + f_i = 0 \quad \in \Omega \tag{4.71}$$

$$\delta u_i = 0 \quad \in \Sigma_u \quad \text{和} \quad \overline{t}_i = \sigma_{ij}n_j \quad \in \Sigma_t \tag{4.72}$$

σ_{ij}是与外载相平衡的静力可能的应力场。对弹性力学问题精确解来说，满足虚功方程（4.69）的σ_{ij}与满足平衡方程（4.71）和边界条件（4.72）的σ_{ij}是等价的。如仅在积分意义下满足虚功方程（4.69），而不能逐点满足平衡方程（4.71）和边界条件（4.72）的σ_{ij}则为近似解。所以，又可将虚功方程称为平衡方程的“弱式”。

4.7　最小势能原理和余能原理

4.7.1　最小势能原理

弹性系统的总势能Π定义为应变能U和外力势V_p之和，即

$$\Pi = U + V_p \tag{4.73}$$

应变能U由式（4.59）定义，外力势V_p定义为外力在实际位移上所做的功冠以负号，即

$$V_p = -\int_{\Omega} f_i u_i \mathrm{d}V - \int_{\Sigma_t} \overline{t}_i u_i \mathrm{d}A \tag{4.74}$$

于是

$$\Pi(u_i) = \int_{\Omega} U_0 \mathrm{d}V - \int_{\Omega} f_i u_i \mathrm{d}V - \int_{\Sigma_t} \overline{t}_i u_i \mathrm{d}A \tag{4.75}$$

式中位移是泛函变量，对上式取位移的一次变分可得

$$\delta \Pi = \int_{\Omega} \frac{\partial U_0}{\partial \varepsilon_{ij}} \delta \varepsilon_{ij} \mathrm{d}V - \int_{\Omega} f_i \delta u_i \mathrm{d}V - \int_{\Gamma_t} \overline{t}_i \delta u_i \mathrm{d}A$$

应用式（4.58a）和虚功方程（4.69），有

$$\delta \Pi = 0 \tag{4.76}$$

上式表明，弹性体在外力作用下处于平衡状态时，其系统总势能有驻值。

现在来讨论总势能的二阶变分。

物体从平衡态获得虚位移 δu_i 后，在新的位置 $(u_i + \delta u_i)$ 时的系统总势能为

$$\Pi(u_i + \delta u_i) = \int_{\Omega} \left[U_0(\varepsilon_{ij} + \delta \varepsilon_{ij}) - f_i(u_i + \delta u_i) \right] \mathrm{d}V - \int_{\Sigma_t} \overline{t}_i(u_i + \delta u_i) \mathrm{d}A$$

上式减去式（4.75），得

$$\begin{aligned} \Pi(u_i + \delta u_i) - \Pi(u_i) = & \int_{\Omega} \left[U_0(\varepsilon_{ij} + \delta \varepsilon_{ij}) - U_0(\varepsilon_{ij}) \right] \mathrm{d}V \\ & - \int_{\Omega} f_i \delta u_i \mathrm{d}V - \int_{\Gamma_t} \overline{t}_i \delta u_i \mathrm{d}A \end{aligned} \tag{4.77}$$

$U_0(\varepsilon_{ij} + \delta \varepsilon_{ij}) - U_0(\varepsilon_{ij})$ 可用泰勒公式展开

$$\begin{aligned} U_0(\varepsilon_{ij} + \delta \varepsilon_{ij}) - U_0(\varepsilon_{ij}) &= \frac{\partial U_0}{\partial \varepsilon_{ij}} \delta \varepsilon_{ij} + \frac{1}{2} \frac{\partial^2 U_0}{\partial \varepsilon_{ij} \partial \varepsilon_{kl}} \delta \varepsilon_{ij} \delta \varepsilon_{kl} + \cdots \\ &= \delta U_0 + \delta^2 U_0 + \cdots \end{aligned}$$

于是式（4.77）变为

$$\Pi(u_i + \delta u_i) - \Pi(u_i) = \delta \Pi + \delta^2 \Pi + \cdots \tag{4.78}$$

其中

$$\delta \Pi = \int_{\Omega} \delta U_0 \mathrm{d}V - \int_{\Omega} f_i \delta u_i \mathrm{d}V - \int_{\Sigma_t} \overline{t}_i \delta u_i \mathrm{d}A \tag{4.79}$$

$$\delta^2 \Pi = \int_{\Omega} \delta^2 U_0 \mathrm{d}V = \frac{1}{2} \int_{\Omega} \frac{\partial^2 U_0}{\partial \varepsilon_{ij} \partial \varepsilon_{kl}} \delta \varepsilon_{ij} \delta \varepsilon_{kl} \mathrm{d}V \tag{4.80}$$

将式（4.76）代入式（4.78），有

$$\Pi(u_i + \delta u_i) - \Pi(u_i) \approx \delta^2 \Pi \tag{4.81}$$

对于线弹性材料，由式（4.54）及式（4.2），求得

$$U_0(\varepsilon_{ij}) = \frac{1}{2} \sigma_{ij} \varepsilon_{ij} = \frac{1}{2} C_{ijkl} \varepsilon_{kl} \varepsilon_{ij}$$

$$\frac{\partial^2 U_0}{\partial \varepsilon_{ij} \partial \varepsilon_{kl}} = C_{ijkl}$$

则式（4.80）化简为

$$\delta^2 \Pi = \int_{\Omega} \frac{1}{2} C_{ijkl} \delta \varepsilon_{ij} \delta \varepsilon_{kl} \mathrm{d}V = \int_{\Omega} U_0(\delta \varepsilon_{ij}) \mathrm{d}V \geqslant 0 \tag{4.82}$$

这里应用了 U_0 的正定性。

综合式（4.76）和式（4.82）看出，弹性系统总势能在平衡位置取极小值。因此**最小势能原理**可完整地描述为：弹性体在满足几何约束的各类可能位移状态中，以满足平衡状态时的实际位移所对应的系统总势能为最小。

4.7.2　最小余能原理

弹性应变能密度 U_0 既可表示为应变 ε_{ij} 的函数式（4.55），又可表示为应力 σ_{ij} 的函数式（4.56）。为区别它们的不同，常将用应力 σ_{ij} 表示的应变能密度 U_0 定义为弹性应变余能密度 U_0^c，于是式（4.58b）变为

$$\varepsilon_{ij}=\frac{\partial U_0^c(\sigma_{ij})}{\partial \sigma_{ij}} \tag{4.83}$$

积分后得到

$$U_0^c(\sigma_{ij})=\int_0^{\sigma_{ij}}\varepsilon_{ij}\mathrm{d}\sigma_{ij} \tag{4.84}$$

体域为 Ω 的弹性体总应变余能为

$$U^c=\int_{\Omega}U_0^c\mathrm{d}V \tag{4.85}$$

从式（4.54）可看出，对于线弹性材料

$$U_0=U_0^c=\frac{1}{2}\sigma_{ij}\varepsilon_{ij} \tag{4.86}$$

$$U_0+U_0^c=\sigma_{ij}\varepsilon_{ij} \tag{4.87}$$

应变能密度和应变余能密度是相等的。但对于非线性材料，二者是不相等的。式（4.87）表示 U_0 和 U_0^c 相对于全功 $\sigma_{ij}\varepsilon_{ij}$ 是互余的，如图 4.7 所示。

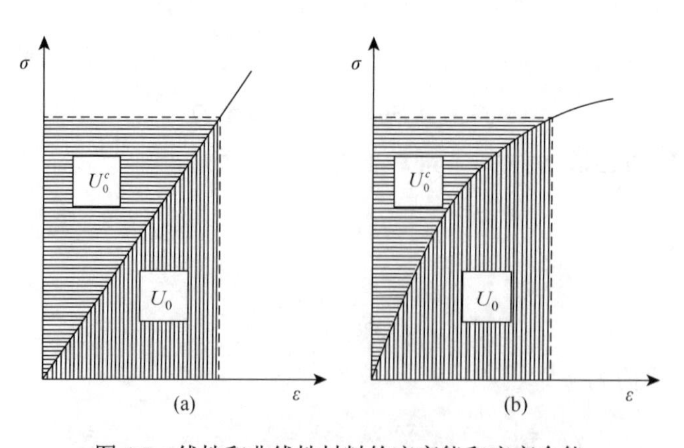

图 4.7　线性和非线性材料的应变能和应变余能

现考虑满足平衡状态和边界条件的应力σ_{ij}，获得虚变化$\delta\sigma_{ij}$（虚应力）时同样需要满足原平衡状态（体力不变，$\delta f_i = 0$）和边界条件（在Σ_t上，$\delta\overline{t_i} = 0$；在Σ_u上，$u = \overline{u}$），于是外力余虚功为

$$\delta W^c = \int_{\Sigma_u} \overline{u}_i \delta t_i \,\mathrm{d}A \tag{4.88}$$

式中，δt_i为位移边界处的约束反力。

系统的总余能Π^c定义为应变余能U^c和外力余势V^c之和

$$\Pi^c = U^c + V^c \tag{4.89}$$

其中

$$V^c = -W^c = -\int_{\Sigma_u} \overline{u}_i t_i \,\mathrm{d}A \tag{4.90}$$

所以

$$\Pi^c(\sigma_{ij}) = \int_\Omega U_0^c \mathrm{d}V - \int_{\Sigma_u} \overline{u}_i t_i \,\mathrm{d}A \tag{4.91}$$

式中应力是泛函变量，对上式取应力的一次变分可得

$$\delta \Pi^c(\sigma_{ij}) = \int_\Omega \varepsilon_{ij}\delta\sigma_{ij} \mathrm{d}V - \int_{\Sigma_u} \overline{u}_i \delta t_i \,\mathrm{d}A \tag{4.92}$$

利用$\delta\sigma_{ij}$的对称性及虚应力$\delta\sigma_{ij}$必须满足平衡方程$(\delta\sigma_{ij})_{,j} = 0$的条件，类似式(4.67)的处理方式，有

$$\varepsilon_{ij}\delta\sigma_{ij} = \frac{1}{2}(u_{i,j} + u_{j,i})\delta\sigma_{ij} = u_{i,j}\delta\sigma_{ij} = (u_i\delta\sigma_{ij})_{,j} - u_i(\delta\sigma_{ij})_{,j} = (u_i\delta\sigma_{ij})_{,j}$$

将上式代入式（4.92），则

$$\begin{aligned}\delta \Pi^c(\sigma_{ij}) &= \int_\Omega (u_i\delta\sigma_{ij})_{,j} \mathrm{d}V - \int_{\Sigma_u} \overline{u}_i \delta t_i \,\mathrm{d}A \\ &= \int_\Sigma u_i \delta\sigma_{ij} n_j \,\mathrm{d}A - \int_{\Sigma_u} \overline{u}_i \delta t_i \,\mathrm{d}A \\ &= \int_\Sigma u_i \delta t_i \,\mathrm{d}A - \int_{\Sigma_u} \overline{u}_i \delta t_i \,\mathrm{d}A \\ &= \int_{\Sigma_u} \overline{u}_i \delta t_i \,\mathrm{d}A - \int_{\Sigma_u} \overline{u}_i \delta t_i \mathrm{d}A \\ &= 0\end{aligned} \tag{4.93}$$

上面的推导应用了散度定理及$\delta t_i = \delta\sigma_{ij} n_j$。用前面最小势能原理的方法也可以证明总余能的二阶变分$\delta^2 \Pi^c \geqslant 0$，因此式（4.93）表明，弹性体在所有可能静力状态中，真实平衡状态的总余能最小。这就是**最小余能原理**。

例 4.3　如图 4.8 所示的梁，在外荷载q的作用下发生弯曲，梁内任意截面产生弯矩M，剪力Q。按照欧拉-伯努利（Euler-Bernoulli）梁理论，其弯曲应力σ_x、弯矩-曲率和弯矩-剪力的关系为

$$\sigma_x = \frac{My}{I}, \quad M = -EI\frac{\mathrm{d}^2 v}{\mathrm{d}x^2}, \quad Q = \frac{\mathrm{d}M}{\mathrm{d}x}$$

其中，$I = \int_A y^2 \mathrm{d}A$ 为梁截面惯性矩，v 为梁变形挠度。

试用最小势能原理导出欧拉-伯努利梁的平衡微分方程。

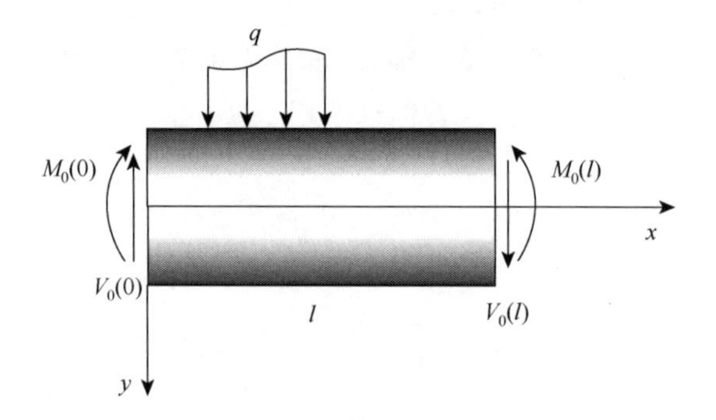

图 4.8　欧拉-伯努利梁弯曲问题

解　考虑由弯曲应力引起的应变能密度

$$U_0 = \frac{\sigma_x^2}{2E} = \frac{M^2 y^2}{2EI^2} = \frac{E}{2}\left(\frac{\mathrm{d}^2 v}{\mathrm{d}x^2}\right)^2 y^2$$

则梁的总应变

$$U = \int_0^l \left[\int_A U_0 \mathrm{d}A\right]\mathrm{d}x = \int_0^l \left[\int_A \frac{E}{2}\left(\frac{\mathrm{d}^2 v}{\mathrm{d}x^2}\right)^2 y^2 \mathrm{d}A\right]\mathrm{d}x = \int_0^l \frac{EI}{2}\left(\frac{\mathrm{d}^2 v}{\mathrm{d}x^2}\right)^2 \mathrm{d}x$$

外力功由分布荷载 q 及端部荷载 M_0、Q_0 产生，荷载 q 做功

$$\int_0^l qv\,\mathrm{d}x$$

端部弯矩 $M_0(0)$ 和 $M_0(l)$（相应转角 $\theta(0)$、$\theta(l)$）做功

$$M_0(0)\theta(0) - M_0(l)\theta(l) = -[M_0\theta]_0^l = -\left[M_0\frac{\mathrm{d}v}{\mathrm{d}x}\right]_0^l$$

端部剪力 $Q_0(0)$ 和 $Q_0(l)$（相应位移 $v(0)$、$v(l)$）做功

$$-Q_0(0)v(0) + Q_0(l)v(l) = [Q_0 v]_0^l$$

两端弯矩和剪力不一定相等，则总的外力功

$$\int_0^l qv\,\mathrm{d}x+\left[Q_0 v-M_0\frac{\mathrm{d}v}{\mathrm{d}x}\right]_0^l$$

于是，系统总势能

$$\Pi(v)=\int_0^l\left[\frac{EI}{2}\left(\frac{\mathrm{d}^2v}{\mathrm{d}x^2}\right)^2-qv\right]\mathrm{d}x-\left[Q_0 v-M_0\frac{\mathrm{d}v}{\mathrm{d}x}\right]_0^l$$

其一阶变分应为零

$$\begin{aligned}\delta\Pi(v)&=\delta\int_0^l\left[\frac{EI}{2}\left(\frac{\mathrm{d}^2v}{\mathrm{d}x^2}\right)^2-qv\right]\mathrm{d}x-\delta\left[Q_0 v-M_0\frac{\mathrm{d}v}{\mathrm{d}x}\right]_0^l\\&=\int_0^l\delta\left[\frac{EI}{2}\left(\frac{\mathrm{d}^2v}{\mathrm{d}x^2}\right)^2\right]\mathrm{d}x-\int_0^l q\delta v\,\mathrm{d}x-\left[Q_0\delta v-M_0\frac{\mathrm{d}\delta v}{\mathrm{d}x}\right]_0^l\qquad（例 4.3.1）\\&=EI\int_0^l\left(\frac{\mathrm{d}^2v}{\mathrm{d}x^2}\right)\delta\left(\frac{\mathrm{d}^2v}{\mathrm{d}x^2}\right)\mathrm{d}x-\int_0^l q\delta v\,\mathrm{d}x-\left[Q_0\delta v-M_0\frac{\mathrm{d}\delta v}{\mathrm{d}x}\right]_0^l=0\end{aligned}$$

将上式右端第一项作两次分部积分

$$\begin{aligned}EI\int_0^l\left(\frac{\mathrm{d}^2v}{\mathrm{d}x^2}\right)\delta\left(\frac{\mathrm{d}^2v}{\mathrm{d}x^2}\right)\mathrm{d}x&=EI\int_0^l\left(\frac{\mathrm{d}^2v}{\mathrm{d}x^2}\right)\mathrm{d}\left(\frac{\mathrm{d}\delta v}{\mathrm{d}x}\right)\\&=EI\left[\left(\frac{\mathrm{d}^2v}{\mathrm{d}x^2}\right)\left(\frac{\mathrm{d}\delta v}{\mathrm{d}x}\right)\right]_0^l-EI\int_0^l\left(\frac{\mathrm{d}^3v}{\mathrm{d}x^3}\right)\mathrm{d}(\delta v)\\&=\left[-M\left(\frac{\mathrm{d}\delta v}{\mathrm{d}x}\right)\right]_0^l-EI\left[\left(\frac{\mathrm{d}^3v}{\mathrm{d}x^3}\right)\delta v\right]_0^l+EI\int_0^l\left(\frac{\mathrm{d}^4v}{\mathrm{d}x^4}\right)\delta v\,\mathrm{d}x\\&=\left[-M\left(\frac{\mathrm{d}\delta v}{\mathrm{d}x}\right)\right]_0^l+[Q\delta v]_0^l+EI\int_0^l\left(\frac{\mathrm{d}^4v}{\mathrm{d}x^4}\right)\delta v\,\mathrm{d}x\end{aligned}$$

将上式代入式（例 4.3.1），有

$$\int_0^l\left(EI\frac{\mathrm{d}^4v}{\mathrm{d}x^4}-q\right)\delta v\,\mathrm{d}x+\left[(Q-Q_0)\delta v-(M-M_0)\frac{\mathrm{d}\delta v}{\mathrm{d}x}\right]_0^i=0$$

上式成立意味着

$$EI\frac{\mathrm{d}^4v}{\mathrm{d}x^4}-q=0\qquad（例 4.3.2）$$

$$Q=Q_0\text{ 或 }\delta v=0\text{，在 }x=0\text{，}l\qquad（例 4.3.3）$$

$$M = M_0 \text{ 或 } \delta\theta = 0\text{，在 } x = 0\text{，} l \qquad \text{（例 4.3.4）}$$

这就是欧拉-伯努利梁所要满足的平衡微分方程和边界条件。例如，作用有分布荷载q的简支梁，左右两端$\delta v(0) = \delta v(l) = 0$，$M_0(0) = M_0(l) = 0$满足边界条件，式（例 4.3.2）成立。

习　题

4.1　应用应力应变的对称性证明：

$$C_{ijkl} = C_{jikl},\quad C_{ijkl} = C_{ijlk}$$

4.2　将下列$[C]$视为定义在$x_1 - x_2 - x_3$坐标系上的弹性刚度矩阵。假如材料绕x_3轴旋转对称，试计算当坐标轴绕x_3轴顺时针旋转45°后形成新的坐标系$x_1' - x_2' - x_3'$时的弹性刚度矩阵$[C']$。

$$[C] = \begin{bmatrix} C_{1111} & C_{1122} & C_{1133} & C_{1112} & 0 & 0 \\ C_{1122} & C_{1111} & C_{1133} & -C_{1112} & 0 & 0 \\ C_{1133} & C_{1133} & C_{3333} & 0 & 0 & 0 \\ C_{1112} & -C_{1112} & 0 & C_{1212} & 0 & 0 \\ 0 & 0 & 0 & 0 & C_{2323} & 0 \\ 0 & 0 & 0 & 0 & 0 & C_{2323} \end{bmatrix}$$

4.3　已知钢构件上一点的应变状态为

$$\varepsilon_{ij} = \begin{bmatrix} 2 & 10 & 10 \\ 10 & -1 & 20 \\ 10 & 20 & 4 \end{bmatrix} \times 10^{-4}$$

按各向同性线弹性材料计算该点的应力状态和相应的弹性应变能密度。假设$E = 200\,\text{GPa}$，$\nu = 0.3$。

4.4　如题 4.4 图所示的矩形钢板（厚$5\,\text{mm}$），双向承受均布荷载作用。试按平面应力计算板在荷载作用下的尺寸改变量（材料参数按表 4.4 取值）。

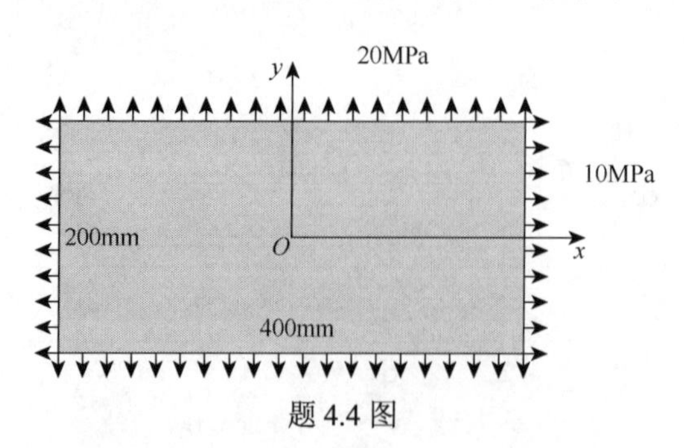

题 4.4 图

4.5　根据给定的应力状态，自编 MATLAB 程序计算正交各向异性材料的应变状态，并用例 4.2 验证程序的正确性。

4.6　根据式（4.55），应用式（4.58a）写出用应变分量表示应力分量的 6 个方程。

4.7　弹性应变能为一标量，不随坐标变换而变化。试证明用应力不变量或应变不变量表示应变能 U_0 的下列关系式的正确性：

$$
\begin{aligned}
U_0 &= \frac{1}{2E}\left[I_1^2 - 2(1+\nu)I_2\right] \\
&= \left(\frac{1}{2}\lambda + \mu\right)I_1'^2 - 2\mu I_2'
\end{aligned}
$$

第 5 章　弹性力学问题的基本解法

第 2～4 章从静力、几何和物理三方面建立起了弹性理论的基本场方程，这些方程主要由微分方程组和代数方程组组成，它们将弹性体上任意点的应力、应变和位移紧密地联系起来，构成了弹性力学的基础理论。对于弹性体问题，虽然弹性场方程都是相同的，但是因为各个弹性体受力边界条件不同，所以导致了各种问题的解答不同。因此，学习理解边界条件，是求解弹性力学不能回避的问题。将弹性场方程与边界条件相结合就建立起了弹性理论的微分边值问题解法。

5.1　弹性力学基本场方程

各向同性线弹性力学问题场方程用指标记法表示为

平衡方程

$$\sigma_{ij,j} + f_i = 0 \tag{5.1}$$

几何方程

$$\varepsilon_{ij} = \frac{1}{2}(u_{i,j} + u_{j,i}) \tag{5.2}$$

相容方程

$$\varepsilon_{ij,kl} + \varepsilon_{kl,ij} - \varepsilon_{ik,jl} - \varepsilon_{jl,ik} = 0 \tag{5.3}$$

本构方程

$$\begin{cases} \sigma_{ij} = \lambda\delta_{ij}\varepsilon_{kk} + 2\mu\varepsilon_{ij} & \text{(5.4a)} \\ \varepsilon_{ij} = \dfrac{1+\nu}{E}\sigma_{ij} - \dfrac{\nu}{E}\sigma_{kk}\delta_{ij} & \text{(5.4b)} \end{cases}$$

式（5.1）展开写成分量形式见式（2.88）的 3 个方程，式（5.2）展开见式（3.12）的 6 个方程，式（5.4）用矩阵表示其关系见式（4.30）～式（4.33），分别用应变表示应力或用应力表示应变，每组都是 6 个方程。相容方程（5.3）即式（3.57）的 6 个应变协调方程。由于相容方程是用来保障位移连续条件的，故仅当任意指定应变时，这个方程才有用。然而，如果在建立求解公式时，以位移作为基本未知量计算，相容方程（5.3）是能自动满足的。因此，弹性力学问题的基本场方程主要是指式（5.1）、式（5.2）和式（5.4）的 15 个方程，用它们联立可求解 15 个未知量，即 6 个应力分量、6 个应变分量和 3 个位移分量。

5.2　边界条件及弹性力学问题分类

从数学方面讲，求解弹性力学问题，已归结为求解弹性体内的三大场方程，求解这些场方程构成的微分方程组，必然需要补充边值条件。从物理方面讲，不同的受力体拥有不同的外部作用，域内体力作用已直接体现在平衡方程（5.1）中，而其他施加于物体表面的外部作用还没有出现在场方程中，必须通过某种附加条件将其引入。这种附加条件即为**边界条件**，它将物体表面的外部作用转化为物体域内在场方程中出现的已知量，如位移或应力等。

对于弹性静力问题，常用的边界条件主要应提供支撑和加载条件，即在边界上一些点应拥有已知的位移或应力。依照这个设想，可将边界条件分为三类：应力边界条件、位移边界条件和混合边界条件。图 5.1 示意性地给出了这三类边界条件，图中 Σ_t 表示分析域 Ω 上的应力边界，Σ_u 表示位移边界，混合边界 $\Sigma=\Sigma_u\cup\Sigma_t$。

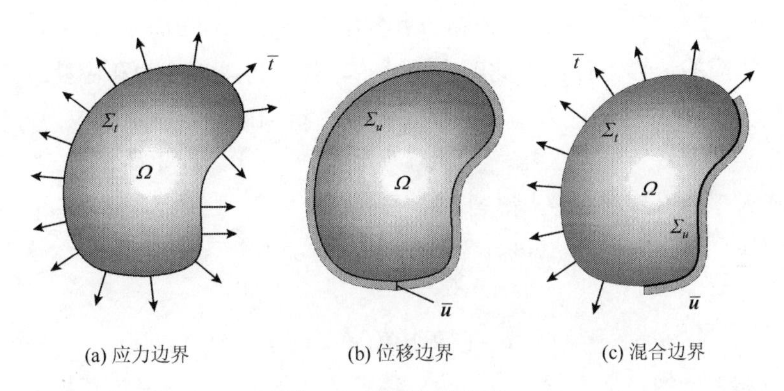

图 5.1　边界条件类型

对于应力边界问题，全部 Σ_t 上的面力 $\bar{t}_i$ 是已知的，边界上的应力 σ_{ij} 满足

$$\sigma_{ij}n_j=\bar{t}_i \tag{5.5}$$

n_j 为 Σ_t 上外法线的单位矢量。

对于位移边界问题，全部 Σ_u 上的位移是已知的，边界上的位移 u_i 满足

$$u_i=\bar{u}_i \tag{5.6}$$

$\bar{u}_i$ 为 Σ_u 上已知的位移函数。

对于混合边界问题，在 Σ_t 上，应力 σ_{ij} 满足式（5.5），在 Σ_u 上，位移 u_i 满足式（5.6）。

根据边界条件的不同，可将弹性力学问题微分解法归结为以下三类：

（1）**应力边界问题**。在给定平衡弹性体 Ω 体力 f_i 和边界面力 $\bar{t}_i$ （Σ_t 上）的情况下，通过弹性力学场方程求解体内应力 σ_{ij}、应变 ε_{ij} 和位移 u_i 函数。

（2）**位移边界问题**。在给定平衡弹性体 Ω 体力 f_i 和边界位移 $\bar{u}_i$ （Σ_u 上）的情况下，通过弹性力学场方程求解体内应力 σ_{ij}、应变 ε_{ij} 和位移 u_i 函数。

（3）**混合边界问题**。在给定平衡弹性体 Ω 体力 f_i、边界位移 $\bar{u}_i$ （Σ_u 上）和边界面力 $\bar{t}_i$ （Σ_t 上）的情况下，通过弹性力学场方程求解体内应力 σ_{ij}、应变 ε_{ij} 和位移 u_i 函数。

5.3　弹性力学问题的解法

5.3.1　位移求解方法

位移求解方法，又称**位移法**，其求解基本思路是：以位移 u_i 作为基本未知函数，从弹性力学问题的基本场方程和边界条件中消去应力和应变，导出只含位移 u_i 的方程和相应的边界条件，由此解出位移 u_i，然后再求出应力和应变。

将几何方程（5.2）代入本构方程（5.4a），得到用位移表示的应力方程：

$$\sigma_{ij} = \lambda\delta_{ij}u_{k,k} + \mu(u_{i,j} + u_{j,i}) \tag{5.7}$$

再将它代入平衡方程（5.1），得到

$$\mu u_{i,kk} + (\lambda + \mu)u_{k,ki} + f_i = 0 \tag{5.8}$$

可写成实体形式

$$\mu\nabla^2\boldsymbol{u} + (\lambda + \mu)\nabla(\nabla\cdot\boldsymbol{u}) + \boldsymbol{f} = \boldsymbol{0} \tag{5.9}$$

这是用位移表示的平衡方程，也是按位移求解的基本方程，称为拉梅方程，可展开成分量方程

$$\begin{cases} G\nabla^2 u + (\lambda + G)\dfrac{\partial\varepsilon_v}{\partial x} + f_x = 0 \\ G\nabla^2 v + (\lambda + G)\dfrac{\partial\varepsilon_v}{\partial y} + f_y = 0 \\ G\nabla^2 w + (\lambda + G)\dfrac{\partial\varepsilon_v}{\partial z} + f_z = 0 \end{cases} \tag{5.10}$$

其中拉普拉斯算子 ∇^2 定义见式（1.129），即

$$\nabla^2 = \frac{\partial^2}{\partial x^2} + \frac{\partial^2}{\partial y^2} + \frac{\partial^2}{\partial z^2}$$

式（5.10）即是按位移求解时，未知函数 u_i 必须满足的微分方程。如果边界条件

属于第二类，可由式（5.6）直接给出。如果边界条件属于第一类或第三类，则需要将边界上的面力改用位移表示，这通过将式（5.7）代入式（5.5）后就可实现

$$\lambda n_i u_{k,k} + G(u_{i,j} + u_{j,i})n_j = \overline{t}_i \tag{5.11}$$

在式（5.10）和式（5.11）中将 μ 都换成了 G，以便利用表 4.3 替换为各种弹性参数的表达式。

例 5.1　设有半无限空间体，其密度为 ρ，在表面受均布压力 q 作用，如图 5.2 所示。试求空间体内任一点的位移和应力大小。

解　在图示坐标系中，体力分量 $f_x = f_y = 0$，$f_z = \rho g$。

由于对称（任一铅直平面都是对称面），位移分量 $u = v = 0$，$w = w(z)$。于是体积应变

$$\varepsilon_v = \frac{\partial u}{\partial x} + \frac{\partial v}{\partial y} + \frac{\partial w}{\partial z} = \frac{\mathrm{d}w}{\mathrm{d}z} \quad （例 5.1.1）$$

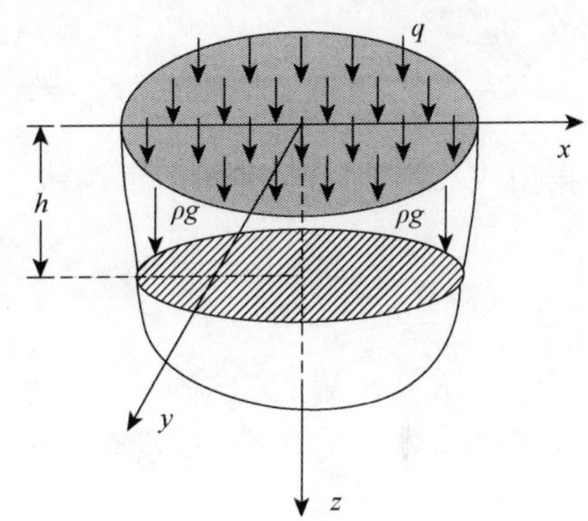

图 5.2　半无限空间体受载

将其代入式（5.10），前两个式子自然满足，而第三式变为

$$(\lambda + 2G)\frac{\mathrm{d}^2 w}{\mathrm{d}z^2} + \rho g = 0$$

略加整理后得

$$\frac{\mathrm{d}^2 w}{\mathrm{d}z^2} = -\frac{\rho g}{\lambda + 2G}$$

积分以后

$$\frac{\mathrm{d}w}{\mathrm{d}z} = -\frac{\rho g}{\lambda + 2G}(z + A) \quad （例 5.1.2）$$

$$w = -\frac{\rho g}{2(\lambda + 2G)}(z + A)^2 + B \quad （例 5.1.3）$$

式中，A，B 为积分常数，可由边界条件决定。在边界 $z = 0$ 的平面上，$n_x = n_y = 0$，$n_z = -1$。将式（例 5.1.1）和 $z = 0$ 上的边界条件 $\overline{t}_x = \overline{t}_y = 0$，$\overline{t}_z = q$ 代入式（5.11），前两式自然满足，第三式为

$$-(\lambda + 2G)\frac{\mathrm{d}w}{\mathrm{d}z} = q$$

再将式（例 5.1.2）代入上式，并注意 $z = 0$，则可求出

$$A = \frac{q}{\rho g}$$

应用式（例 5.1.1）和式（例 5.1.2）可得

$$u_{k,k} = \varepsilon_v = \frac{\mathrm{d}w}{\mathrm{d}z} = -\frac{1}{\lambda + 2G}(\rho g z + q)$$

代入式（5.7），并展开

$$\begin{cases} \sigma_x = \sigma_y = -\dfrac{\lambda}{\lambda + 2G}(\rho g z + q) \\ \sigma_z = -(\rho g z + q) \\ \tau_{xy} = \tau_{yz} = \tau_{zx} = 0 \end{cases} \tag{例 5.1.4}$$

再由式（例 5.1.3）获得铅直位移

$$w = -\frac{\rho g}{2(\lambda + 2G)}(z + \frac{q}{\rho g})^2 + B \tag{例 5.1.5}$$

式中，常数 B 是 z 方向的刚体位移，为了求出它，必须利用相应的约束条件。假设半空间体在距表面 h 处没有位移，如图 5.2 所示，即

$$(w)_{z=h} = 0$$

将式（例 5.1.5）代入上式，可得

$$B = \frac{\rho g}{2(\lambda + 2G)}(h + \frac{q}{\rho g})^2$$

再回代式（例 5.1.5），有

$$w = \frac{1}{2(\lambda + 2G)}\left[(h^2 - z^2)\rho g + 2q(h - z)\right] \tag{例 5.1.6}$$

式（例 5.1.4）和式（例 5.1.6）表示的应力和位移即为满足所有条件的解答。它们也可用表 3.4 将 λ，G 替换为 E，ν，则

$$\begin{cases} \sigma_x = \sigma_y = -\dfrac{\nu}{1 - \nu}(\rho g z + q) \\ \sigma_z = -(\rho g z + q) \\ \tau_{xy} = \tau_{yz} = \tau_{zx} = 0 \end{cases} \tag{例 5.1.7}$$

$$w = \frac{(1 + \nu)(1 - 2\nu)}{2E(1 - \nu)}\left[(h^2 - z^2)\rho g + 2q(h - z)\right] \tag{例 5.1.8}$$

应力分量 $\sigma_x = \sigma_y$ 是铅直截面上的水平正应力，σ_z 是水平截面上的铅直正应力，它们的比值

$$\frac{\sigma_x}{\sigma_z} = \frac{\sigma_y}{\sigma_z} = \frac{\nu}{1 - \nu}$$

即为土力学中的侧压力系数。

5.3.2　应力求解方法

应力求解方法，又称**应力法**，其求解基本思路是：以应力 σ_{ij} 作为基本未知函数，从弹性力学问题的基本场方程和边界条件中消去位移和应变，导出只含应力 σ_{ij} 的方程和相应的边界条件，由此解出应力 σ_{ij}，然后再求出位移和应变。

要从几何方程中消去位移，就要用到相容方程（5.3），以保证位移的连续性。将本构方程（5.4b）代入式（5.3），得

$$\sigma_{ij,kl}+\sigma_{kl,ij}-\sigma_{ik,jl}-\sigma_{jl,ik}=\frac{\nu}{1+\nu}(\sigma_{mm,kl}\delta_{ij}+\sigma_{mm,ij}\delta_{kl}-\sigma_{mm,jl}\delta_{ik}-\sigma_{mm,ik}\delta_{jl})$$

上面的相容方程有 81 个分量方程，可以通过缩并将分量方程数减少。简单的方法是令 $k=l$，则上式简化为 9 个方程

$$\sigma_{ij,kk}+\sigma_{kk,ij}-\sigma_{ik,jk}-\sigma_{jk,ik}=\frac{\nu}{1+\nu}(\sigma_{mm,kk}\delta_{ij}+\sigma_{mm,ij}\delta_{kk}-\sigma_{mm,jk}\delta_{ik}-\sigma_{mm,ik}\delta_{jk})$$

由于各个张量关于指标 i，j 对称，因此上面方程进一步简化为 6 个分量方程。再用平衡方程（5.1）$\sigma_{ij,j}=-f_i$ 代入

$$\begin{aligned}\sigma_{ij,kk}+\sigma_{kk,ij}+f_{i,j}+f_{j,i}&=\frac{\nu}{1+\nu}(\sigma_{mm,kk}\delta_{ij}+3\sigma_{mm,ij}-\sigma_{mm,ij}-\sigma_{mm,ij})\\&=\frac{\nu}{1+\nu}(\sigma_{mm,kk}\delta_{ij}+\sigma_{kk,ij})\end{aligned}$$

化简为

$$\sigma_{ij,kk}+\frac{1}{1+\nu}\sigma_{kk,ij}=\frac{\nu}{1+\nu}\sigma_{mm,kk}\delta_{ij}-(f_{i,j}+f_{j,i})\tag{5.12}$$

当 $i=j$ 时，上式变为

$$\sigma_{ii,kk}+\frac{1}{1+\nu}\sigma_{ii,kk}-\frac{3\nu}{1+\nu}\sigma_{ii,kk}=-2f_{i,i}$$

即得

$$\sigma_{ii,kk}=-\frac{1+\nu}{1-\nu}f_{i,i}$$

回代式（5.12）中，有

$$\sigma_{ij,kk}+\frac{1}{1+\nu}\sigma_{kk,ij}=-\frac{\nu}{1-\nu}\delta_{ij}f_{k,k}-(f_{i,j}+f_{j,i})\tag{5.13}$$

注意，上面推导过程中，应用了傀指标替换规则。式（5.13）即是用应力表示的相容方程，常称为贝尔特拉米–米歇（Beltrami-Michell）相容方程，其用分量形式的推导过程可见文献[9]。在体力为零或为常量的情况下，贝尔特拉米–米歇相容方程可用下列 6 个分量方程表示

$$
\begin{cases}
(1+\nu)\nabla^2\sigma_x+\dfrac{\partial^2\Theta}{\partial x^2}=0\\
(1+\nu)\nabla^2\sigma_y+\dfrac{\partial^2\Theta}{\partial y^2}=0\\
(1+\nu)\nabla^2\sigma_z+\dfrac{\partial^2\Theta}{\partial z^2}=0\\
(1+\nu)\nabla^2\tau_{xy}+\dfrac{\partial^2\Theta}{\partial x\partial y}=0\\
(1+\nu)\nabla^2\tau_{zy}+\dfrac{\partial^2\Theta}{\partial y\partial z}=0\\
(1+\nu)\nabla^2\tau_{zx}+\dfrac{\partial^2\Theta}{\partial z\partial x}=0
\end{cases}
\tag{5.14}
$$

式中

$$
\Theta=\sigma_{kk}=\sigma_x+\sigma_y+\sigma_z \tag{5.15}
$$

为**体积应力**，将其代入式（4.27），有

$$
\varepsilon_v=\frac{1}{3K}\Theta=\frac{1-2\nu}{E}\Theta \tag{5.16}
$$

方程（5.13）或（5.14）实际只表示 3 个独立结果，因此需要与 3 个平衡方程（5.1）联立，才能求解 6 个未知应力分量。从理论上讲，如果边界条件属第一类，就可直接应用平衡方程（5.1）、相容方程（5.14）和边界条件（5.5）直接解出应力分量。由于位移边界条件一般都无法用应力分量及其导数表示，因此第二类和第三类边值问题一般都不能按应力法求解。

实际问题的计算比较复杂，常需借助**应力函数**[10]来实现。应力函数的引入，将求解几个未知函数满足微分方程组的问题简化为求解单个未知函数满足单个微分方程的问题，大大简化了求解过程。下面以一个实例来说明应力函数的具体应用。

考虑如图 5.3 所示的等截面直杆的扭转问题。如不考虑体力作用，在图示坐标系下，按材料力学解答，只有横截面上切应力 τ_{zx} 和 τ_{zy} 存在，其他应力分量

$$
\sigma_x=\sigma_y=\sigma_z=\tau_{xy}=0 \tag{5.17}
$$

将上式代入平衡方程（5.1），并注意 $f_x=f_y=f_z=0$，可得

$$
\frac{\partial\tau_{zx}}{\partial z}=0,\ \frac{\partial\tau_{zy}}{\partial z}=0,\ \frac{\partial\tau_{zx}}{\partial x}+\frac{\partial\tau_{zy}}{\partial y}=0
$$

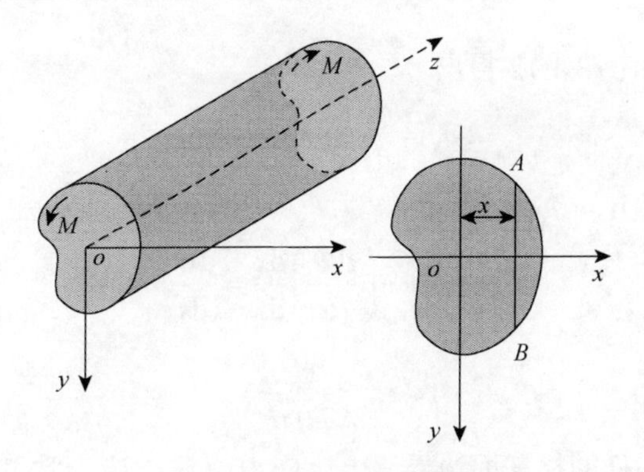

图 5.3　等截面直杆的扭转

由前两个方程可知，τ_{zx} 和 τ_{zy} 只可能是 x 和 y 的函数，不随 z 变化。第三个方程可以改写成

$$\frac{\partial}{\partial x}\tau_{zx}=\frac{\partial}{\partial y}(-\tau_{zy})$$

根据微分方程理论，一定存在一个函数 $\varPhi(x,y)$，使得

$$\tau_{zx}=\frac{\partial \varPhi}{\partial y},\quad \tau_{zy}=-\frac{\partial \varPhi}{\partial x} \tag{5.18}$$

这个函数称为扭转问题应力函数，又叫普朗特应力函数。将式（5.17）和式（5.18）代入相容方程（5.14），易见前 4 式自动满足，最后两式得出

$$\nabla^2\tau_{zy}=-\frac{\partial}{\partial x}\nabla^2\varPhi=0,\quad \nabla^2\tau_{zx}=\frac{\partial}{\partial y}\nabla^2\varPhi=0$$

因此有

$$\nabla^2\varPhi=C \tag{5.19}$$

C 为常数。

边界条件（5.5）的分量形式为

$$\begin{cases}\sigma_x n_x+\tau_{xy}n_y+\tau_{xz}n_z=\overline{t}_x\\ \tau_{yx}n_x+\sigma_y n_y+\tau_{yz}n_z=\overline{t}_y\\ \tau_{zx}n_x+\tau_{zy}n_y+\sigma_z n_z=\overline{t}_z\end{cases} \tag{5.20}$$

在杆的侧面，$n_z=0$，$\overline{t}_x=\overline{t}_y=\overline{t}_z=0$，式（5.20）的前两个方程总是满足的，第三个方程要求

$$\tau_{zx}n_x+\tau_{zy}n_y=0$$

将式（5.18）代入上式，有

$$\left(\frac{\partial \varPhi}{\partial y}\right)n_x-\left(\frac{\partial \varPhi}{\partial x}\right)n_y=0$$

由于在边界上，参考图 1.12 得出

$$n_x = \frac{\mathrm{d}y}{\mathrm{d}s}, \quad n_y = -\frac{\mathrm{d}x}{\mathrm{d}s}$$

于是，在杆的侧面上，$\varPhi$ 满足

$$\left(\frac{\partial \varPhi}{\partial y}\right)\frac{\mathrm{d}y}{\mathrm{d}s} + \left(\frac{\partial \varPhi}{\partial x}\right)\frac{\mathrm{d}x}{\mathrm{d}s} = \frac{\mathrm{d}\varPhi}{\mathrm{d}s} = 0$$

即

$$\varPhi = D$$

D 为常数。说明在杆的横截面边界线上，应力函数 $\varPhi$ 应为常量。

从式（5.18）可见，当应力函数增加或减少一个常数时，应力分量并不受影响。因此，对于实心杆情况（单连通域），为方便计算，可直接取截面边界上的 $\varPhi$ 为零，即

$$\varPhi = 0 \quad （在横截面边界线上） \tag{5.21}$$

在杆的任意端面上，$n_x = n_y = 0$，$\overline{t_z} = 0$，前端面 $n_z = -1$，应力边界条件（5.20）的前两个方程为

$$\begin{cases} -\tau_{zx} = \overline{t_x} & (5.22a) \\ -\tau_{zy} = \overline{t_y} & (5.22b) \end{cases}$$

后一个方程总能满足。横截面上的面力 $\overline{t_x}$ 和 $\overline{t_y}$ 必须合成为扭力矩 M，即

$$\begin{cases} \iint \overline{t_x}\,\mathrm{d}x\mathrm{d}y = 0 & (5.23a) \\ \iint \overline{t_y}\,\mathrm{d}x\mathrm{d}y = 0 & (5.23b) \\ \iint (\overline{t_x}y - \overline{t_y}x)\,\mathrm{d}x\mathrm{d}y = M & (5.23c) \end{cases}$$

将式（5.22a）及式（5.18）代入式（5.23a）中，其左边积分写作

$$\iint \overline{t_x}\,\mathrm{d}x\mathrm{d}y = -\iint \tau_{zx}\,\mathrm{d}x\mathrm{d}y = -\iint \frac{\partial \varPhi}{\partial y}\mathrm{d}x\mathrm{d}y$$

$$= -\int \mathrm{d}x \int \frac{\partial \varPhi}{\partial y}\mathrm{d}y = -\int (\varPhi_B - \varPhi_A)\,\mathrm{d}x$$

式中，$\varPhi_A$ 和 $\varPhi_B$ 为横截面边界上点 A 及 B 点的 $\varPhi$ 值，见图 5.3，它们都为零，所以式（5.23a）是满足的。同样，可证明式（5.23b）也是满足的。

再将式（5.22）的两式及式（5.18）代入式（5.23c）中，其左边积分为

$$\iint (\overline{t_x}y - \overline{t_y}x)\,\mathrm{d}x\mathrm{d}y = -\iint (y\tau_{zx} - x\tau_{zy})\,\mathrm{d}x\mathrm{d}y$$

$$= -\iint \left(y\frac{\partial \varPhi}{\partial y} + x\frac{\partial \varPhi}{\partial x}\right)\mathrm{d}x\mathrm{d}y$$

$$= -\int \mathrm{d}x \int y\frac{\partial \varPhi}{\partial y}\mathrm{d}y - \int \mathrm{d}y \int x\frac{\partial \varPhi}{\partial x}\mathrm{d}x$$

进行分步积分，并注意$\varPhi_A=\varPhi_B=0$，则

$$-\int \mathrm{d}x\int y\frac{\partial \varPhi}{\partial y}\mathrm{d}y=-\int\left(y_B\varPhi_B-y_A\varPhi_A-\int\varPhi\mathrm{d}y\right)\mathrm{d}x=\iint\varPhi\,\mathrm{d}x\mathrm{d}y$$

同样可求得

$$-\int \mathrm{d}y\int x\frac{\partial \varPhi}{\partial x}\mathrm{d}x=\iint\varPhi\,\mathrm{d}x\mathrm{d}y$$

所以，式（5.23c）最后简化为

$$2\iint\varPhi\,\mathrm{d}x\mathrm{d}y=M \tag{5.24}$$

这是在杆端面上应力函数$\varPhi$应满足的边界条件。

由此看出，求解直杆扭转问题的关键就是要找到在杆内满足方程（5.19），在侧面边界满足式（5.21）和在端面边界满足式（5.24）的应力函数$\varPhi$。现假设扭转直杆的横截面为椭圆，其半轴分别为a和b，如图 5.4 所示。

由于椭圆方程可写为

$$\frac{x^2}{a^2}+\frac{y^2}{b^2}-1=0$$

且应力函数$\varPhi$在横截面边界上等于零，故可假定$\varPhi$为

$$\varPhi=m\left(\frac{x^2}{a^2}+\frac{y^2}{b^2}-1\right)$$

式中，m为常数。这个$\varPhi$显然满足侧面边界条件（5.21），将其代入微分方程（5.19），有

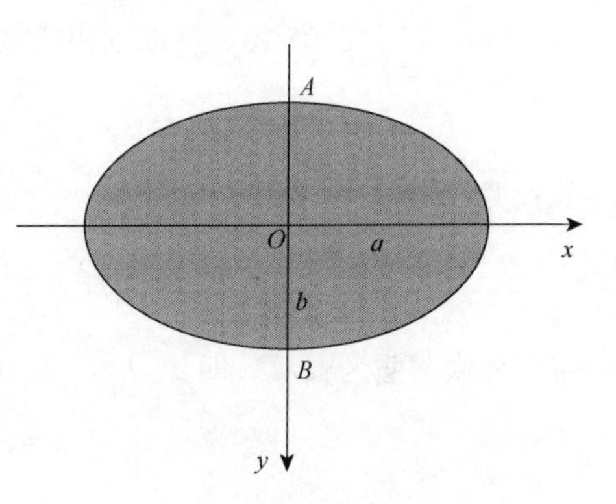

图 5.4　椭圆截面直杆

$$\frac{2m}{a^2}+\frac{2m}{b^2}=C$$

得

$$m=\frac{a^2b^2}{2(a^2+b^2)}C$$

现在

$$\varPhi=\frac{a^2b^2}{2(a^2+b^2)}\left(\frac{x^2}{a^2}+\frac{y^2}{b^2}-1\right)C$$

也满足了方程（5.19）。为了消去式中的C，将上式代入端面边界条件（5.24），得

$$\frac{a^2b^2C}{a^2+b^2}\left(\frac{1}{a^2}\iint x^2\,\mathrm{d}x\mathrm{d}y+\frac{1}{b^2}\iint y^2\,\mathrm{d}x\mathrm{d}y-\iint \mathrm{d}x\mathrm{d}y\right)=M \tag{5.25}$$

由材料力学已知

$$\iint x^2\,\mathrm{d}x\mathrm{d}y=I_y=\frac{\pi a^3b}{4}$$

$$\iint y^2\,\mathrm{d}x\mathrm{d}y=I_x=\frac{\pi ab^3}{4}$$

$$\iint \mathrm{d}x\mathrm{d}y=\pi ab$$

代入式（5.25），可求出

$$C=-\frac{2(a^2+b^2)}{\pi a^3b^3}M$$

于是，满足全部条件的应力函数$\varPhi$为

$$\varPhi=-\frac{M}{\pi ab}\left(\frac{x^2}{a^2}+\frac{y^2}{b^2}-1\right) \tag{5.26}$$

现在应用式（5.18）就能求出横截面上的应力分量

$$\tau_{zx}=-\frac{2M}{\pi ab^3}y,\quad \tau_{zy}=\frac{2M}{\pi a^3b}x$$

其合剪应力为

$$\tau=\sqrt{\tau_{zx}^2+\tau_{zy}^2}=\frac{2M}{\pi ab}\sqrt{\frac{x^2}{a^4}+\frac{y^2}{b^4}}$$

当扭杆横截面为圆形（即$a=b=r$）时，上式变为

$$\tau=\frac{2M}{\pi r^3}=\frac{Mr}{J}$$

式中，$J=\pi r^4/2$为截面极惯性矩。这个结果与材料力学的解答相同。

求出应力后，应用本构方程$(5.4)_2$不难求出应变分量，再通过几何方程（5.2）积分可得位移分量（习题 5.3）。应当注意，通过应变积分求位移时，会出现代表任意刚体运动的参数。

弹性力学问题的应力解法常借助应力函数求解，其在平面问题解算中得到了广泛的应用，由此衍生出所谓的逆解法和半逆解法，许多经典算例在文献[9]、[10]中都能查阅。

5.4　叠 加 原 理

叠加原理：对于给定域$\varOmega$，如果$\{\sigma_{ij}^{(1)},\varepsilon_{ij}^{(1)},u_i^{(1)}\}$是施加于域$\varOmega$上的第一种状

况下的体力 $f_i^{(1)}$ 和面力 $\overline{t}_i^{(1)}$ 的弹性解，$\{\sigma_{ij}^{(2)},\varepsilon_{ij}^{(2)},u_i^{(2)}\}$ 是施加于域 Ω 上的第二种状况下的体力 $f_i^{(2)}$ 和面力 $\overline{t}_i^{(2)}$ 的弹性解，则 $\{\sigma_{ij}^{(1)}+\sigma_{ij}^{(2)},\varepsilon_{ij}^{(1)}+\varepsilon_{ij}^{(2)},u_i^{(1)}+u_i^{(2)}\}$ 必然是施加于域 Ω 上的体力 $f_i^{(1)}+f_i^{(2)}$ 和面力 $\overline{t}_i^{(1)}+\overline{t}_i^{(2)}$ 的弹性解。

从数学上讲，叠加原理适用于一切用线性方程控制的求解问题。在小变形假设和线弹性情况下，所有弹性场方程及边界条件都是线性的，故能应用上述叠加原理。对于大变形问题，几何方程出现了非线性项，所以不能应用叠加原理。对于非线性弹性力学问题或弹塑性问题，本构方程（物理方程）是非线性的，叠加原理同样不适用。

叠加原理的简单应用，可通过图 5.5 所示的二维板边受拉压问题看到。求解一个左右边受拉和上下边受压的四边形弹性板问题，可分解为求解两个单向板分别受拉和受压问题。这个原理的应用，常能将一个复杂问题的求解分解成若干简单问题处理，所以它是弹性力学中应用较为广泛的计算方法。

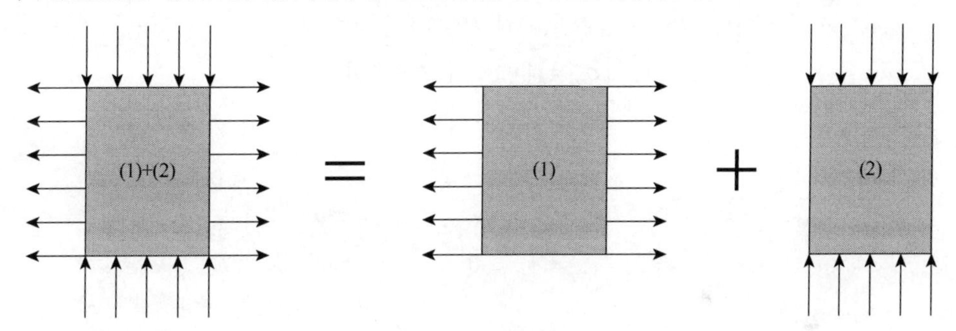

图 5.5　二维板边受拉压问题

5.5　圣维南原理

对于应力边界问题，必须给定面力 $\overline{t}_i$ 在表面 Σ_t 上的具体分布，才能有效地应用式（5.5）进行求解。然而，对于许多实际工程问题，精确地知道表面力分布是很困难的，通常只知道这些表面力的合力或合力矩作用效果。要处理这样的问题，就必须应用圣维南原理。

圣维南原理：作用在物体表面一小范围内的表面力被另一静力等效力系（合力相等、合力矩相等）所代替，不会使在远离该范围的物体内各点的应力和位移产生不可忽略的改变。也就是说，由此引起的物体内应力场的改变，只在表面力作用的小范围附近局部区域。因此圣维南原理也称为局部影响原理。

这个原理已在前面分析计算直杆扭转问题的端面边界条件时使用过。在扭杆端面上，不知道扭转面力 $\overline{t}_x$ 、$\overline{t}_y$ 的具体分布，故可用圣维南原理根据合力与合力矩等效原则，将端面上的逐点边界方程（5.5）用等效合力与合力矩方程（5.23）替代，其最终的应力解精度只对两端面的局部区域有影响，在杆件的其余部分（大部分范围内），这个解答是精确的。

习　题

5.1　在常体力情况下，证明体积应力 Θ 是调和函数，即

$$\nabla^2\Theta=0$$

5.2　在不考虑体力时，证明位移分量和应力分量均为双调和函数，即

$$\nabla^4 u_i=0$$

$$\nabla^4 \sigma_{ij}=0$$

5.3　用扭转应力函数 Φ 求出等截面直杆扭转问题的应变分量和位移分量。

5.4　论证下列应力分量是否是弹性力学问题的解答：

$$\begin{cases}\sigma_x=c[y^2+\nu(x^2-y^2)]\\ \sigma_y=c[x^2+\nu(y^2-x^2)]\\ \sigma_z=c\nu(x^2+y^2)\\ \tau_{xy}=-2c\nu xy\\ \tau_{yz}=\tau_{zx}=0\end{cases}$$

其中 c 为常数。

5.5　验证下列应力分量是题 5.5 图所示的等直截面纯弯梁（无体力）的应力解答：

$$\sigma_x=\frac{My}{I}$$

$$\sigma_y=\sigma_z=\tau_{yz}=\tau_{zx}=\tau_{xy}=0$$

并求出位移分量。式中 I 为横截面对 z 轴的惯性矩。

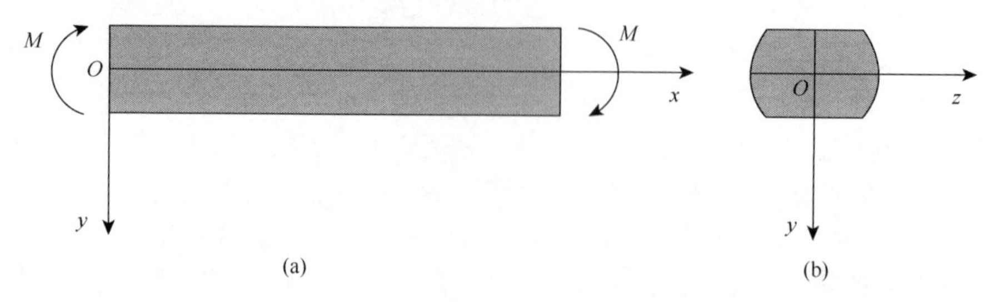

题 5.5 图

第4部分　塑 性 力 学

第6章 屈服准则

从材料单轴拉伸试验的应力-应变图4.1中看到，当应力达到弹性极限σ_e后仍继续加载，应力-应变关系曲线从B到C直至D，表现出非线性特点。从表面看，这种非线性特点与非线弹性AB段一样，没有明显的差别。然而，如果在BCD段的任意点卸载，应力-应变关系曲线就不会像弹性段AB那样沿着原加载路径下降回到原点，而是沿一条接近平行于OA线的CFG线变化直到应力下降为零［图 6.1（a)］，这时应变并不退回到零点，OG是保留下来的永久应变，称为**塑性应变**ε^p。这种变形的不可恢复性体现了塑性的本质特征，弹性极限点B（图4.1）正是界定这种特性的分界点，常将其称为屈服极限。一般材料的比例极限，弹性极限或屈服极限相差不大，工程上常不加以区分，统称为**屈服应力**，用σ_0表示。在图6.1（a）中用点A表示。如果从G点重新开始拉伸加载，应力-应变曲线将沿一条很接近于CFG的线$GF'C'$变化，直至应力超过C点后才会发生新的塑性变形。显然，在经过前次塑性变性后，现在加载的弹性极限提高了，如以σ_y表示新的弹性极限，则$\sigma_y > \sigma_0$，故称这种现象为硬化（或强化）现象。图中线段CFG和$GF'C'$严格讲是不重合的，它们形成了一个滞后回线，其平均斜率与初始弹性阶段的弹性模量E相近。由于对一般的金属来讲，这两条线的差别很小，所以计算中常将加卸载的过程理想化为图 6.1（b）的形式，并取CG的斜率等于材料弹模E。

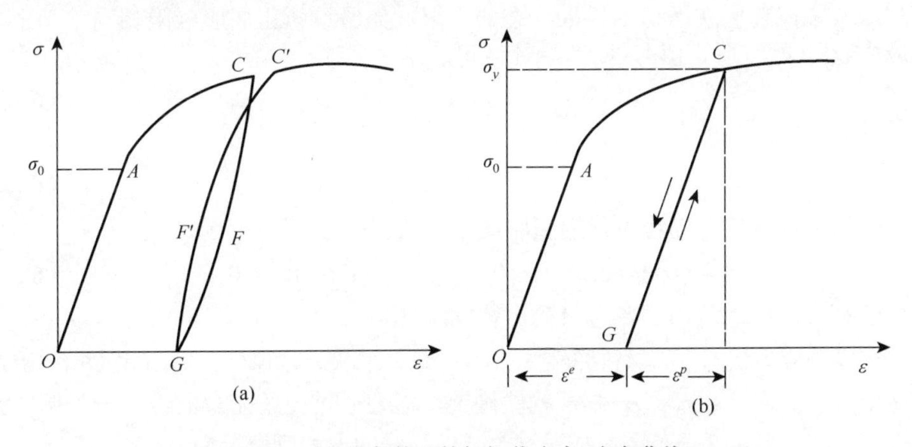

图6.1 单轴条件下的加卸载应力-应变曲线

对于低碳钢一类的材料，在初始屈服时，有一段称为屈服台阶的水平段BC

（图 4.1），卸载后重新加载不会出现硬化现象，其加卸载过程如图 6.2 所示。这种特性称为**理想弹塑性**，它在工程实践中很重要，如钢材的塑性设计就是基于这种材料特性提出的。

对另一类金属材料，如高强度合金钢或铝合金等材料，拉伸试验不会出现明显的屈服台阶（图 6.3），此时工程上常将塑性应变达 0.2% 时的应力 $\sigma_{0.2}$ 作为材料的名义屈服应力，以供设计使用。

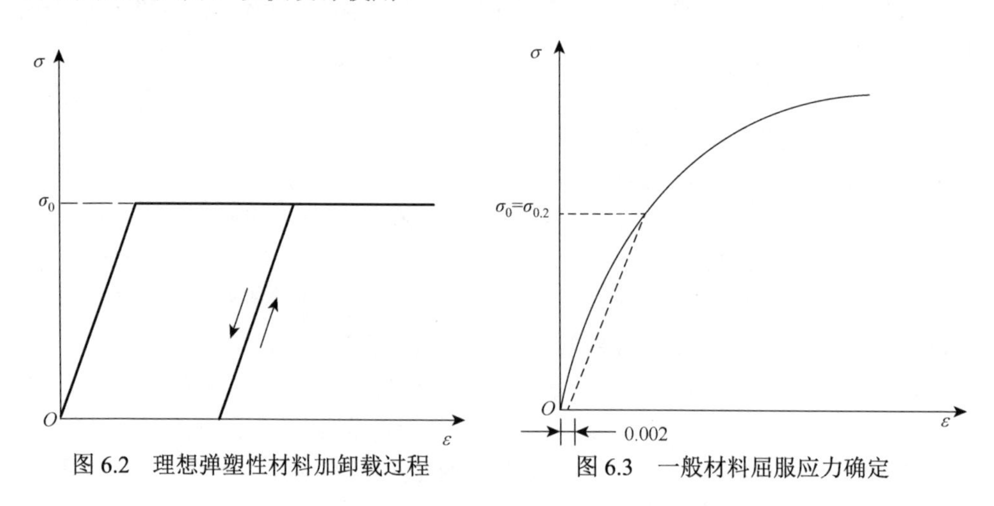

图 6.2 理想弹塑性材料加卸载过程

图 6.3 一般材料屈服应力确定

6.1 屈服准则及屈服函数

在单向拉压时，材料从初始弹性状态进入塑性状态时的应力值，为拉伸及压缩屈服极限，它们就是初始弹性状态的界限。如假设拉压屈服极限相同，等于屈服应力 σ_0（始终取正值），则其弹性域可表示为

$$|\sigma| < \sigma_0 \tag{6.1}$$

边界条件

$$|\sigma| = \sigma_0 \tag{6.2}$$

确定材料弹性状态的界线，称为**屈服准则**。式（6.2）又可写为

$$f(\sigma) = |\sigma| - \sigma_0 = 0 \text{ 或 } f(\sigma) = \sigma^2 - \sigma_0^2 = 0 \tag{6.3}$$

函数 f 称为**屈服函数**，它含有材料常数 σ_0。

在复杂应力状态下，材料弹性区域不再像单轴状态时那样只需由式（6.1）确定的两个上下界限点 $-\sigma_0 < \sigma < \sigma_0$ 就能确定，而要通过一条闭合曲线、一个闭合曲面或超曲面来界定这个范围，描述这个弹性界线的方程可表示为

$$f(\sigma_{ij}) = 0 \tag{6.4}$$

屈服函数 f 的具体形式与材料本身有关。如果以 σ_{ij} 的 6 个应力分量作坐标轴，则

在六维应力空间中，方程（6.4）表示一个包围原点的曲面，称为**屈服曲面**。当应力 σ_{ij} 点位于曲面内时，即

$$f(\sigma_{ij}) < 0 \tag{6.5}$$

材料处于弹性状态。

对于各向同性材料，屈服条件应与坐标轴方向的选取无关，因此，它可以写成只是应力张量不变量的函数

$$f(I_1, I_2, I_3) = 0 \tag{6.6}$$

或写成只是主应力的函数

$$f(\sigma_1, \sigma_2, \sigma_3) = 0 \tag{6.7}$$

这在主应力空间中表示为一个三维曲面。

由金属材料试验发现，静水压力对屈服的影响并不显著，从而忽略静水压力影响的屈服函数可简化为

$$f(J_2, J_3) = 0 \tag{6.8}$$

或写成只是应力偏量主值的函数

$$f(s_1, s_2, s_3) = 0 \tag{6.9}$$

本章以静水压力无关和与静水压力有关将屈服函数分为两类，分别介绍几个经典的屈服准则。

6.2 与静水压力无关的屈服准则

这类屈服准则主要是针对屈服对静水压力不敏感，剪切控制着屈服现象出现的材料，最典型的材料就是金属类材料。

6.2.1 特雷斯卡屈服准则

特雷斯卡（Tresca）屈服准则是由特雷斯卡于 1864 年根据库仑（Coulomb）（1773 年）在土力学中的研究工作，总结了自己的金属挤压试验研究成果后提出来的。这是有关金属材料最早的屈服准则。

特雷斯卡屈服准则假定，当一点的最大剪应力达到极限值 k 时，材料发生屈服。其表达式为

$$\tau_{\max} = k \tag{6.10}$$

以主应力表示为

$$\max\left(\frac{1}{2}|\sigma_1-\sigma_2|,\frac{1}{2}|\sigma_2-\sigma_3|,\frac{1}{2}|\sigma_3-\sigma_1|\right)=k \tag{6.11}$$

若$\sigma_1 \geqslant \sigma_2 \geqslant \sigma_3$，则上式可写成

$$\sigma_1-\sigma_3=2k \tag{6.12}$$

应用式（2.49）和式（2.61），可得

$$\frac{\sigma_1-\sigma_3}{2}=\frac{1}{\sqrt{3}}\sqrt{J_2}\left[\cos\theta-\cos\left(\theta+\frac{2\pi}{3}\right)\right]=k,\quad 0°\leqslant\theta\leqslant 60°$$

进一步整理为

$$f(J_2,\theta)=\sqrt{J_2}\sin\left(\theta+\frac{\pi}{3}\right)-k=0,\quad 0°\leqslant\theta\leqslant 60° \tag{6.13}$$

也可用ξ，ρ，θ坐标表示为

$$f(\rho,\theta)=\rho\sin\left(\theta+\frac{\pi}{3}\right)-\sqrt{2}k=0,\quad 0°\leqslant\theta\leqslant 60° \tag{6.14}$$

在偏平面上的图 6.4 中，以向上方向为y轴正向，向左方向为x轴正向，可建立正交坐标系xOy，于是P点坐标为

$$\begin{cases}x=\rho\sin\theta & (6.15\text{a})\\ y=\rho\cos\theta & (6.15\text{b})\end{cases}$$

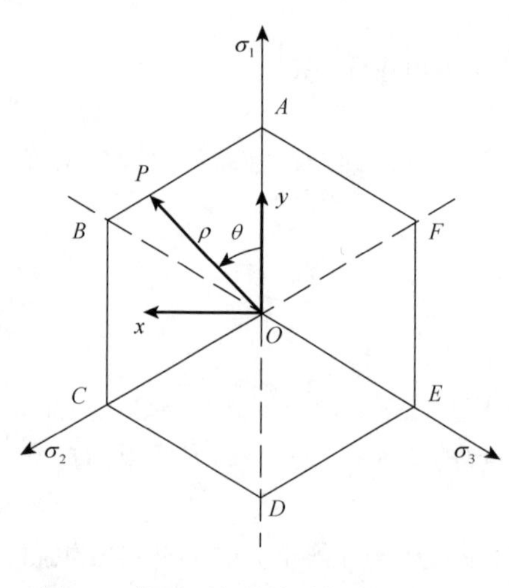

图 6.4　偏平面上的特雷斯卡屈服准则

代入式（6.14），得到

$$x+\sqrt{3}y-2\sqrt{2}k=0$$

这是$0°\leqslant\theta\leqslant 60°$范围内的一段直线$AB$，其在$\theta=0°$时的截距（$OA$）$\rho_t=2k\sqrt{2/3}$，在$\theta=60°$时的截距（$OB$）$\rho_c=2k\sqrt{2/3}$。由于$\rho_t=\rho_c$，故$AB$平行于$\sigma_2$轴（为简单统一去掉了$\sigma_i'$上的撇号），其他线段的位置可根据对称性得到（图 6.4），它表示出了偏平面上的屈服轨迹，其正好是一个正六边形$ABCDEF$。屈服函数f与I_1或ξ无关，故在主应力空间中，屈服面是一个以静水压力轴为中心的规则平行六面棱柱体面(图 6.5)。

材料常数k可由单轴拉伸试验确定，此时$\sigma_1=\sigma_0$，$\sigma_2=\sigma_3=0$，利用式(6.12)

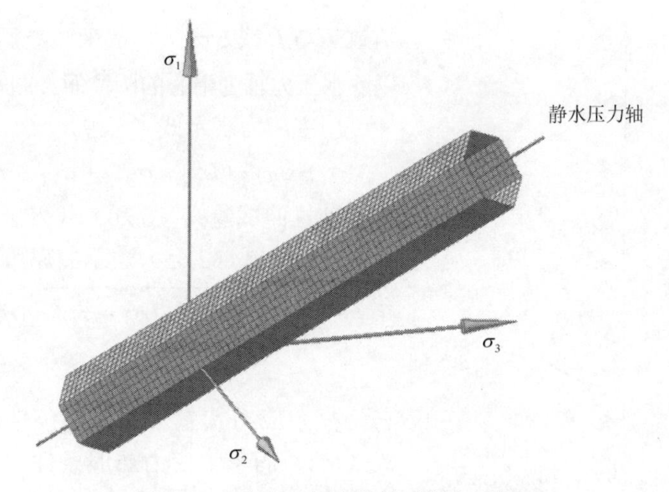

图 6.5 主应力空间中的特雷斯卡屈服面

得

$$k = \frac{\sigma_0}{2} \tag{6.16}$$

或由纯剪试验确定，假设剪切屈服应力为τ_0，则$\sigma_1 = \tau_0$，$\sigma_2 = 0$，$\sigma_3 = -\tau_0$，故

$$k = \tau_0 \tag{6.17}$$

比较式（6.16）和式（6.17），若特雷斯卡屈服准则正确，则应有

$$\sigma_0 = 2\tau_0 \tag{6.18}$$

6.2.2 米泽斯屈服准则

同样对于金属材料，米泽斯（von Mises）在 1913 年提出了另一种屈服条件，即当

$$J_2 = k^2 \tag{6.19}$$

时材料开始屈服，其中k为常数，可由材料试验确定。若用单轴拉伸试验，则容易求得

$$k = \frac{\sigma_0}{\sqrt{3}} \tag{6.20}$$

若用纯剪试验，则有

$$k = \tau_0 \tag{6.21}$$

用屈服函数f表示式（6.19）

$$f(J_2) = J_2 - k^2 = 0 \tag{6.22}$$

由式（2.71）知道，这个曲面在偏平面上的轨迹为半径$\rho = \sqrt{2}k$的圆（图 6.6）。屈服

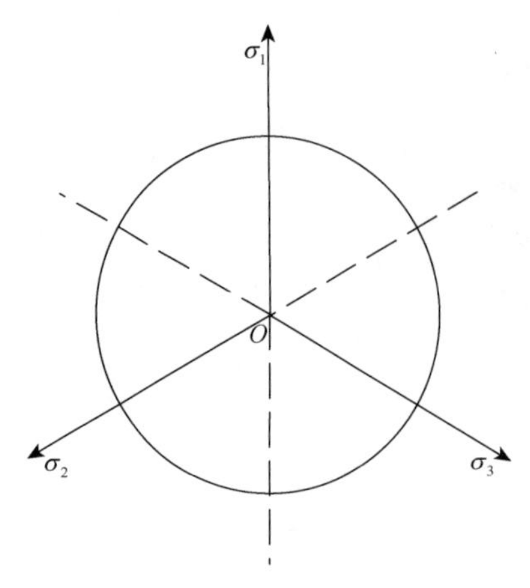

图 6.6 偏平面上的米泽斯屈服准则

函数 f 与 I_1 或 ξ 无关，故米泽斯屈服面是一个以静水压力轴为中心的圆柱面（图 6.7）。

用主应力表示式（6.19）

$$(\sigma_1-\sigma_2)^2+(\sigma_2-\sigma_3)^2+(\sigma_3-\sigma_1)^2=6k^2$$

将单轴拉伸试验式（6.20）代入上式，可得出用等效应力式（2.65）表示的屈服条件

$$\bar{\sigma}=\frac{1}{\sqrt{2}}\sqrt{(\sigma_1-\sigma_2)^2+(\sigma_2-\sigma_3)^2+(\sigma_3-\sigma_1)^2}=\sigma_0 \tag{6.23}$$

它将复杂应力状态下的屈服条件简化为类似式（6.2）的单轴应力屈服条件，这给实际应用带来了方便。若已知一点的应力张量 σ_{ij}，不需要先求主应力，可直接计算等效应力

$$\bar{\sigma}=\frac{1}{\sqrt{2}}\sqrt{(\sigma_x-\sigma_y)^2+(\sigma_y-\sigma_z)^2+(\sigma_z-\sigma_x)^2+6(\tau_{xy}^2+\tau_{yz}^2+\tau_{zx}^2)} \tag{6.24}$$

若 $\bar{\sigma}<\sigma_0$，可判定受力体处于弹性状态。

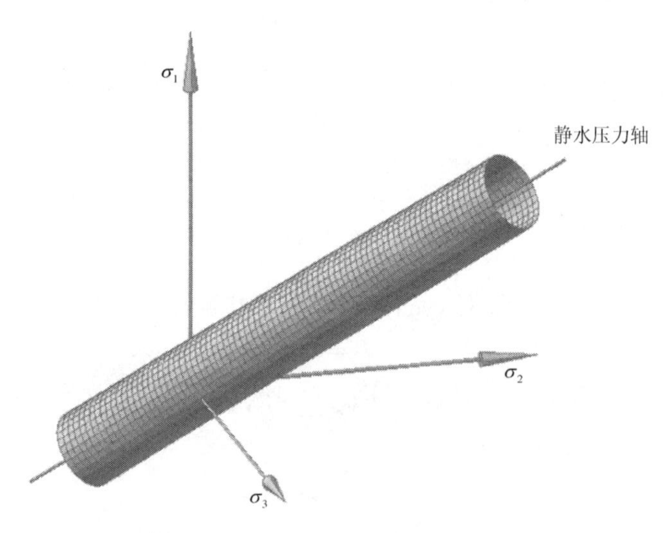

图 6.7 主应力空间中的米泽斯屈服面

米泽斯屈服准则还可用八面体剪应力表示为

$$\tau_{\text{oct}}=\sqrt{\frac{2}{3}J_2}=\sqrt{\frac{2}{3}}k \tag{6.25}$$

故米泽斯屈服准则又称为八面体剪应力屈服准则。

比较式（6.20）和式（6.21），若米泽斯屈服准则正确，则应有

$$\sigma_0 = \sqrt{3}\tau_0 \tag{6.26}$$

对于平面应力状态（如 $\sigma_3 = 0$），米泽斯屈服准则可用图 6.8 所示的椭圆表示，这个椭圆方程可通过将 $\sigma_3 = 0$ 代入式（6.23）

$$\sqrt{(\sigma_1 - \sigma_2)^2 + \sigma_2^2 + \sigma_1^2} = \sqrt{2}\sigma_0$$

进一步变换，得

$$\sigma_1^2 - \sigma_1\sigma_2 + \sigma_2^2 = \sigma_0^2 \tag{6.27}$$

这是以直线 $\sigma_1 = \sigma_2$ 为长轴（45°斜线）的椭圆方程，该椭圆与两个坐标轴的交点为 $\pm\sigma_0$。图 6.8 中还绘出了平面应力状态下特雷斯卡屈服轨迹，它构成的畸变六边形内接于米泽斯椭圆。

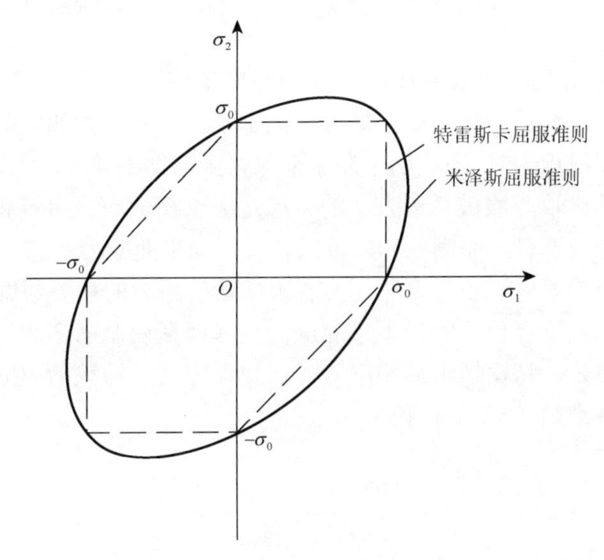

图 6.8 σ_1-σ_2 平面上的米泽斯屈服准则和特雷斯卡屈服准则

在偏平面上，如果用单轴拉伸试验确定常数 k，则米泽斯屈服准则与特雷斯卡屈服准则的 ρ 在 $\theta = 0°$ 和 $\theta = 60°$ 时相等，即 $\rho = \sigma_0\sqrt{2/3}$，特雷斯卡六边形内接于米泽斯圆。如果采用纯剪试验确定常数 k，特雷斯卡屈服准则在 $\theta = 30°$ 时的 ρ 可通过式（6.14）和式（6.17）联解求得 $\rho = \sqrt{2}k = \sqrt{2}\tau_0$，这正好等于米泽斯屈服准则的 ρ，故特雷斯卡六边形在 $\theta = 30°$ 处外切于米泽斯圆。两个屈服准则在偏平面上的位置关系如图 6.9 所示。

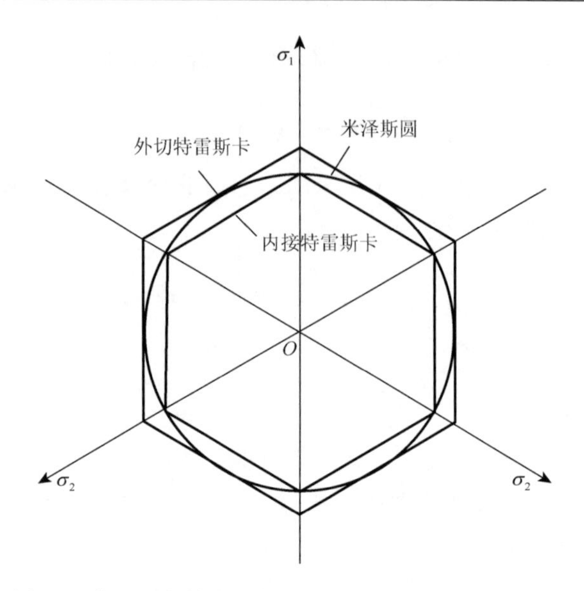

图 6.9　偏平面上的米泽斯屈服准则和特雷斯卡屈服准则

特雷斯卡屈服准则和米泽斯屈服准则都广泛应用于塑性材料屈服行为的预测，尤其是金属材料的预测。两个屈服准则都不受静水压力的影响，在预测复杂应力条件下的屈服行为时，由这两个屈服准测得到的结果差异不大，一般都在 15%以内。通过试验比较屈服破坏最方便的方法是测试在轴向、扭转和内压等不同复合加载条件下的薄壁管（如例 6.1），可以获得不同平面应力状态。图 6.10 给出了采用这种方法获得的关于塑性金属屈服和脆性铸铁断裂的相关数据[11]。从图中看到，塑性金属的实验点位于特雷斯卡屈服面与米泽斯屈服面之间，普遍与米泽斯屈服面吻合得更好，特雷斯卡屈服准则显得要保守些。铸铁断裂的实验数据遵循最大正应力断裂准则（6.2 节讨论）。

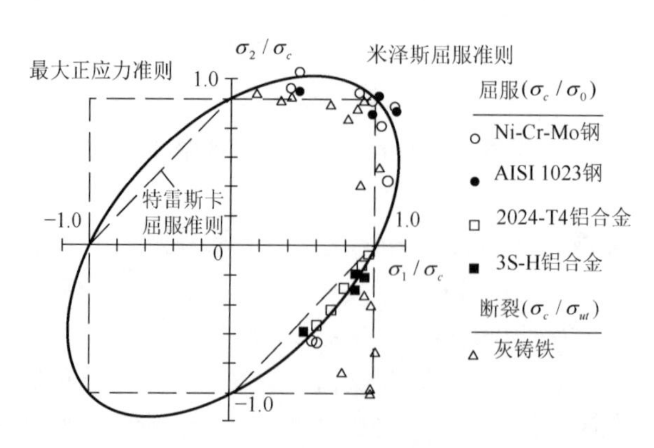

图 6.10　三种失效准则的平面应力

需要指出的是，在工程应用中，常将韧性材料的屈服行为作为材料使用的安全极限，所以又会把这些材料的屈服准则称为失效准则或破坏准则，直接将屈服应力作为失效强度，即图 6.10 中的$\sigma_c=\sigma_0$。对于脆性材料，失效强度要么取为材料的极限抗拉强度σ_{ut}，要么取为极限抗压强度σ_{uc}，图 6.10 中取$\sigma_c=\sigma_{ut}$。

例 6.1 如图 6.11 所示，一根两端封闭的管子具有$t=10\text{mm}$的壁厚和$r=300\text{mm}$的内半径。管内充有压力$p=10\text{MPa}$的液体，且在长度方向上承受$M=400\text{kN}\cdot\text{m}$的扭矩作用。如果管材为 Q345 钢，其屈服强度$\sigma_0=345\text{MPa}$。试用特雷斯卡屈服准则和米泽斯屈服准则分别判定管子是否达到屈服破坏。

解 这种装置的试验，早期常用来作为金属材料在复杂应力状态下的塑性变形和硬化规律试验研究。内压和扭矩的联合加载，使得管壁中产生了一种广义的平面应力状态（图 6.11）。

由于内压的存在，环向应力和轴向应力分别为

$$\sigma_t=\frac{pr}{t}=\frac{10\times300}{10}=300\text{MPa},\quad \sigma_z=\frac{pr}{2t}=150\text{MPa}$$

径向应力为

$$\sigma_r=-p=-10\text{MPa}\ \text{（管内表面）},\quad \sigma_r=0\ \text{（管外表面）}$$

扭转产生的剪应力为

$$\tau_{tz}=\frac{M}{2\pi r_{\text{avg}}^2 t}=\frac{400\times10^6}{2\pi\times305^2\times10}=68.4\text{MPa}$$

式中，r_{avg}为管壁平均半径，计算公式见 5.3.2 节。

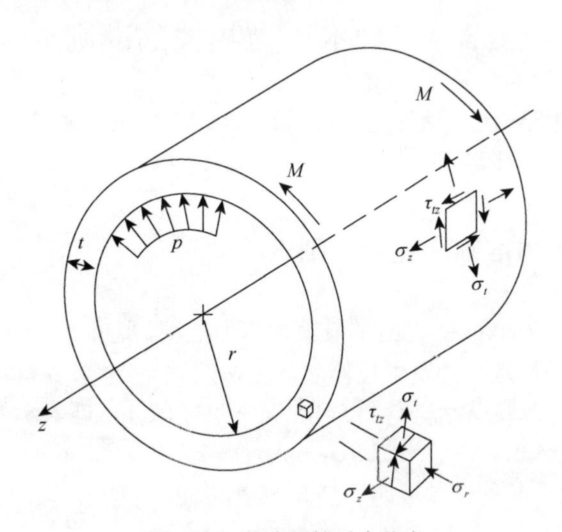

图 6.11 薄壁圆筒受力状态

由于应力状态可以看作广义的平面应力状态，所以主应力为

$$\sigma_1,\sigma_2=\frac{\sigma_t+\sigma_z}{2}\pm\sqrt{\left(\frac{\sigma_t-\sigma_z}{2}\right)^2+\tau_{tz}^2}=225\pm101.5=326.5\text{MPa},123.5\text{MPa}$$

$$\sigma_3=\sigma_r=-10\text{MPa}\ （管内表面），\qquad \sigma_3=\sigma_r=0\ （管外表面）$$

于是，最大剪应力

$$\tau_{\max}=\frac{\sigma_1-\sigma_3}{2}=\begin{cases}168.3\text{MPa}\ (管内)\\163.3\text{MPa}\ (管外)\end{cases}$$

应用式（6.10）和式（6.16），有

$$\tau_{\max}=\begin{cases}168.3\text{MPa}\ (管内)\\163.3\text{MPa}\ (管外)\end{cases}<\frac{\sigma_0}{2}=172.5\text{MPa}$$

按照特雷斯卡屈服准则，可判定管子没有达到屈服破坏。

米泽斯等效应力由式（2.65）计算

$$\bar{\sigma}=\frac{1}{\sqrt{2}}\sqrt{(\sigma_1-\sigma_2)^2+(\sigma_2-\sigma_3)^2+(\sigma_3-\sigma_1)^2}$$

$$=\begin{cases}293.5\text{MPa}\ (管内)\\285.5\text{MPa}\ (管外)\end{cases}$$

由于

$$\bar{\sigma}=\begin{cases}293.5\text{MPa}\ (管内)\\285.5\text{MPa}\ (管外)\end{cases}<\sigma_0=345\text{MPa}$$

所以按照米泽斯屈服准则，同样可以判定管子没有达到屈服破坏。

6.3　与静水压力相关的准则

这类准则适用于岩土工程类材料，如土、岩石、混凝土等材料，它们的破坏（屈服）与静水压力相关，屈服函数中含有 I_1 或 ξ 项。

6.3.1　最大拉应力准则（兰金准则）

1876 年兰金（Rankine）提出了最大拉应力准则，这个准则现在已被普遍接受并用于确定脆性材料是否会发生拉伸破坏。按照这个准则，材料中任一点的最大主应力达到极限抗拉强度 σ_{ut} 时，材料即发生拉伸破坏，即表示为

$$\max(\sigma_1,\sigma_2,\sigma_3)=\sigma_{ut}\tag{6.28}$$

抗拉强度 σ_{ut} 由简单拉伸试验确定。当 $0°\leqslant\theta\leqslant60°$，且 $\sigma_1\geqslant\sigma_2\geqslant\sigma_3$ 时，破坏准则为

$$\sigma_1 = \sigma_{ut} \tag{6.29}$$

应用式（2.49）和式（2.61），可得

$$f(I_1, J_2, \theta) = 2\sqrt{3J_2}\cos\theta + I_1 - 3\sigma_{ut} = 0, \quad 0° \leqslant \theta \leqslant 60° \tag{6.30}$$

或用ξ，ρ，θ坐标表示为

$$f(\xi, \rho, \theta) = \sqrt{2}\rho\cos\theta + \xi - \sqrt{3}\sigma_{ut} = 0, \quad 0° \leqslant \theta \leqslant 60° \tag{6.31}$$

在π平面上，$\xi = 0$，由式（6.31）可得

$$\rho\cos\theta = \sqrt{\frac{3}{2}}\sigma_{ut} \tag{6.32}$$

将式（6.15b）代入上式，有

$$y = \sqrt{\frac{3}{2}}\sigma_{ut}$$

说明在$0° \leqslant \theta \leqslant 60°$范围内，π平面上的破坏轨迹为一水平直线，其他线段的位置可根据对称性得到，破坏封闭线为一正三角形，如图6.12（a）所示。当取$\theta = 0°$时可画出拉伸子午线［图 6.12（b）］，其与ρ轴的交点由式（6.32）得出$\rho_{t0} = \sqrt{3/2}\sigma_{ut}$，与$\xi$轴的交点由式（6.31）得出$\xi = \sqrt{3}\sigma_{ut}$；同理，取$\theta = 60°$可画出压缩子午线［图 6.12（b）］。

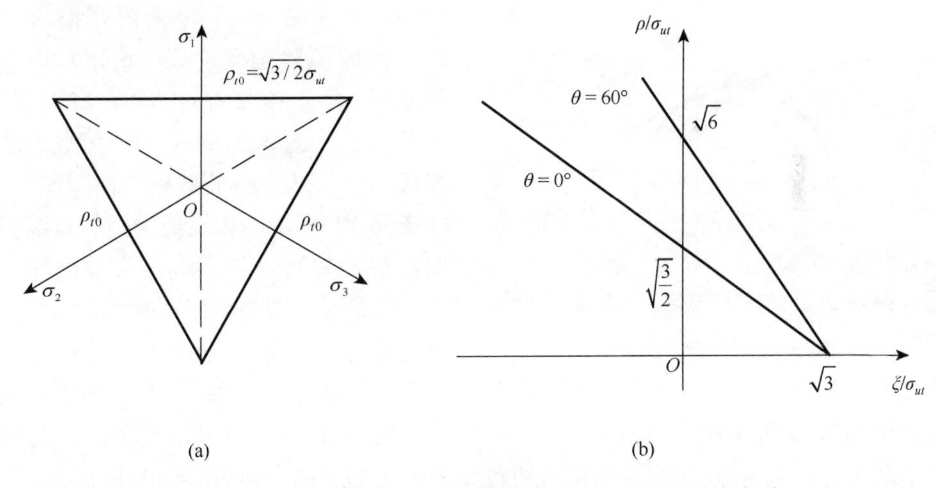

图6.12 （a）π平面上的破坏轨迹；（b）拉伸和压缩子午线

最大正应力准则是最大拉应力准则的推广，其定义为

$$\max(|\sigma_1|, |\sigma_2|, |\sigma_3|) = \sigma_u \tag{6.33}$$

其中$\sigma_u = \sigma_{ut} = |\sigma_{uc}|$。它将用抗拉强度$\sigma_{ut}$表示的式（6.28）推广到用拉压极限$\sigma_u$表示的式（6.33），其在$\sigma_1$-$\sigma_2$平面上表示为图6.10中的虚线，而最大拉应力准则只表示为右边垂直虚线和上端水平虚线，在第一象限内等价于特雷斯卡屈服准则。

在图 6.10 中，当两个主应力异号时，最大正应力准则更符合铸铁破坏的试验结果。

对于表现为脆性行为的实际材料，抗压强度通常会明显大于抗拉强度，而且多向压缩行为要比最大正应力准则复杂得多，所以对工程应用而言，最大拉应力准则更具有实用价值。

6.3.2 莫尔-库仑强度准则

1900 年莫尔（Mohr）提出的屈服准则是对库仑屈服准则的延展，他将摩擦类材料（如砂土）的破坏准则扩展到摩擦-黏聚类材料（如黏土、岩石等）。他认为：当过一点的某微面上的剪应力 τ 达到某一极限值时，材料就发生破坏（或屈服）。虽然这个准则也是基于剪切的屈服条件，但与特雷斯卡屈服准则相比，莫尔假设的这个极限值不是一个常数，而是与该微面上的正应力 σ 有关，它可表示为

$$|\tau|=h(\sigma) \tag{6.34}$$

式中，$h(\sigma)$ 是由试验确定的函数，在莫尔应力图上，它表示最大主圆的外包曲线（图 6.13）。如用库仑直线代替这个外包曲线，则式（6.34）可变为

$$|\tau|=c-\sigma\tan\phi \tag{6.35}$$

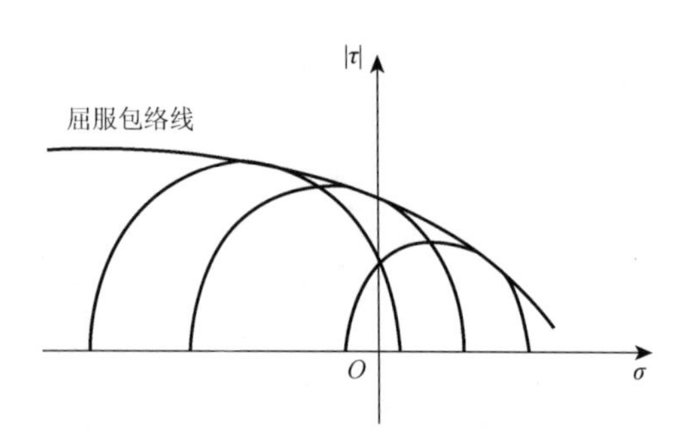

图 6.13 莫尔屈服准则的图解表示

其中，c 为黏聚力，ϕ 为内摩擦角，二者皆由试验确定。式（6.35）称为莫尔-库仑（Mohr-Coulomb，MC）强度准则。当 $\sigma_1 \geqslant \sigma_2 \geqslant \sigma_3$ 时，将莫尔圆和式(6.35)表示的直线绘在同一图上，如图 6.14 所示。如果最大圆与直线相切，说明材料点正好满足失效破坏条件。如果最大圆与直线不接触，则材料点处于安全状况。不会出现最大圆与直线相交的情况，因为这意味着失效破坏已经发生。由莫尔圆的切点与大圆中心连线方位角 2α，可在应力单元体上找到失效破坏面的位置，这个破坏面发生在与垂直于最大主应力 σ_1 方向的平面相对旋转一个 α 角的平面上，如图 6.14 中单元上的交叉线。

将图 6.14 进一步简化为图 6.15，由于 $\sigma<0$，图 6.15 中莫尔圆心一定位于 τ 轴左边，所以利用简单的几何关系容易得出莫尔圆与库仑直线的切点坐标

$$\sigma=\frac{\sigma_1+\sigma_3}{2}+\frac{\sigma_1-\sigma_3}{2}\sin\phi,\quad |\tau|=\left|\frac{\sigma_1-\sigma_3}{2}\right|\cos\phi$$

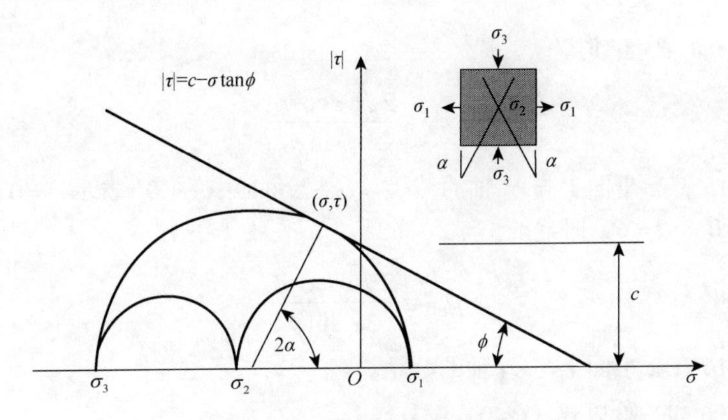

图6.14 莫尔圆与库仑直线

将上式入式（6.35），整理后得

$$\left|\frac{\sigma_1-\sigma_3}{2}\right|=c\cos\phi-\frac{\sigma_1+\sigma_3}{2}\sin\phi \tag{6.36}$$

将主应力计算公式（2.49）和（2.61）代入上式，并注意$0°\leqslant\theta\leqslant 60°$，则有

$$f(I_1,J_2,\theta)=\frac{1}{3}I_1\sin\phi+\sqrt{J_2}\sin\left(\theta+\frac{\pi}{3}\right)\frac{\sqrt{J_2}}{\sqrt{3}}\cos\left(\theta+\frac{\pi}{3}\right)\sin\phi-c\cos\phi=0 \tag{6.37}$$

或

$$f(\xi,\rho,\theta)=\sqrt{2}\xi\sin\phi+\sqrt{3}\rho\sin\left(\theta+\frac{\pi}{3}\right)+\rho\cos\left(\theta+\frac{\pi}{3}\right)\sin\phi-\sqrt{6}\,c\cos\phi=0 \tag{6.38}$$

若再将式（6.15）代入上式，容易导出

$$y=-\frac{\sqrt{3}(1-\sin\phi)}{3+\sin\phi}x+\frac{2\sqrt{6}\,c\cos\phi-2\sqrt{2}\,\xi\sin\phi}{3+\sin\phi}$$

在给定ξ时，上式表示$0°\leqslant\theta\leqslant 60°$范围内偏平面内的一条直线$AB$。

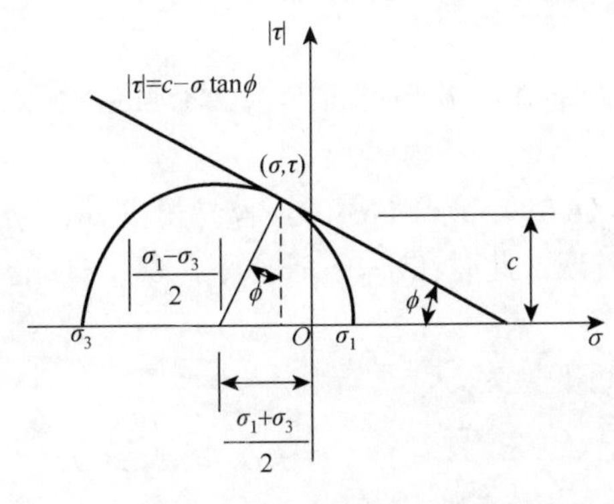

图6.15 莫尔-库仑强度准则

当$\xi=0$，$\theta=0°$时，

$$\rho_{t0}=\frac{2\sqrt{6}\,c\cos\phi}{3+\sin\phi} \tag{6.39}$$

这是直线AB在π平面上与σ_1轴的截距。ρ_{t0}下角标中的‘0’表示$\xi=0$的π平面。

当$\xi=0$，$\theta=60°$时，

$$\rho_{c0}=\frac{2\sqrt{6}\,c\cos\phi}{3-\sin\phi} \tag{6.40}$$

这是直线AB在π平面上与σ_3轴的截距。

用式（6.39）除以式（6.40），得

$$\frac{\rho_{t0}}{\rho_{c0}}=\frac{3-\sin\phi}{3+\sin\phi} \tag{6.41}$$

对于实际中的材料摩擦角ϕ，$\sin\phi$不可能为负，故ρ_{c0}不可能小于ρ_{t0}。利用对称性，可画出屈服轨迹在π平面上的图形，它是一个不规则的六边形$ABCDEF$，如图6.16所示。

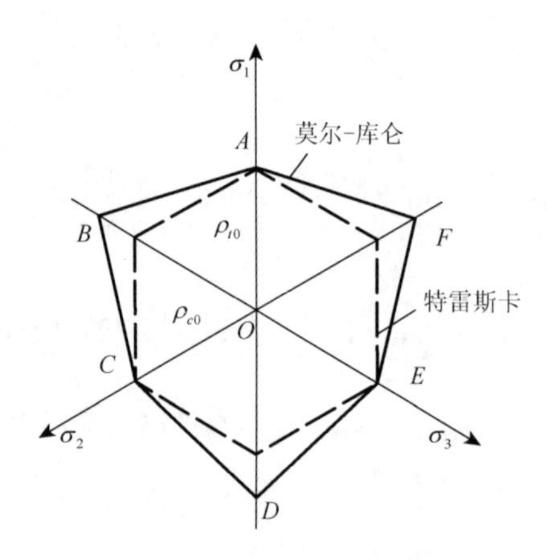

图6.16　π平面上的莫尔-库仑强度准则

当$\phi=0$时，由式（6.39）和式（6.40），容易得出$\rho_{t0}=\rho_{c0}=2c\sqrt{2/3}$。比较特雷斯卡屈服准则的$\rho$发现，此时在$c=\tau_0$条件下，莫尔-库仑强度准则退化为特雷斯卡屈服准则。

由式（6.36），还可变换为

$$\frac{\sigma_1}{\sigma'_{ut}}-\frac{\sigma_3}{\sigma'_{uc}}=1,\quad 对于\sigma_1\geqslant\sigma_2\geqslant\sigma_3 \tag{6.42}$$

其中

$$\begin{cases} \sigma'_{ut} = \dfrac{2c\cos\phi}{1+\sin\phi} & \text{(6.43a)} \\ \sigma'_{uc} = \dfrac{2c\cos\phi}{1-\sin\phi} & \text{(6.43b)} \end{cases}$$

令 $m=\sin\phi$，将（6.43）两式相除得

$$\sigma'_{ut} = \sigma'_{uc}\frac{1-m}{1+m} \tag{6.44}$$

上式给出了莫尔-库仑材料极限抗拉强度 σ'_{ut} 与极限抗压强度 σ'_{uc}（取正值）应该满足的关系式，它区别于直接拉伸或压缩试验的 σ_{ut} 和 σ_{uc}。

对于单轴压缩情况，$\sigma_3=-\sigma'_{uc}$，$\sigma_1=\sigma_2=0$，将其代入式（6.36），并注意 $\cos\phi=\sqrt{1-m^2}$，可得

$$\sigma'_{uc} = 2c\sqrt{\frac{1+m}{1-m}} \tag{6.45}$$

如不限定 $\sigma_1 \geqslant \sigma_2 \geqslant \sigma_3$，利用式（6.43b）可将式（6.36）写为

$$\begin{cases} |\sigma_1-\sigma_2|+m(\sigma_1+\sigma_2)=\sigma'_{uc}(1-m) \\ |\sigma_2-\sigma_3|+m(\sigma_2+\sigma_3)=\sigma'_{uc}(1-m) \\ |\sigma_3-\sigma_1|+m(\sigma_3+\sigma_1)=\sigma'_{uc}(1-m) \end{cases} \tag{6.46}$$

由于存在绝对值，这 3 个方程实际代表了 6 个方程，表示主应力空间中的 6 个平面，它们围成了一个不规则的六面锥体（图 6.17）。这个锥体沿着直线 $\sigma_1=\sigma_2=\sigma_3$ 会聚于一点 B，该点坐标为

$$\sigma_1=\sigma_2=\sigma_3=\sigma'_{uc}\frac{1-m}{2m} \tag{6.47}$$

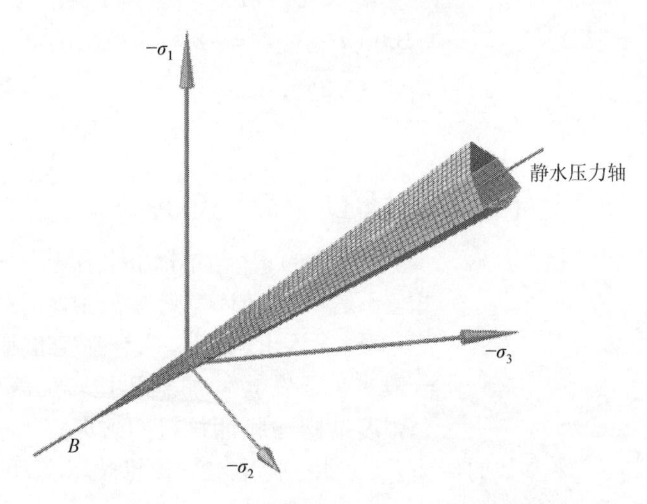

图 6.17 主应力空间中的莫尔-库仑强度屈服面

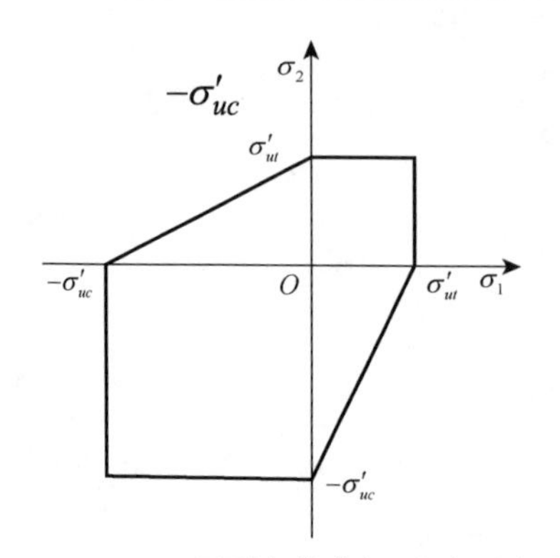

图 6.18　σ_1 - σ_2 平面上的莫尔-库仑强度准则

对于 $\sigma_3=0$ 的平面应力状态，方程（6.46）可以简化为

$$\begin{cases}|\sigma_1-\sigma_2|+m(\sigma_1+\sigma_2)=\sigma'_{uc}(1-m)\\|\sigma_2|+m(\sigma_2)=\sigma'_{uc}(1-m)\\|\sigma_1|+m(\sigma_1)=\sigma'_{uc}(1-m)\end{cases} \tag{6.48}$$

方程（6.48）代表的 6 条直线构成了莫尔-库仑强度准则在 σ_1 - σ_2 平面内的轨迹，如图 6.18 所示。

例 6.2　一组混凝土试件通过三轴压缩试验拟合得到 $c=11.54\text{MPa}$ ，$\phi=39.1°$ 。在图 6.19 所示的应力组合情况下（ $p=100\text{MPa}$ ），试求引起混凝土破坏时的剪应力值。

解　由 $\phi=39.1°$ ，得 $m=0.631$，所以满足莫尔-库仑强度准则的

$$\sigma'_{uc}=2c\sqrt{\frac{1+m}{1-m}}=2\times11.54\times\sqrt{\frac{1+0.631}{1-0.631}}=48.52\text{MPa}$$

$$\sigma'_{ut}=\sigma'_{uc}\frac{1-m}{1+m}=48.52\times\frac{1-0.631}{1+0.631}=10.98\text{MPa}$$

在图 6.19 所示的应力条件下，$\sigma_z=-p$ 为一个主应力。剪应力平面内 $\sigma_x=\sigma_y=-p$ ，其主应力通过下式求得

$$\sigma_1,\sigma_2=\frac{\sigma_x+\sigma_y}{2}\pm\sqrt{\left(\frac{\sigma_x-\sigma_y}{2}\right)^2+\tau_{xy}^2}=-p\pm\tau_{xy}=-100\pm\tau_{xy}$$

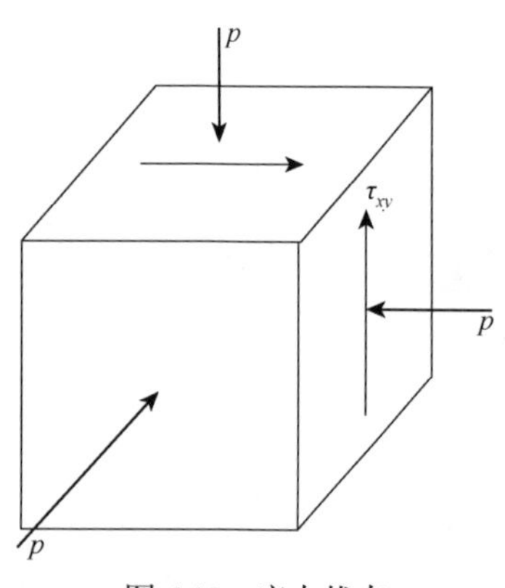

图 6.19　应力状态

如按 $\sigma_1\geqslant\sigma_2\geqslant\sigma_3$ 排序主应力，则 $\sigma_1=-100+\tau_{xy}$ ，$\sigma_2=-p=-100$ ，$\sigma_3=-100-\tau_{xy}$ 。应用式（6.42），有

$$\frac{-100+\tau_{xy}}{10.98}-\frac{-100-\tau_{xy}}{48.52}=1$$

解算得到 $\tau_{xy}=72.05\text{MPa}$ 。

本例中的 σ'_{uc} 与单轴压缩强度[11] $|\sigma_{uc}|=45.3\text{MPa}$ 相差不是太大，但 σ'_{ut} 则与单轴拉伸强度 $\sigma_{ut}=1.7\text{MPa}$ 相差很大，这正是莫尔-库仑强度准则的弱点所在。一般来讲，在拉伸加载和扭转加载中，莫尔-库仑强度准则与脆性材料的破坏行为很难一致。因此，在未知材料 c ，ϕ 参数的情况下，应用式（6.42）计算破坏应力时，一定要谨慎使用 $\sigma'_{uc}=\sigma_{uc}$ 和 $\sigma'_{ut}=\sigma_{ut}$ 。

6.3.3　德鲁克-普拉格准则

德鲁克-普拉格（Drucker-Prager）准则于1952年提出，它既是对莫尔-库仑强度准则的修正，又是对米泽斯屈服准则的扩展。在偏平面上，它用圆形替代了莫尔-库仑强度准则的不规则六边形，规避了数值计算角隅处理的困难，使计算变得高效易行；在子午面上，它用倾斜的子午直线替代了米泽斯屈服准则平行于静水压力轴的子午直线，意味着德鲁克-普拉格准则考虑了静水压力对屈服的影响。这一准则的数学表达式为

$$f(I_1,J_2)=\alpha I_1+\sqrt{J_2}-k=0 \tag{6.49}$$

或

$$f(\xi,\rho)=\sqrt{6}\,\alpha\xi+\rho-\sqrt{2}k=0 \tag{6.50}$$

其中，α 和 k 为材料常数。

从式（6.50）容易看出，此准则的子午线为一倾斜直线［图6.20（a)］，其与 ρ 轴的交点为 $\rho_0=\sqrt{2}k$，亦即π平面上圆的半径［图6.20（b)］。因为 αI_1 只影响偏平面上圆的大小，不影响圆的形状，所以德鲁克-普拉格准则在主应力空间中的屈服面为一圆锥面（图6.21），其锥顶 ξ 坐标为 $\sqrt{3}k/3\alpha$。

德鲁克-普拉格准则的圆锥大小可通过 α，k 两个参数来调整。如要求圆锥面与莫尔-库仑压子午线（$\theta=60°$）相外接（图6.22中π平面上的DP1），则

$$\alpha=\frac{2\sin\phi}{\sqrt{3}(3-\sin\phi)},\quad k=\frac{6c\cos\phi}{\sqrt{3}(3-\sin\phi)} \tag{6.51}$$

如要求圆锥面与莫尔-库仑拉子午线（$\theta=0°$）相吻合（图 6.22 中π平面上的DP2），则

$$\alpha=\frac{2\sin\phi}{\sqrt{3}(3+\sin\phi)},\quad k=\frac{6c\cos\phi}{\sqrt{3}(3+\sin\phi)} \tag{6.52}$$

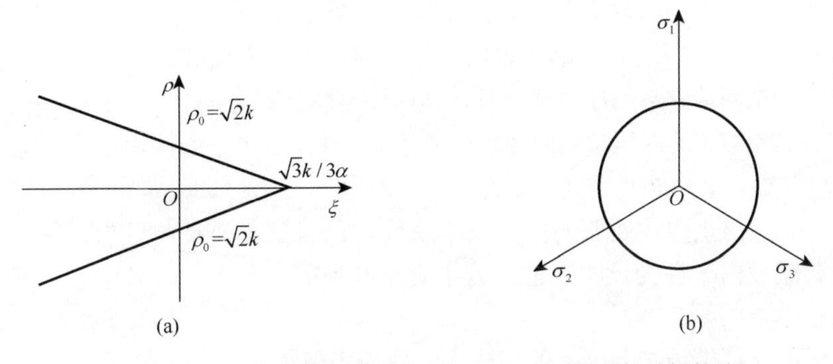

图6.20　(a）拉伸和压缩子午面；(b）π平面上的破坏轨迹

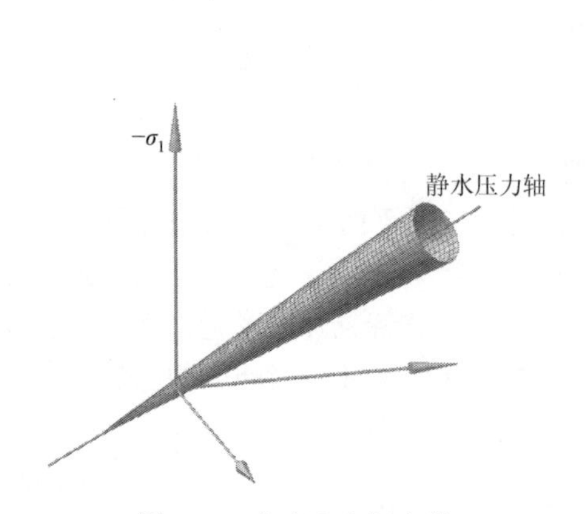

图 6.21　主应力空间中的德鲁克–普拉格屈服面

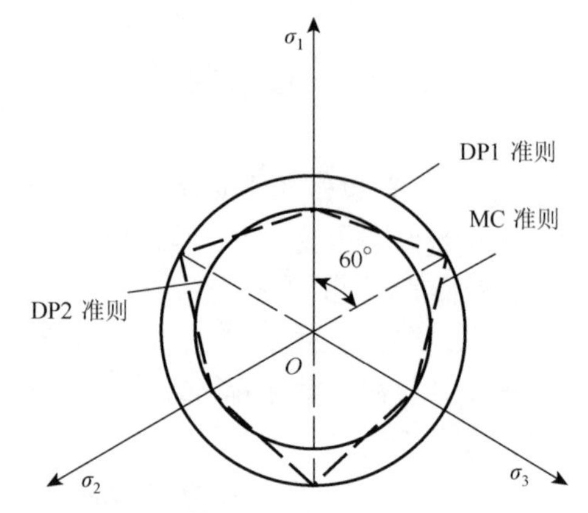

图 6.22　德鲁克–普拉格准则与莫尔–库仑强度准则比较

当α为零时，德鲁克–普拉格准则退化为米泽斯屈服准则，故德鲁克–普拉格准则又称为广义的米泽斯屈服准则。

上面讲授的屈服（破坏）准则是最为经典的以应力为基础的失效准则。对于岩土材料或混凝土材料，研究人员开发了许多其他类型的失效准则，对此感兴趣的读者可参考相关论著[12, 13]。

习　　题

6.1　在平面应力状态下，试比较特雷斯卡屈服准则与米泽斯屈服准则在$\sigma_y/\sigma_0=0.0$，0.5和1.0三种不同值下平面σ_x-τ_{xy}上的轨迹曲线有何差异。

6.2　一个由2024-T4铝合金（$\sigma_0=300\text{MPa}$）制成的工程构件中，应力最严重点处于如下应力状态：$\sigma_x=120\text{MPa}$，$\sigma_y=40\text{MPa}$，$\tau_{xy}=-30\text{MPa}$ 和 $\sigma_z=\tau_{yz}=\tau_{zx}=0$。如定义结构失效安全系数为$K=\sigma_0/\bar{\sigma}$，$\bar{\sigma}$为等效应力。

（a）应用特雷斯卡屈服准则判断构件是否处于安全状况；

（b）应用米泽斯屈服准则确定防止塑性屈服的安全系数。

6.3　一个两端密封的厚壁金属管，其内外半径分别为$r_1=25\text{mm}$和$r_2=35\text{mm}$。它承受$p=25\text{MPa}$的内压，同时还承受一个$T=8\text{kN}\cdot\text{m}$的扭矩作用。材料屈服强度$\sigma_0=470\text{MPa}$，要求防止塑性屈服的安全系数为2.0。

（a）确定防止塑性屈服的实际安全系数，它满足安全要求吗？

（b）假设内半径为一固定值，为了满足要求的安全系数，外半径值应该调整为多少？

提示：厚壁管内半径为r的任一点，各应力值如下：

环向应力 $\sigma_t = \frac{pr_1^2}{r_2^2 - r_1^2}\left(\frac{r_2^2}{r^2}+1\right)$，径向应力 $\sigma_r = -\frac{pr_1^2}{r_2^2 - r_1^2}\left(\frac{r_2^2}{r^2}-1\right)$

轴向应力 $\sigma_z = \frac{pr_1^2}{r_2^2 - r_1^2}$，环向剪应力 $\tau_{tz} = \frac{2Tr}{\pi\left(r_2^4 - r_1^4\right)}$

6.4　一个材料在二维主应力平面中进行试验，所得屈服点为 $(\sigma_1,\sigma_2)=(3t,t)$，假定材料为各向同性，与静水压力无关且拉压屈服应力相同。

（a）由上述条件推断在 σ_1 - σ_2 平面中的各屈服点；

（b）证明米泽斯屈服准则曲线通过（a）中所得的所有点。

6.5　已知土体内一点的主应力 $\sigma_1 = -60\text{kPa}$，$\sigma_2 = -100\text{kPa}$ 和 $\sigma_3 = -200\text{kPa}$。土体材料强度 $c = 50\text{kPa}$，$\phi = 30°$。试确定这个应力点处于：

（a）莫尔-库仑失效面内还是面外；

（b）德鲁克-普拉格失效面（DP2）内还是面外。

6.6　一点的应力状态为

$$\sigma_{ij} = \begin{bmatrix} 20 & 80 & 0 \\ 80 & 80 & 0 \\ 0 & 0 & -40 \end{bmatrix} \quad (\text{MPa})$$

在 $\sigma_1 = \sigma_2 = -1.5\sigma_{uc}$，$\sigma_3 = 0$ 的双轴等值压缩试验条件下发生破坏，其中 $\sigma_{uc} = 250\text{MPa}$ 是满足）莫尔-库仑强度准则的极限抗压强度。

（a）确定德鲁克-普拉格准则的常数 α 和 k；

（b）求出该应力状态相对破坏安全系数：①当所有应力按比例增加达到破坏面；②只有正应力 σ_x 增加在屈服面上达到临界值。

第7章　塑性应力-应变关系

一般认为，塑性力学的历史应追溯至特雷斯卡建立第一个屈服准则——最大剪应力准则时的1864年。随后圣维南针对理想刚塑性材料，在平面应力状态下建立了应力-应变关系。同时，莱维（Levy）导出了三维情况下更一般的方程。20世纪初，米泽斯于1913年提出了米泽斯屈服准则，1928年研究了塑性应变增量方向与光滑的屈服面之间的关系，正式引入了屈服函数作为塑性势函数，建立起了流动理论的增量应力应变关系，标志着塑性力学进入了一个崭新的时代。

早期的塑性力学，主要针对金属材料强度进行研究。塑性材料特征主要是围绕简单拉压条件下金属材料的试验结果而展开的，对于金属材料在静水压力作用下的试验，人们得出了如下结果：在压力不大的情况下，体积变化是弹性的，除去静水压力后体积变形可以完全恢复，没有残余的体积变形。金属的塑性破坏过程或破坏机制是晶体的滑移或错位所致。因此，在传统塑性理论中，常认为塑性变形与剪切变形密切相关，不会引起体积改变，这体现在6.2节的前两个屈服准则上。

然而，对于混凝土、岩土类材料，有许多与金属材料不相同的特性，如其塑性性状包含了体积改变，并且材料的拉、压特性也存在着很大差别，这是因为这些材料的微观破坏机制与金属材料破坏机制不同。不过这些材料在压力荷载作用下的典型应力-应变曲线却展现了与典型的弹塑性材料相似的特征，所以在以金属材料为基础的塑性理论框架下，通过适当修正和演义，是可以处理解决混凝土、岩土类材料的塑性问题的。

经典塑性本构关系有两类，即**全量理论**和**增量理论**。当材料应力进入塑性状态后，应变不仅取决于当前应力状态，而且还取决于应力历史。因此，一般很难建立起应变全量与应力全量的关系。增量理论将整个加载历史看成是一系列微小增量加载过程的和，研究每个微小增量加载过程中应变增量与应力增量之间的关系，再沿加载路径依次积分应变增量最终获得应变值。增量理论能够反映应力历史的相关性，是塑性力学中应用最广泛的方法。增量理论的本构方程通常采用应力与应变的时间率（单位时间内的增量）形式表达。如假定材料本构关系是率无关的，即不受加载时间的影响，那么就可采用应力与应变的增量形式表达。

应当指出，实际材料的塑性特征是会受温度和加载速率的影响的，即温度越高，材料塑性特征越明显；加载速率提高，会使材料的屈服极限提高而韧性降低。考虑日常工程结构都是在常温条件下和一般加载速率作用下服役的，故本书不考虑这些因素对材料塑性的影响，使用增量形式来建立塑性本构方程。

本章研究的塑性问题是指图 4.1 中 D 点以前的理想塑性特征段 BC 和塑性硬化段 CD，D 点以后的软化段因涉及材料损伤特性已超出本书内容，故不予讨论。

7.1　单轴应力状态下的塑性特征

金属材料单轴拉伸试验的应力-应变曲线见图 4.1，其加卸载过程的理想化状况见图 6.1（b），材料卸载后留下的塑性应变 ε^p 是永久应变，无论后续荷载如何变化，这个应变都是不能消除的，将永远残留在材料体中。这是塑性应变与弹性应变最大的不同，弹性应变当荷载卸除后能够恢复而完全消失，见图 6.1（b）中的 ε^e。由于加载应力超过屈服应力 σ_0 后卸载表现出应变不可逆，材料体中一点的应力-应变关系不再是单值对应的，即给定一个应变值，可能同时存在几个应力值［图 7.1（a）］，反之亦然［图 7.1（b）］。因此，为了得到一给定应变点 ε^* 的应力状况，就必须知道应力的加载历史，即必须知道图 7.1（a）中的应力点是通过 T_1 点或 T_2 点还是 T_3 点卸载的历史，才能正确地判断出现在的应力是 σ_1 或 σ_2 还是 σ_3。

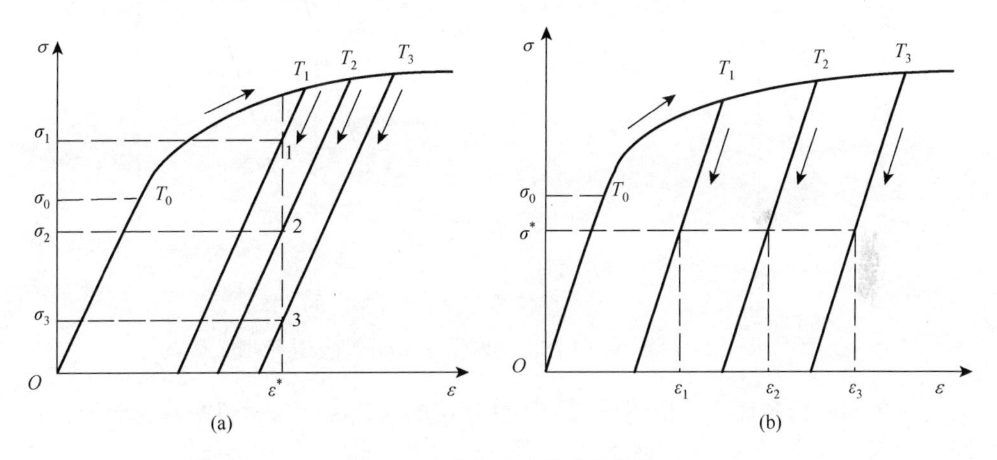

图 7.1　应力与应变的非单值性

对于金属材料，常假设拉压屈服应力大小均为 σ_0（始终取正值），此时的初始弹性域为 $\sigma\in(-\sigma_0,\sigma_0)$，如图 7.2 中的 T_0C_0 范围，它包括了无应力无变形状态，即原点 O。如应力沿 OT_0T_1 加载至 T_1 点后卸载至 O_1 点并反向加载到 C_1 点 $\sigma=\sigma_y^-$，材料受压屈服，将出现压缩塑性变形［图 7.2（a）］。一般地 $|\sigma_y^-|<\sigma_0$（σ_y^- 为屈服压应力取负值），这是由于经过拉伸塑性变形后改变了材料内部的微观结构，在压缩时的屈服应力有所降低，这种现象称为包辛格（Bauschinger）效应。T_1 点卸载并反向加载至 C_1 点，形成新的弹性域 $\sigma\in(\sigma_y^-,\sigma_y^+)$，如弹性域范围与初始弹

性域范围相等，即 $\sigma_y^+ + |\sigma_y^-| = 2\sigma_0$，则称为**随动硬化**，显然这种特性满足包辛格效应。如材料因拉伸后提高了加载应力，使得压缩时的加载应力也同样得到了提高，见图 7.2（b），弹性域 $\sigma_y^+ + |\sigma_y^-| > 2\sigma_0$，这种硬化特性称为**各向同性硬化**（等向硬化），显然这种材料行为是不满足包辛格效应的。为了区别 σ_0 和 σ_y（σ_y^+ 或 σ_y^-），常将前者称为初始屈服应力，后者称为后继屈服应力。与 σ_0 对应的屈服面和屈服函数分别称为**初始屈服面**和初始屈服函数，而 σ_y 对应的屈服面和函数分别称为**后继屈服面**和后继屈服函数，有时又称为加载面和加载函数。

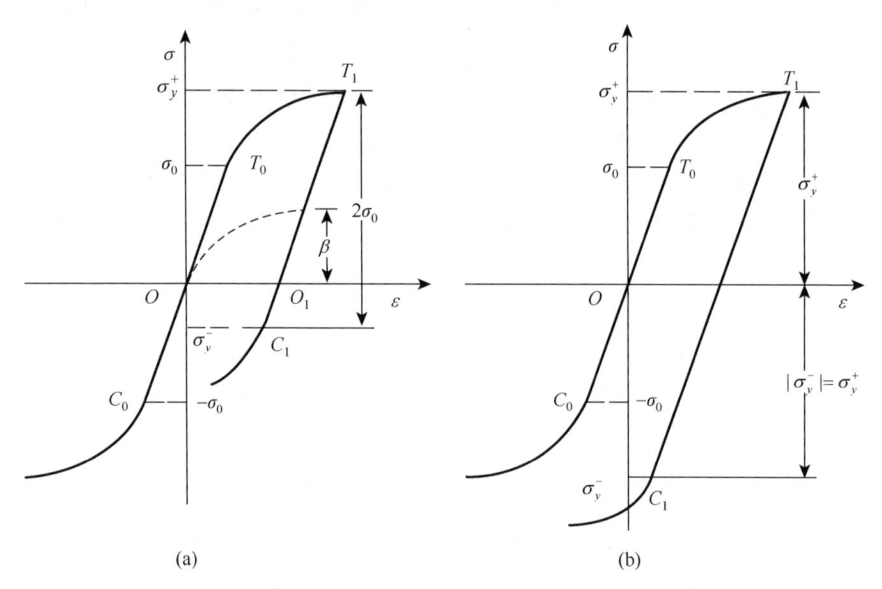

图 7.2　单轴状态下的随动硬化与各向同性硬化模型

在单向应力条件下，描述理想弹塑性状况的加载函数与材料初始屈服函数相同，即式（6.3）的 $f(\sigma)$。描述硬化材料时，由于屈服应力不再是固定的 σ_0，而是变化的 σ_y（受拉屈服为正，受压屈服为负），故加载函数变为

$$f(\sigma,\sigma_y) = \sigma - \sigma_y \tag{7.1}$$

对于图 7.2（a）的随动硬化，如固定弹性域大小 $2\sigma_0$ 不变，引入背应力 β，使 $\sigma_y = \beta \pm \sigma_0$，再代入式（7.1），并注意 $f = 0$，于是加载函数又可写为

$$f(\sigma,\beta) = |\sigma - \beta| - \sigma_0 \tag{7.2}$$

对于图 7.2（b）的各向同性硬化，其加载函数式就是式（7.1）。显然，在不限定 σ_y 正负的情况下，式（7.1）即为两种硬化条件加载函数的统一表达式。如拉压后继屈服应力大小相等，即 $|\sigma_y^-| = \sigma_y^+$，可将式（7.1）进一步改写为

$$f = |\sigma| - \sigma_y^+ \tag{7.3}$$

这就是各向同性硬化最为常用的加载函数式。

应用加载函数 $f(\sigma,\sigma_y)$ 可定义屈服面或加载面

$$\mathcal{B} := \{\sigma \mid f(\sigma,\sigma_y) = 0\} \tag{7.4}$$

从而界定出弹性域范围

$$\mathcal{E} := \{\sigma \mid f(\sigma,\sigma_y) < 0\} \tag{7.5}$$

及塑性计算中允许出现的应力水平域

$$\bar{\mathcal{E}} := \{\sigma \mid f(\sigma,\sigma_y) \leqslant 0\} \tag{7.6}$$

这说明在任何情况下，应力都不会位于加载面 $\mathcal{B}$ 之外。

位于弹性域 $\mathcal{E}$ 内的应力 σ，只能产生弹性应变，而没有塑性应变出现，即

$$\text{当 } f < 0 \text{ 时，} \mathrm{d}\varepsilon^p = 0 \tag{7.7}$$

位于屈服面 $\mathcal{B}$ 上的应力 σ，当应力获得增量 $\mathrm{d}\sigma$ 时，既可能出现弹性变形（$(\sigma + \mathrm{d}\sigma) \in \mathcal{E}$），也可能出现塑性变形（$(\sigma + \mathrm{d}\sigma) \in \mathcal{B}$），即

$$\text{当 } f = 0 \text{ 时，} \begin{cases} \mathrm{d}\varepsilon^p = 0, & \text{弹性卸载} \\ \mathrm{d}\varepsilon^p \neq 0, & \text{塑性加载} \end{cases} \tag{7.8}$$

总结上面的讨论，我们应注意到以下几点：

（1）弹性域大小是通过其边界应力，即屈服应力界定的。加载初始时为 $\sigma \in (-\sigma_0, \sigma_0)$，超过初始应力 σ_0 后再卸载并反向加载会形成新的弹性域，其区域为 $\sigma \in (\sigma_y^-, \sigma_y^+)$。弹性域内的应力-应变关系符合线弹性准则，没有塑性应变产生。

（2）如果材料点在屈服状态下获得应力增量 $\mathrm{d}\sigma$，该点既可能继续屈服，也可能卸载到弹性范围，这需要建立一个判定规则来加以甄别。

（3）塑性应变的演化，伴随着屈服应力的改变（σ_0 到 σ_y），应力-应变曲线（图 7.1）中相应点从 T_0 到 T_1、T_2 或 T_3，致使应力-应变关系不再是单值关系。因此，应变不仅取决于应力状态，而且还取决于达到该应力状态所经历的历史。

7.2　单轴应力状态下的塑性模型

单轴状态下的 $\sigma_y(\varepsilon)$ 可通过单轴拉伸（或压缩）试验曲线进行数学拟合得到。然而，对一些实际工程的弹塑性问题来说，这样得到的表达式可能过于复杂，不便于计算。为此，常对 $\sigma_y(\varepsilon)$ 函数进行简化，最简单常用的 $\sigma_y(\varepsilon)$ 模型有如下几种，见图 7.3。

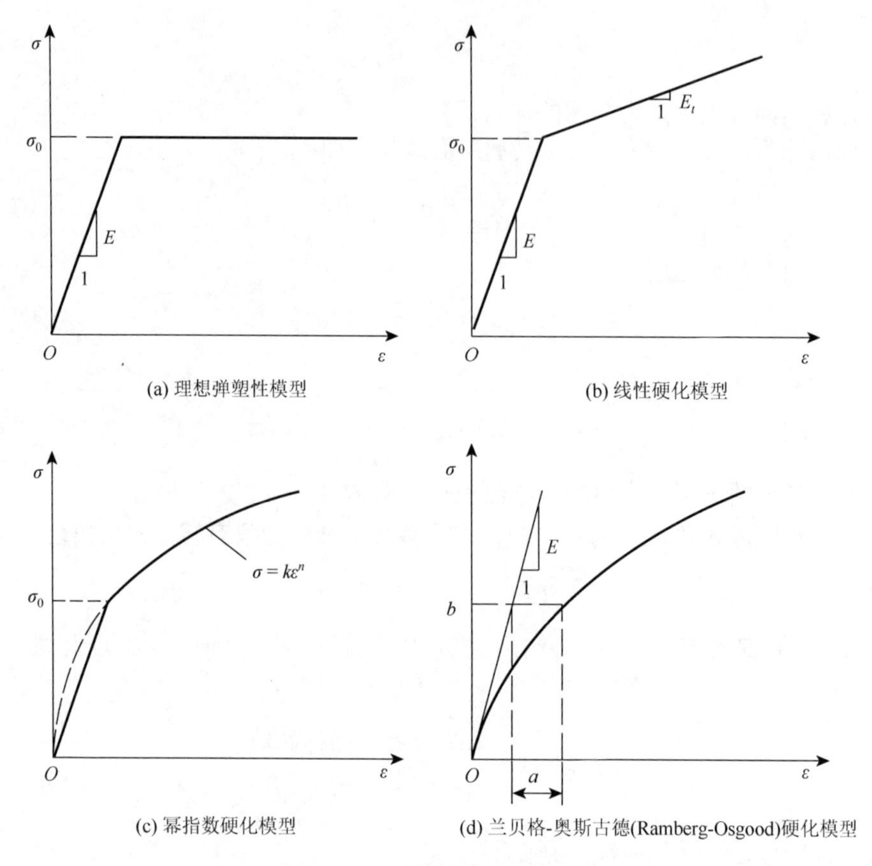

(a) 理想弹塑性模型　(b) 线性硬化模型

(c) 幂指数硬化模型　(d) 兰贝格-奥斯古德(Ramberg-Osgood)硬化模型

图 7.3　几种简单的弹塑性模型

7.2.1　理想弹塑性模型

如图 7.3（a）所示的理想弹塑性模型，当应力达到屈服应力σ_0后，应力-应变曲线为水平直线，表示应力不增加，应变就会自由增长。用数学表达式表示为

$$\begin{cases} \varepsilon = \dfrac{\sigma}{E} & (\sigma < \sigma_0) \\ \varepsilon = \dfrac{\sigma_0}{E} + \lambda & (\sigma = \sigma_0) \end{cases} \tag{7.9}$$

式中，λ为一正标量。

7.2.2　线性硬化模型

如图 7.3（b）所示的线性硬化模型，又称双线性硬化模型。这种模型除弹性

段为直线外，硬化段亦为直线。一般来说，硬化段直线斜率 E_t 小于弹性段斜率 E 。对于单调拉伸荷载，应力-应变关系有如下形式：

$$\begin{cases} \varepsilon = \dfrac{\sigma}{E} \quad (\sigma \leqslant \sigma_0) & (7.10a) \\ \varepsilon = \dfrac{\sigma_0}{E} + \dfrac{1}{E_t}(\sigma - \sigma_0) \quad (\sigma > \sigma_0) & (7.10b) \end{cases}$$

作为这一模型的延伸，还可以构造出多段线性硬化模型。

7.2.3　幂指数硬化模型

很多材料的硬化是非线性的，若采用简单的指数函数进行模拟，应力-应变关系可表示为［图 7.3（b）］

$$\begin{cases} \sigma = E\varepsilon \quad (\sigma \leqslant \sigma_0) \\ \sigma = k\varepsilon^n \quad (\sigma > \sigma_0) \end{cases} \tag{7.11}$$

式中，k 和 n 是与所得试验曲线拟合得最好的材料常数。注意，k 和 n 两个材料常数不是独立的，因为应力-应变曲线在 $\sigma = \sigma_0$ 点必须连续，即必须满足 $\sigma = k(\sigma_0 / E)^n$ 的条件。

7.2.4　兰贝格-奥斯古德硬化模型

模型如图 7.3（d）所示。这个模型将弹性应变和塑性应变看成是各自独立的且可以相加，其应力-应变关系可表示为

$$\varepsilon = \frac{\sigma}{E} + a\left(\frac{\sigma}{b}\right)^n \tag{7.12}$$

式中，a，b 和 n 为材料常数。上面的方程并不能对应力进行求解。它对于所有的 σ 值都表现为一条单一的光滑曲线，没有明确的屈服点。曲线初始斜率为 E，随着应力增大，斜率单调减小。

注意，上面所有模型表达式中，当 $\sigma > \sigma_0$ 时，都能用 σ_y 替代 σ（此时 $f = 0$），从而得出 $\sigma_y(\varepsilon)$ 函数关系式。

7.2.5　全量应力-应变模型算例

这里所用“全量”概念是为了区别于 7.7 节的“增量”概念。

例 7.1　如图 7.4 所示的三杆平面桁架，在下端作用有一竖向荷载 P。假设所有杆件横截面积为 A_0，且具有相同的材料特性，弹性模量为 E。1 杆长 $l_1 = l_0 / \cos\theta$，2 杆长 $l_2 = l_0$。试确定下列情形下各杆应力及外荷载 P 与荷载作用点 a 铅直位移的关系 $P \sim \delta$。（1）材料为理想弹塑性情形；（2）材料为线性硬化情形。

解　由对称性，利用节点 a 的静力平衡条件，得

$$2\sigma_1 \cos\theta + \sigma_2 = \frac{P}{A_0} \tag{例 7.1.1}$$

在小变形条件下，根据点 a 的几何协调性，有

$$\Delta l_1 = \Delta l_2 \cos\theta$$

用应变 $\varepsilon_i = \Delta l_i / l_i$ 替换上式后整理得

$$\varepsilon_1 = \varepsilon_2 \cos^2\theta \tag{例 7.1.2}$$

（1）弹性解。

当 P 力足够小时，三杆中的应力都小于屈服应力，整个桁架处于弹性变形阶段，杆中应力应变满足胡克定律

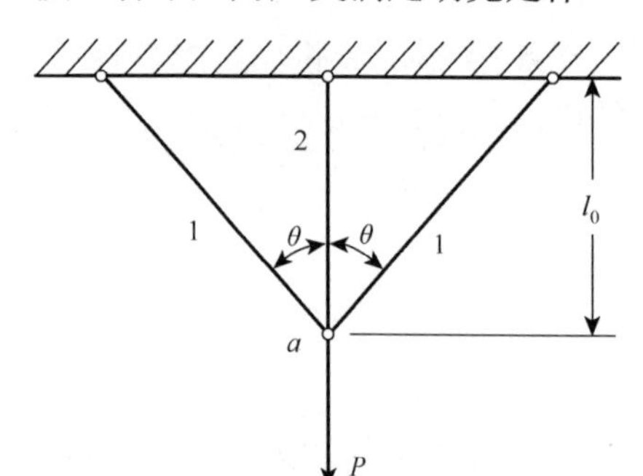

图 7.4　三杆平面桁架

$$\varepsilon_i = \frac{\sigma_i}{E}, \quad i = 1,2 \tag{例 7.1.3}$$

联立式（例 7.1.1）、式（例 7.1.2）和式（例 7.1.3）求解得到

$$\begin{cases} \sigma_1 = \dfrac{P}{A_0} \dfrac{\cos^2\theta}{(1 + 2\cos^3\theta)} \\ \sigma_2 = \dfrac{P}{A_0} \dfrac{1}{(1 + 2\cos^3\theta)} \end{cases} \tag{例 7.1.4}$$

显然，$\sigma_2 > \sigma_1$，当 P 增加时，杆 2 先屈服。由 $\sigma_2 = \sigma_0$，可求出弹性极限荷载

$$P_e = \sigma_0 A_0 (1 + 2\cos^3\theta) \tag{例 7.1.5}$$

当 $P \leqslant P_e$ 时，a 点铅直位移为

$$\delta = \Delta l_2 = \varepsilon_2 l_0 = l_0 \frac{\sigma_2}{E} = \frac{l_0 P}{E A_0 (1 + 2\cos^3\theta)} \tag{例 7.1.6}$$

（2）弹塑性解。

情况 1：材料为理想弹塑性情形。

对于理想弹塑性材料，当 $P > P_e$ 时，杆 2 应力不能再提高，只能保持 $\sigma_2 = \sigma_0$，用式（例 7.1.1）可得

$$\sigma_1 = \frac{P / A_0 - \sigma_0}{2\cos\theta} \tag{例 7.1.7}$$

1 杆屈服时，$\sigma_1=\sigma_0$，对应的外荷载 P_s 值为

$$P_s=\sigma_0 A_0(1+2\cos\theta) \tag{例 7.1.8}$$

在 $P_e \leqslant P \leqslant P_s$ 时，有

$$\begin{aligned}\delta&=\frac{\delta_1}{\cos\theta}=\frac{\varepsilon_1 l_1}{\cos\theta}=\frac{\varepsilon_1 l_0}{\cos^2\theta}=\frac{\sigma_1 l_0}{E\cos^2\theta}\\&=\frac{l_0}{2E\cos^3\theta}\left(\frac{P}{A_0}-\sigma_0\right)\end{aligned} \tag{例 7.1.9}$$

情况 2：材料为线性硬化情形。

当 $P \leqslant P_e$ 时，弹性解（例 7.1.4）仍成立。

当 $P > P_e$ 时，杆 2 进入硬化阶段

$$\sigma_2=\sigma_0+E_t\left(\varepsilon_2-\frac{\sigma_0}{E}\right)$$

将其代入式（例 7.1.1），可求解 σ_1 及 σ_2 得

$$\begin{cases}\sigma_1=\dfrac{\left[\dfrac{P}{A_0}-\sigma_0\left(1-\dfrac{E_t}{E}\right)\right]\cos^2\theta}{\dfrac{E_t}{E}+2\cos^3\theta}\\[2ex]\sigma_2=\dfrac{\dfrac{E_t}{E}\dfrac{P}{A_0}+2\sigma_0\left(1-\dfrac{E_t}{E}\right)\cos^3\theta}{\dfrac{E_t}{E}+2\cos^3\theta}\end{cases} \tag{例 7.1.10}$$

计算中用到 $\varepsilon_2=\varepsilon_1/\cos^2\theta=\sigma_1/E\cos^2\theta$。此时 δ 仍用式（例 7.1.9）计算，只是现在的 σ_1 要用式（例 7.1.10）的值。

1 杆屈服时，$\sigma_1=\sigma_0$，对应的 P_1 值由式（例 7.1.1）推出

$$P_1=\sigma_0 A_0\left[1+2\cos\theta+\frac{E_t}{E}\left(\frac{1}{\cos^2\theta}-1\right)\right] \tag{例 7.1.11}$$

当 $P \geqslant P_1$ 时，利用材料应力-应变关系式（7.10b）及式（例 7.1.2）和式（例 7.1.1）解得

$$\begin{cases}\sigma_1=\dfrac{\dfrac{P}{A_0}\cos^2\theta+\sigma_0\left(1-\dfrac{E_t}{E}\right)\sin^2\theta}{1+2\cos^3\theta}\\[2ex]\sigma_2=\dfrac{P}{A_0}-2\sigma_1\cos\theta\end{cases} \tag{例 7.1.12}$$

同时可求得

$$\delta = \frac{\varepsilon_1 l_0}{\cos^2\theta} = \frac{E}{E_t}\frac{\dfrac{P}{A_0\sigma_0} - \left(1 - \dfrac{E_t}{E}\right)(1 + 2\cos\theta)}{1 + 2\cos^3\theta}\delta_e \tag{例 7.1.13}$$

其中

$$\delta_e = l_0\varepsilon_2 = \frac{\sigma_0 l_0}{E}$$

这是对应于 $P = P_e$ 时的 δ。

【讨论】材料为理想弹塑性时，当 $\theta = 30°$ 时，荷载比

$$\frac{P_s}{P_e} = \frac{1 + 2\cos 30°}{1 + 2\cos^3\theta} = 1.19$$

说明采用塑性理论设计更能发挥结构的潜能。

若材料为线性硬化，取 $E_t / E = 0.1$，$\theta = 30°$，此时荷载比

$$\frac{P_1}{P_s} = 1.012$$

说明按线性硬化材料和按理想塑性材料计算的结构承载能力相差不大。

7.3　单轴应力状态下的塑性本构模型

本节以单轴拉伸试验为基础，进一步讨论单轴状态下的塑性本构模型。虽然建立单轴条件下的塑性本构模型较为简单，但它包含了塑性建模所需要的基本知识体系，是学习和理解建立复杂应力状态下弹塑性本构模型理论的基础。

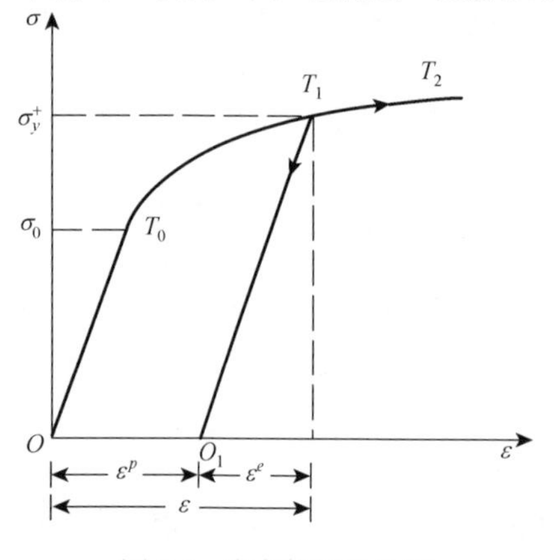

图 7.5　应变的加法分解

在图 7.5 的理想化单轴拉伸试验中，假设初始加载曲线 OT_0 与后继卸载曲线 T_1O_1 具有相同的斜率 E，即材料的弹性模量。位于直线 OT_0 或 T_1O_1 段上的应力处于弹性阶段，只有弹性应变 ε^e 出现；位于曲线 $T_0T_1T_2$ 上的应力处于塑性状态，伴随着塑性应变 ε^p 的产生。

在小变形情况下，可假设总应变 ε 能分解为弹性应变 ε^e（可恢复变形）和塑性应变 ε^p（永久变形）之和，即

$$\varepsilon = \varepsilon^e + \varepsilon^p \tag{7.13}$$

于是弹性应变为

$$\varepsilon^e = \varepsilon - \varepsilon^p \tag{7.14}$$

塑性计算中，因为要考虑加载历史对塑性特性的影响，故常用增量法表示上式

$$d\varepsilon^e = d\varepsilon - d\varepsilon^p \tag{7.15}$$

由于当荷载完全移出后塑性应变仍存在，故可假定应力增量 $d\sigma$ 只与弹性应变增量 $d\varepsilon^e$ 有关，即

$$d\sigma = E d\varepsilon^e = E(d\varepsilon - d\varepsilon^p) \tag{7.16}$$

7.3.1　加载准则

假设在一塑性状态应力 σ ［满足屈服方程 $f(\sigma)=0$，应力点在曲线上］上施加一应力增量 $d\sigma$，如果由于 $d\sigma$ 而使应力状态继续处在塑性阶段（图 7.6 中的曲线上箭头方向，即应力点继续在曲线 T_1T_2 上或 C_1C_2 上），那么称此过程为加载，此时塑性应变存在，即 $d\varepsilon^p \neq 0$；相反，如果应力状态反向进入弹性阶段（图 7.6 中离开曲线的箭头所指方向），则称为卸载，此时只有弹性应变产生，塑性应变 $d\varepsilon^p = 0$。用屈服函数 f 可表示为式（7.8）。

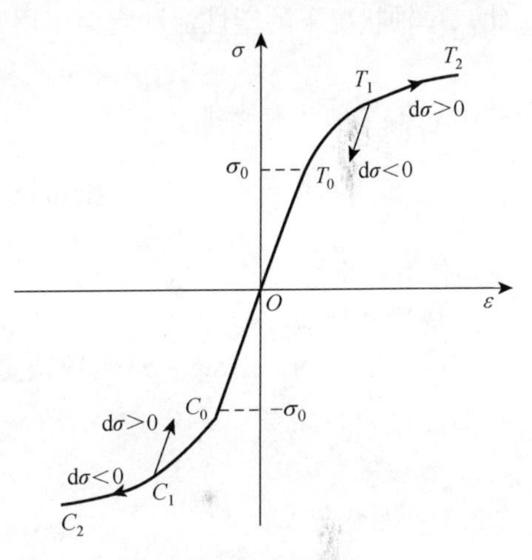

图 7.6　单轴状态加卸载准则

从图 7.6 中看出，在拉伸 $(\sigma > 0)$ 情形下进入屈服后 $(\sigma \geqslant \sigma_0)$，给定应力增量 $d\sigma$，若 $d\sigma > 0$，处于加载，$d\sigma < 0$ 处于卸载；而在压缩 $(\sigma < 0)$ 情形下则相反，若 $d\sigma < 0$，处于加载，$d\sigma > 0$ 处于卸载。综合来讲，加卸载准则可表示为

$$\text{当 } f=0 \text{ 时，} \begin{cases} df < 0, & \text{卸载} \\ df > 0, & \text{加载} \end{cases} \tag{7.17}$$

其中

$$df = \frac{\partial f}{\partial \sigma} d\sigma \tag{7.18}$$

如在各向同性硬化情形下，式（7.3）又可写为（取 $\sigma_y = \sigma_y^+$）

$$f = \sigma^2 - \sigma_y^2 \tag{7.19}$$

则

$$df = 2\sigma d\sigma \tag{7.20}$$

容易用加载准则式（7.17）验证上式与图 7.6 的解释是一致的。

掌握了加载准则，就能随时判断出下一时刻的应力状态（即应力σ获得增量$\mathrm{d}\sigma$后成为$\sigma+\mathrm{d}\sigma$时的状态）。

7.3.2　流动法则

塑性应变发生是有条件的。当应力处于弹性状态时是不会产生塑性应变的［表示为式（7.7）］。当应力处于塑性状态时，在加载条件下则能产生塑性应变［即式（7.8）］。从图 7.6 容易看出，处于塑性状态T_0的点，加载时其塑性应变增量$\mathrm{d}\varepsilon^p$为正（拉伸）；处于塑性状态C_0的点，加载时其塑性应变增量$\mathrm{d}\varepsilon^p$为负（压缩）。因此，单轴状况下的塑性流动定律可用数学表达式表示为

$$\mathrm{d}\varepsilon^p=\mathrm{d}\lambda\,\mathrm{sign}(\sigma) \tag{7.21}$$

式中，$\mathrm{d}\lambda \geqslant 0$为任意非负标量，称为塑性乘子。sign 为符号函数，定义为

$$\mathrm{sign}(x)=\begin{cases}+1, & x\geqslant 0\\ -1, & x<0\end{cases}$$

x为任意标量。

描述塑性应变变化的式（7.21）即为流动法则。塑性应变增量的方向取决于当前应力的方向，由$\mathrm{sign}(\sigma)$函数决定；塑性应变增量的大小由标量$\mathrm{d}\lambda$决定，将在后面讨论。

7.3.3　硬化法则

7.1 节讨论的图 7.1 所示硬化材料，应力与应变之间不是简单的单值函数关系，为了描述材料单元的当前状态，必须完整记录下塑性加载历史。塑性加载历史主要体现在塑性变形的发展是如何影响屈服应力的演化上。为此，常将屈服应力σ_y［为方便书写，用σ_y代替式（7.3）中的σ_y^+，只取正值，当$\sigma_y=\sigma_0$时表示初始屈服］表示为描述塑性硬化的某个参数ξ的函数，即

$$\sigma_y=k(\xi) \tag{7.22}$$

于是，式（7.3）表示的屈服方程可写为

$$f(\sigma,\xi)=\sigma^2-\sigma_y^2=0 \tag{7.23}$$

实际应用中最典型的**硬化参数**是等效塑性应变$\bar{\varepsilon}^p$（亦称有效塑性应变），定义为

$$\bar{\varepsilon}^p=\int|\mathrm{d}\varepsilon^p| \tag{7.24}$$

绝对值保证了无论拉压塑性应变都对$\bar{\varepsilon}^p$作出正增长贡献，故又将$\bar{\varepsilon}^p$称为累积塑性应变。在单调拉伸时，有

$$\bar{\varepsilon}^p = \varepsilon^p \tag{7.25}$$

单调压缩时，有

$$\bar{\varepsilon}^p = -\varepsilon^p \tag{7.26}$$

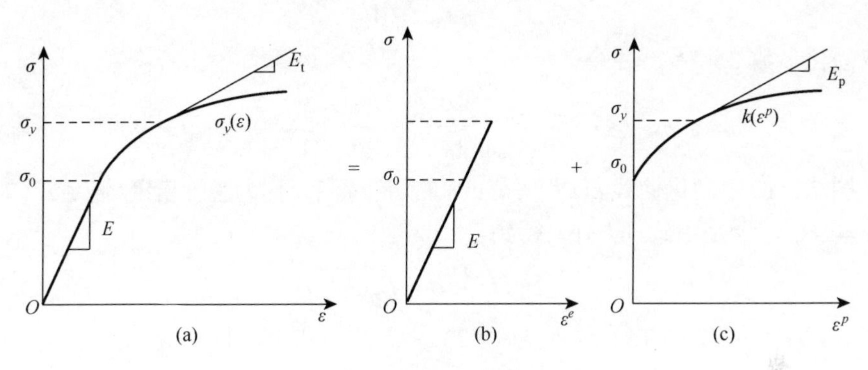

图 7.7　单轴拉伸模型构成

硬化函数$k(\bar{\varepsilon}^p)$（当$\xi=\bar{\varepsilon}^p$时）表示的曲线即为$k(\varepsilon^p)$［正向坐标时，如图 7.7（c）所示］，可通过图 7.7（a）中屈服段曲线$\sigma_y(\varepsilon)$获得。在图 7.7（c）中曲线$k(\varepsilon^p)$纵坐标与图 7.7(a)中曲线$\sigma_y(\varepsilon)$纵坐标相同，横坐标缩减为$\varepsilon^p = \varepsilon - \sigma_y / E$（当$\sigma_y = \sigma_0$时，$\varepsilon = \sigma_0 / E$，$\varepsilon^p = 0$）。需要注意的是，以后本书所用屈服应力$\sigma_y$均为内变量$\xi$的函数$\sigma_y(\xi)$，即式（7.22）表示的关系，它与图 7.7（a）中的$\sigma_y(\varepsilon)$含义不同。

由式（7.24）的定义，可得

$$\mathrm{d}\bar{\varepsilon}^p = |\mathrm{d}\varepsilon^p| \tag{7.27}$$

再由式（7.21），有

$$\mathrm{d}\bar{\varepsilon}^p = \mathrm{d}\lambda \tag{7.28}$$

7.3.4　塑性乘子的确定

当应力处于弹性状态$(f < 0)$时，按式（7.7）和式（7.21）的要求，需要塑性乘子$\mathrm{d}\lambda = 0$，这可由补充条件

$$f \cdot \mathrm{d}\lambda = 0 \tag{7.29}$$

给出，表示f和$\mathrm{d}\lambda$可以不同时为零。它概括了式（7.7）和式（7.8）表达的意义。故一些塑性力学专著[14]将加载条件用率形式表示为

$$f \leqslant 0, \quad \dot{\lambda} \geqslant 0, \quad \dot{\lambda} f = 0$$

当应力处于塑性状态时$(f = 0)$，当前应力总是等于屈服应力，故

$$\mathrm{d}f = 0 \tag{7.30}$$

方程（7.30）称为**一致性条件**。

将式（7.23）代入式（7.30），有

$$\mathrm{d}f = 2\sigma \mathrm{d}\sigma + 2\sigma_y \frac{\mathrm{d}\sigma_y}{\mathrm{d}\xi}\mathrm{d}\xi = 0 \tag{7.31}$$

如取硬化参数 $\xi = \bar{\varepsilon}^p$，并令

$$E_\mathrm{p} = \frac{\mathrm{d}\sigma_y}{\mathrm{d}\bar{\varepsilon}^p} = \frac{\mathrm{d}k}{\mathrm{d}\bar{\varepsilon}^p} \tag{7.32}$$

这是图 7.7(c)中硬化曲线 $k(\bar{\varepsilon}^p) = k(\varepsilon^p)$ 的切线斜率，称为**塑性模量**。满足式(7.23)的 $\sigma = \pm\sigma_y$，于是由式（7.31）得到

$$\mathrm{sign}(\sigma)\mathrm{d}\sigma = E_\mathrm{p}\mathrm{d}\bar{\varepsilon}^p \tag{7.33}$$

将式（7.21）和式（7.16）代入式（7.33），并注意 $\mathrm{d}\bar{\varepsilon}^p = \mathrm{d}\lambda$，化简后

$$\mathrm{d}\lambda = \frac{E}{E_\mathrm{p} + E}\mathrm{sign}(\sigma)\mathrm{d}\varepsilon = \frac{E}{E_\mathrm{p} + E}|\mathrm{d}\varepsilon| \tag{7.34}$$

虽然这个式子是按各向同性硬化屈服方程（7.23）推导出来的，但它同样适用于随动硬化模型。这是因为两个模型都同源于式(7.1)，在随动硬化模型式(7.2)中，有关系式 $\sigma_y = \beta \pm \sigma_0$，故类似式（7.32）有

$$\mathrm{d}\beta = E_\mathrm{p}\mathrm{d}\bar{\varepsilon}^p \tag{7.35}$$

7.3.5　弹塑性切线模量

对于图 7.7 (a) 中的曲线 $\sigma(\varepsilon)$（$\sigma \geqslant \sigma_0$ 段，即曲线 $\sigma_y(\varepsilon)$），应力 σ 与应变 ε 有如下关系：

$$\mathrm{d}\sigma = E_\mathrm{t}\mathrm{d}\varepsilon \tag{7.36}$$

式中，E_t 称为弹塑性**切线模量**。应用式（7.15）容易推得

$$E_\mathrm{t} = \frac{E E_\mathrm{p}}{E_\mathrm{p} + E} \tag{7.37}$$

事实上，将式（7.16）第一个等式、式（7.33）和式（7.36）代入式（7.15），有

$$\frac{\mathrm{d}\sigma}{E} = \frac{\mathrm{d}\sigma}{E_\mathrm{t}} - \frac{\mathrm{d}\sigma}{E_\mathrm{p}}$$

于是

$$\frac{1}{E_\mathrm{t}} = \frac{1}{E} + \frac{1}{E_\mathrm{p}} \tag{7.38}$$

本节讨论的应力-应变关系是对硬化材料而言的。对于理想弹塑性材料，弹性

性状可用相同的方式来描述，但在塑性加载过程中，应力和弹性应变保持不变，即 $\mathrm{d}\sigma=\mathrm{d}\varepsilon^e=0$，而塑性应变可无限增加。

例 7.2　某种材料简单拉伸的应力-应变关系为

$$\sigma=\begin{cases}E\varepsilon, & \sigma\leqslant\sigma_0 \quad (例7.2.1a)\\ \sigma_0+m(\varepsilon^p)^n, & \sigma>\sigma_0 \quad (例7.2.1b)\end{cases}$$

式中，$\sigma_0=200\text{MPa}$，　$E=200\text{GPa}$，　$m=300\text{MPa}$，　$n=0.3$。

如应变历史为 $\varepsilon=0\to0.003\to-0.003\to0$，作出下述两种情况下的应力-应变曲线：

（1）各向同性硬化；

（2）随动硬化。

解　材料初始屈服时的应变为

$$\varepsilon_0=\frac{\sigma_0}{E}=\frac{200}{200000}=0.001$$

若应变大于 ε_0，则一定伴有塑性应变 ε^p 产生。由式（例 7.2.1）可得出 $\varepsilon\geqslant\varepsilon_0$ 时的应力-应变关系为

$$\varepsilon=\varepsilon^e+\varepsilon^p=\frac{\sigma}{E}+\left(\frac{\sigma-\sigma_0}{m}\right)^{1/n}$$

$$=\frac{\sigma}{200000}+\left(\frac{\sigma-200}{300}\right)^{1/0.3} \quad （例 7.2.2）$$

将 $\varepsilon=0.003$ 代入上式，可求出相应的应力、塑性应变和等效塑性应变分别为

$$\sigma=244.87\,\text{MPa},\ \varepsilon^p=0.001776,\ \overline{\varepsilon}^p=\varepsilon^p=0.001776$$

由于式（例 7.2.1b）给出了简单拉伸的初始应力-塑性应变关系，故可假定硬化函数

$$\sigma_y=k(\overline{\varepsilon}^p)=\sigma_0+m(\overline{\varepsilon}^p)^n \quad （例 7.2.3）$$

（1）各向同性硬化。

当 $\varepsilon=0.003$ 时，$\sigma_y=\sigma=244.87\,\text{MPa}$，其加载函数根据式（7.23）得到

$$f=\sigma^2-244.87^2$$

在后继逆向加载过程中，f 的值将在 $\sigma=-244.87\text{MPa}$ 时变为零。在应力从 $244.87\,\text{MPa}$ 降到 $-244.87\,\text{MPa}$ 的过程中，$\Delta\sigma=-489.74\,\text{MPa}$，此阶段只有弹性应变改变。当 $\sigma=-244.87\,\text{MPa}$ 时的应变为

$$\varepsilon=0.003+\frac{\Delta\sigma}{E}=0.000551$$

如$\sigma \leqslant -244.87\text{MPa}$，材料进入压缩硬化阶段，在这个阶段，保持$\mathrm{d}\bar{\varepsilon}^p = -\mathrm{d}\varepsilon^p$，所以有

$$\bar{\varepsilon}^p = -\int_{0.001776}^{\varepsilon^p} \mathrm{d}\varepsilon^p + 0.001776 = 0.003552 - \varepsilon^p \qquad （例 7.2.4）$$

这个阶段的加载函数可由式（7.3）和式（例 7.2.3）写出

$$f = |\sigma| - \sigma_y = -\sigma - \sigma_0 - m(\bar{\varepsilon}^p)^n = -[\sigma + \sigma_0 + m(0.003552 - \varepsilon^p)^n]$$

于是，应力-应变关系为

$$\varepsilon = \varepsilon^e + \varepsilon^p = \frac{\sigma}{200000} + 0.003552 - \left(-\frac{\sigma + 200}{300}\right)^{1/0.3} \qquad （例 7.2.5）$$

将$\varepsilon = -0.003$代入上式，可求出相应的应力、塑性应变和等效塑性应变为

$$\sigma = -262.08\,\text{MPa}，\ \varepsilon^p = -0.001690，\ \bar{\varepsilon}^p = 0.005242$$

因此，在$\varepsilon = -0.003$时，$\sigma_y = \sigma = -262.08\text{MPa}$，其加载函数成为

$$f = \sigma^2 - 262.08^2$$

在后继逆向加载过程中，f的值将在$\sigma = 262.08\text{MPa}$时变为零。在应力从$-262.08\text{MPa}$升到$262.08\text{MPa}$的过程中，$\Delta\sigma = 524.16\text{MPa}$，此阶段只有弹性应变改变。当$\sigma =$ 262.08MPa时，应变为

$$\varepsilon = -0.003 + \frac{\Delta\sigma}{E} = -0.000379$$

当$\sigma \geqslant 262.08\,\text{MPa}$时，材料又进入拉伸硬化阶段，在这个阶段，$\mathrm{d}\bar{\varepsilon}^p = \mathrm{d}\varepsilon^p$，所以有

$$\bar{\varepsilon}^p = \int_{-0.001690}^{\varepsilon^p} \mathrm{d}\varepsilon^p + 0.005242 = \varepsilon^p + 0.006932$$

这个阶段的加载函数可由式（7.3）和式（例 7.2.3）写出

$$f = |\sigma| - \sigma_y = \sigma - \sigma_0 - m(\bar{\varepsilon}^p)^n = \sigma - \sigma_0 - m(\varepsilon^p + 0.006932)^n$$

所以，应力-应变关系为

$$\varepsilon = \varepsilon^e + \varepsilon^p = \frac{\sigma}{200000} - 0.006932 + \left(\frac{\sigma - 200}{300}\right)^{1/0.3} \qquad （例 7.2.6）$$

将$\varepsilon = 0$代入上式，可求出相应的应力和塑性应变为

$$\sigma = 263.38\,\text{MPa}, \qquad \varepsilon^p = -0.001317$$

（2）随动硬化。

当$\varepsilon \geqslant \varepsilon_0$时，发生拉伸硬化，应用式（7.32）可得到塑性模量为

$$E_{\mathrm{p}} = \frac{\mathrm{d}\sigma_y}{\mathrm{d}\bar{\varepsilon}^p} = mn(\bar{\varepsilon}^p)^{n-1}$$

根据式（7.35），在$\varepsilon = 0.003$时，即$\varepsilon^p = 0.001776$时的背应力为

$$\beta = \int_0^{0.001776} mn(\bar{\varepsilon}^p)^{n-1} \mathrm{d}\varepsilon^p = m(\varepsilon^p)^n \Big|_0^{0.001776} = 44.87\,\text{MPa}$$

这个值从图 7.2（a）中可直接看出，$\beta = \sigma_y - \sigma_0 = 244.87 - 200 = 44.87\,\text{MPa}$。此时加载函数根据式（7.2）得到

$$f = (\sigma - 44.87)^2 - 200^2$$

上式界定出从应力 $\sigma = 244.87\text{MPa}$ 到 $\sigma = -155.13\text{MPa}$ 的逆向加载过程的弹性范围，由于 $\Delta\sigma = -400\text{MPa}$，故 $\sigma = -155.13\text{MPa}$ 时的应变为

$$\varepsilon = 0.003 + \frac{\Delta\sigma}{E} = 0.001$$

当 $\sigma \leqslant -155.13\text{MPa}$ 时，材料进入压缩硬化阶段，$\bar{\varepsilon}^p = 0.003552 - \varepsilon^p$。根据式(7.35)

$$\begin{aligned} \beta &= \int_{0.001776}^{\varepsilon^p} mn(\bar{\varepsilon}^p)^{n-1} \mathrm{d}\varepsilon^p + 44.87 \\ &= \int_{0.001776}^{\varepsilon^p} mn(0.003552\text{-}\varepsilon^p)^{n-1} \mathrm{d}\varepsilon^p + 44.87 \\ &= -m(0.003552\text{-}\varepsilon^p)^n \Big|_{0.001776}^{\varepsilon^p} + 44.87 = 89.74 - m(0.003552\text{-}\varepsilon^p)^n \end{aligned} \tag{例 7.2.7}$$

于是这个阶段的加载函数由式（7.2）给出

$$f = -(\sigma - \beta) - 200 = -m(0.003552 - \varepsilon^p)^n - \sigma - 110.26$$

相应的应力-应变关系为

$$\varepsilon = \varepsilon^e + \varepsilon^p = \frac{\sigma}{200000} + 0.003552 - \left(-\frac{\sigma + 110.26}{300}\right)^{1/0.3} \tag{例 7.2.8}$$

将 $\varepsilon = -0.003$ 代入上式，可求出相应的应力、塑性应变和等效塑性应变分别为

$$\sigma = -173.86\,\text{MPa},\ \varepsilon^p = -0.002131,\ \bar{\varepsilon}^p = 0.005683$$

这时的背应力由式（例 7.2.7）算出 $\beta = 26.14\text{MPa}$。

因此，在 $\varepsilon = -0.003$ 时，其加载函数成为

$$f = (\sigma - 26.14)^2 - 200^2$$

这意味着逆向加载 $\sigma = 226.14\,\text{MPa}$ 时材料开始拉伸屈服。在从 $\sigma = -173.86\,\text{MPa}$ 到 $\sigma = 226.14\,\text{MPa}$ 加载的过程中，$\Delta\sigma = 400\,\text{MPa}$，只有弹性应变发生改变，其最终应变为

$$\varepsilon = -0.003 + \frac{\Delta\sigma}{E} = -0.001$$

当 $\sigma \geqslant 226.14\,\text{MPa}$ 时，材料又进入拉伸硬化阶段，在这个阶段，$\mathrm{d}\bar{\varepsilon}^p = \mathrm{d}\varepsilon^p$，有

$$\bar{\varepsilon}^p = \int_{-0.002131}^{\varepsilon^p} \mathrm{d}\varepsilon^p + 0.005683 = \varepsilon^p + 0.007814$$

因此

$$\beta=\int_{-0.002131}^{\varepsilon^p} mn(\bar{\varepsilon}^p)^{n-1}\mathrm{d}\varepsilon^p+26.14=\int_{-0.002131}^{\varepsilon^p} mn(0.007814+\varepsilon^p)^{n-1}\mathrm{d}\varepsilon^p+26.14$$

$$=m(0.007814+\varepsilon^p)^n\Big|_{-0.002131}^{\varepsilon^p}+26.14=m(0.007814+\varepsilon^p)^n-37.47$$

于是这个阶段的加载函数由式（7.2）给出

$$f=(\sigma-\beta)-200=\sigma-m(0.007814+\varepsilon^p)^n-162.53$$

相应的应力-应变关系为

$$\varepsilon=\varepsilon^e+\varepsilon^p=\frac{\sigma}{200000}-0.007814+\left(\frac{\sigma-162.53}{300}\right)^{1/0.3} \qquad （例 7.2.9）$$

将 $\varepsilon=0$ 代入上式，可求出相应的应力和塑性应变

$$\sigma=229.26\,\text{MPa}, \quad \varepsilon^p=-0.001146$$

两种情况下的应力-应变关系见图 7.8，认真作图可检验解答是否正确。图 7.9 附有用 MAPLE 作图的程序代码，其中注解的公式编号与上面推导中的公式编号一致。

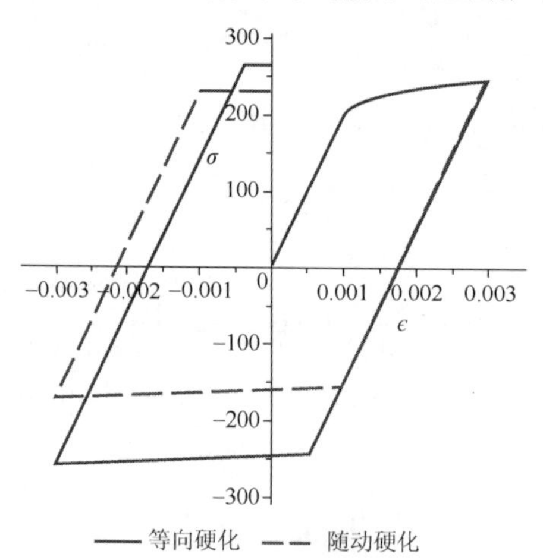

图 7.8　两种硬化情况下的应力-应变曲线

```
[> with(plots)
[> p1 := plot(200000·ε, ε = 0..0.001, σ = 0..200):
[> eqn2 := σ/200000 + ((σ − 200)/300)^(1/0.3) = ε:        (例 7.2.2):
[> p2 := implicitplot(eqn2, ε = 0.001..0.003, σ = 200..244.87):
[> p3 := plot(200000·(ε − 0.000551) − 244.87, ε = 0.000551..0.003, σ = −244.87
      ..244.87):
[> eqn4 := σ/200000 + 0.003552 − (−(σ + 200)/300)^(1/0.3) = ε :        (例 7.2.5):
```

```
> p4 := implicitplot(eqn4, ε = -0.003..0.000551, σ = -262.28.. - 244.87, legend
    = "等向硬化"):
> p5 := plot(200000·(ε+0.003) - 262.08, ε = -0.003.. - 0.000379, σ = -262.08
    ..262.08):
```

$$> eqn6 := \frac{\sigma}{200000} - 0.006932 + \left(\frac{\sigma - 200}{300}\right)^{\frac{1}{0.3}} = \epsilon : \quad （例 7.2.6）:$$

```
> p6 := implicitplot(eqn6, ε = -0.000379..0.0, σ = 262.08..263.38):
> p8 := plot(200000·(ε - 0.001) - 155.13, ε = 0.001..0.003, σ = -155.13..244.87,
    linestyle = dash, color = "NavyBlue"):
```

$$> eqn9 := \frac{\sigma}{200000} + 0.003552 - \left(-\frac{\sigma + 110.26}{300}\right)^{\frac{1}{0.3}} = \epsilon : \quad （例 7.2.8）:$$

```
> p9 := implicitplot(eqn9, ε = -0.003..0.001, σ = -173.86.. - 155.13, color
    = "NavyBlue", linestyle = dash, legend = "随动硬化"):
> p10 := plot(200000·(ε+0.003) - 173.86, ε = -0.003.. - 0.001, σ = -173.86..226.14,
    color = "NavyBlue" , linestyle = dash):
```

$$> eqn11 := \frac{\sigma}{200000} - 0.007814 + \left(\frac{\sigma - 162.53}{300}\right)^{\frac{1}{0.3}} = \epsilon : \quad （例 7.2.9）:$$

```
> p11 := implicitplot(eqn11, ε = -0.001..0.0, σ = 226.14..229.26, color
    = "NavyBlue" , linestyle = dash):
> display([p1, p2, p3, p4, p5, p6, p8, p9, p10, p11]):
```

图 7.9　生成应力-应变曲线的 MAPLE 代码

【注 7.1】上面式（例 7.2.2）、式（例 7.2.5）等非线性方程的求解可用 MAPLE 完成

```
>eqn: = sigma/200000 + ((sigma-200)/300)^(1/0.3) = 0.003:
>solve(eqn, sigma);
```

7.4　多轴应力状态下的塑性特征

前面描述的许多单轴塑性行为可推广到任意三维情况的多轴状态下。单轴状态下的屈服应力σ_0（或σ_y）是个标量，在坐标轴上可用一个点表示，其弹性域大小是通过$\sigma \in (-\sigma_0, \sigma_0)$或$\sigma \in (\sigma_y^-, \sigma_y^+)$界定的，而多轴状态下材料的屈服是通过引入屈服函数$f(\sigma_{ij})$构建的屈服面$f(\sigma_{ij}) = 0$来描述的。当考虑材料硬化时，常引入刻画塑性变形历史的**内变量**ξ（注意区别于 2.8 节中的ξ），此时屈服面或加载面定义为

$$\mathcal{B} := \{\sigma_{ij} \mid f(\sigma_{ij}, \xi_\alpha) = 0\} \tag{7.39}$$

式中，$\xi_\alpha\ (\alpha = 1, 2, \cdots, m)$表示多个内变量，它可以是标量，也可以是张量。因此，弹性域范围

$$\mathcal{E}:=\{\sigma_{ij} \mid f(\sigma_{ij},\xi_\alpha)<0\} \tag{7.40}$$

及允许出现的应力水平域

$$\bar{\mathcal{E}}:=\{\sigma_{ij} \mid f(\sigma_{ij},\xi_\alpha)\leqslant 0\} \tag{7.41}$$

在任何情况下，应力都不会位于加载面 $\mathcal{B}$ 之外。比较上面三式与式（7.4）～式（7.6）发现，只要将式（7.4）～式（7.6）中的应力 σ 由标量替换为张量 σ_{ij}，再将后继屈服应力 $\sigma_y=k(\xi)$直接用其自变量 ξ 代替，它们的表现形式就完全相同。由此不难理解内变量 ξ_α 与 $k(\xi)$中的硬化参数 ξ 具有完全等价的意义。

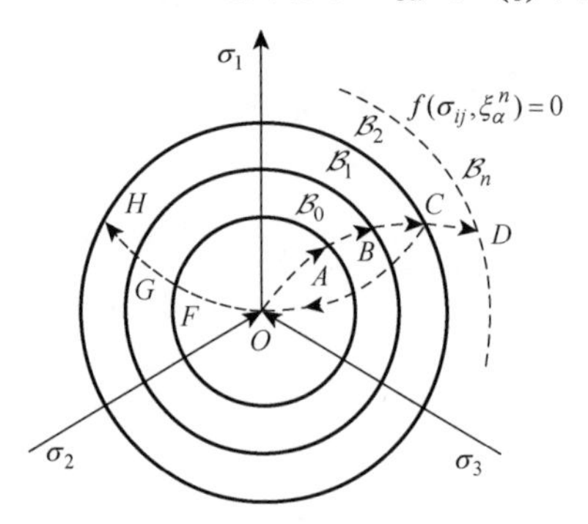

图 7.10　加载面演化过程

多轴状态下的加卸载过程可通过图 7.10 来描述。在图 7.10 中的偏平面上，A 点位于初始屈服面 $\mathcal{B}_0$ 上，此时屈服面为 $f(\sigma_{ij})=0$。如我们所知，在单轴应力状态下，进入初始屈服后，随着塑性变形的增长屈服应力会提高，即产生硬化。类似地，在多轴应力情况下材料的硬化表现为，随着塑性变形的产生，屈服面会随之改变。具体地说，应力从 A 点加载至 B 点，产生塑性变形，材料硬化，相应的屈服面扩展到 $\mathcal{B}_1$，对应的后继屈服面为 $f(\sigma_{ij},\bar{\xi}_\alpha^{(1)})=0$。如继续加载至 C 点，屈服面将变为 $\mathcal{B}_2$，相应的后继屈服面为 $f(\sigma_{ij},\bar{\xi}_\alpha^{(2)})=0$。当应力反向加载（卸载）时，应力状态回到弹性状态，如继续卸载至零点（无应力状态），再沿 $OFGH$ 路径施加应力，此时当应力状态达到初始屈服面 $\mathcal{B}_0$ 的 F 点，材料不会屈服，只有当应力状态达到最新的屈服面 $\mathcal{B}_2$ 上的 H 点时，材料才会重新屈服。在 $\mathcal{B}_2$ 上继续加载，又会产生新的塑性变形，同时衍生出新的后继屈服面 $\mathcal{B}_n$，即 $f(\sigma_{ij},\bar{\xi}_\alpha^{(n)})=0$。

在应力空间，加载方程 $f(\sigma_{ij},\xi_\alpha)=0$ 所代表的加载面是一簇以 ξ_α 为参数的曲面，即 $\xi_\alpha=\bar{\xi}_\alpha^{(n)}$ 的等值面，在偏平面上则为图 7.10 所示的一簇以 ξ_α 为参数的等值线。材料进入初始屈服时尚未产生塑性变形，$\xi_\alpha=0$，加载面 $f(\sigma_{ij},\xi_\alpha)=0$ 退化为式(6.4)表示的 $f(\sigma_{ij})=0$。随着塑性变形的产生和发展，内变量 ξ_α 不断变化，加载面 $f(\sigma_{ij},\xi_\alpha)=0$ 确定的关系随之发生改变，这种改变也称演化。加载面随内变量的演化过程实际上就是材料的硬化过程。

7.4.1　加载准则

单轴应力状态下的理想弹塑性模型［图 7.3（a）］认为加载过程中屈服应力

不会变化。在多轴复杂应力状况下，理想弹塑性材料的屈服面同样不会改变，加载面与初始屈服面始终重合，应力状态只能在屈服面上和屈服面内变化。当应力点保持在屈服面上时，称之为加载。当应力点从屈服面上移动到屈服面内时，则为卸载，此时不产生新的塑性变形。加（卸）载的判断准则可用屈服函数表示为

$$\text{当} f(\sigma_{ij})=0 \text{时}, \quad f(\sigma_{ij}+\mathrm{d}\sigma_{ij})=0, \quad \text{加载}$$

$$\text{当} f(\sigma_{ij})=0 \text{时}, \quad f(\sigma_{ij}+\mathrm{d}\sigma_{ij})<0, \quad \text{卸载}$$

使用泰勒公式，略去高阶项，有

$$\mathrm{d}f = f(\sigma_{ij}+\mathrm{d}\sigma_{ij}) - f(\sigma_{ij}) = \frac{\partial f}{\partial \sigma_{ij}}\mathrm{d}\sigma_{ij}$$

因此，加（卸）载准则又可写为

$$\text{当} f(\sigma_{ij})=0 \text{时}, \begin{cases} \mathrm{d}f = \dfrac{\partial f}{\partial \sigma_{ij}}\mathrm{d}\sigma_{ij}=0, & \text{加载} \quad (7.42\text{a}) \\ \mathrm{d}f = \dfrac{\partial f}{\partial \sigma_{ij}}\mathrm{d}\sigma_{ij}<0, & \text{卸载} \quad (7.42\text{b}) \end{cases}$$

例如，对于米泽斯材料，屈服面可用式（6.22）表示为

$$f(\sigma_{ij}) = J_2 - k^2 = 0$$

屈服函数 f 的导数

$$\begin{aligned} \frac{\partial f}{\partial \sigma_{ij}} &= \frac{\partial J_2}{\partial s_{mn}}\frac{\partial s_{mn}}{\partial \sigma_{ij}} = \frac{\partial}{\partial s_{mn}}\left(\frac{1}{2}s_{kl}s_{kl}\right)\frac{\partial}{\partial \sigma_{ij}}\left(\sigma_{mn}-\frac{1}{3}\sigma_{qq}\delta_{mn}\right) \\ &= \frac{1}{2}(\delta_{km}\delta_{ln}s_{kl}+s_{kl}\delta_{km}\delta_{ln})\left(\delta_{mi}\delta_{nj}-\frac{1}{3}\delta_{qi}\delta_{qj}\delta_{mn}\right) \\ &= s_{mn}\left(\delta_{mi}\delta_{nj}-\frac{1}{3}\delta_{ij}\delta_{mn}\right) \\ &= s_{ij}-\frac{1}{3}\delta_{ij}s_{mm} \\ &= s_{ij} \end{aligned} \tag{7.43}$$

于是

$$\mathrm{d}f = \frac{\partial f}{\partial \sigma_{ij}}\mathrm{d}\sigma_{ij} = s_{ij}\mathrm{d}\sigma_{ij}\begin{cases} =0, & \text{加载} \\ <0, & \text{卸载} \end{cases} \tag{7.44}$$

塑性硬化材料与理想弹塑性材料有不同的加（卸）载准则。对于硬化材料，因为加载函数 $f(\sigma_{ij},\xi_\alpha)$ 包含了内变量 ξ_α，故材料发生塑性变形时，始终要求应力点位于屈服面上的条件可写为

$$\begin{aligned}\mathrm{d}f &= f(\sigma_{ij}+\mathrm{d}\sigma_{ij},\xi_\alpha+\mathrm{d}\xi_\alpha)-f(\sigma_{ij},\xi_\alpha)\\ &=\frac{\partial f}{\partial\sigma_{ij}}\mathrm{d}\sigma_{ij}+\frac{\partial f}{\partial\xi_\alpha}\mathrm{d}\xi_\alpha=0\end{aligned} \tag{7.45}$$

这是类同式（7.30）的一致性条件。

在图 7.10 中，如果屈服面$\mathcal{B}_2$上的应力点C卸载，则C点加载$\mathrm{d}\sigma_{ij}$时箭头指向圆内，屈服函数$f(\sigma_{ij}+\mathrm{d}\sigma_{ij},\bar{\xi}_\alpha)<0$。在式（7.45）中，因$\xi_\alpha=\bar{\xi}_\alpha$，即$\mathrm{d}\xi_\alpha=0$，故$f(\sigma_{ij}+\mathrm{d}\sigma_{ij},\bar{\xi}_\alpha)<0$等价于$\mathrm{d}f<0$时，亦即

$$\frac{\partial f}{\partial\sigma_{ij}}\mathrm{d}\sigma_{ij}<0 \tag{7.46}$$

这是卸载过程。

当应力变化$\mathrm{d}\sigma_{ij}$时，应力点虽然移动，但仍然在原加载面$f(\sigma_{ij}+\mathrm{d}\sigma_{ij},\bar{\xi}_\alpha)=0$上，即$\mathrm{d}f=0$。在此过程中，$\xi_\alpha$不变，$\mathrm{d}\xi_\alpha=0$，由式（7.45）得

$$\frac{\partial f}{\partial\sigma_{ij}}\mathrm{d}\sigma_{ij}=0 \tag{7.47}$$

这是中性变载过程，即不发生新的塑性变形。

当应力点C加载使应力点从一个塑性状态（$\mathcal{B}_2$面）向外移动到另一个塑性状态（$\mathcal{B}_n$面）时，屈服函数$f(\sigma_{ij}+\mathrm{d}\sigma_{ij},\bar{\xi}_\alpha)>0$，亦即

$$\frac{\partial f}{\partial\sigma_{ij}}\mathrm{d}\sigma_{ij}>0 \tag{7.48}$$

这是加载过程。

综合起来说，硬化材料的加（卸）载准则可统一表示为

$$\text{当 } f(\sigma_{ij},\xi_\alpha)=0\text{ 时，}\begin{cases}\dfrac{\partial f}{\partial\sigma_{ij}}\mathrm{d}\sigma_{ij}>0, & \text{加载} \quad (7.49\text{a})\\ \dfrac{\partial f}{\partial\sigma_{ij}}\mathrm{d}\sigma_{ij}=0, & \text{中性变载} \quad (7.49\text{b})\\ \dfrac{\partial f}{\partial\sigma_{ij}}\mathrm{d}\sigma_{ij}<0, & \text{卸载} \quad (7.49\text{c})\end{cases}$$

应该注意上面的式（7.49a）不能简单地表示为$\mathrm{d}f>0$，只可表示为

$$\mathrm{d}f\,|_{\xi_\alpha=\bar{\xi}_\alpha}=\frac{\partial f}{\partial\sigma_{ij}}\mathrm{d}\sigma_{ij}>0$$

它与式（7.45）的一致性条件并不矛盾。在上式中ξ_α固定为$\mathcal{B}_2$面的$\bar{\xi}_\alpha$，表示应力状态C将要改变的趋势$f(\sigma_{ij}+\mathrm{d}\sigma_{ij},\bar{\xi}_\alpha)$。而式（7.45）表示的一致性条件中$\xi_\alpha$已由$\bar{\xi}_\alpha$变化为$\bar{\xi}_\alpha+\mathrm{d}\xi_\alpha$，即屈服面从$f(\sigma_{ij},\bar{\xi}_\alpha)=0$变为$f(\sigma_{ij}+\mathrm{d}\sigma_{ij},\bar{\xi}_\alpha+\mathrm{d}\xi_\alpha)=0$，它表示另一应力状态$D$时应满足的条件。此时，在从$\mathcal{B}_2$面到$\mathcal{B}_n$面的演化过程中，始终要求（详见7.9节）

$$\frac{\partial f}{\partial \xi_\alpha}\mathrm{d}\xi_\alpha < 0 \tag{7.50}$$

它与式（7.48）共同作用以保证塑性硬化时式（7.45）始终成立。

上面的两种加（卸）载准则可分别用图7.11和图7.12在应力空间表示出来。

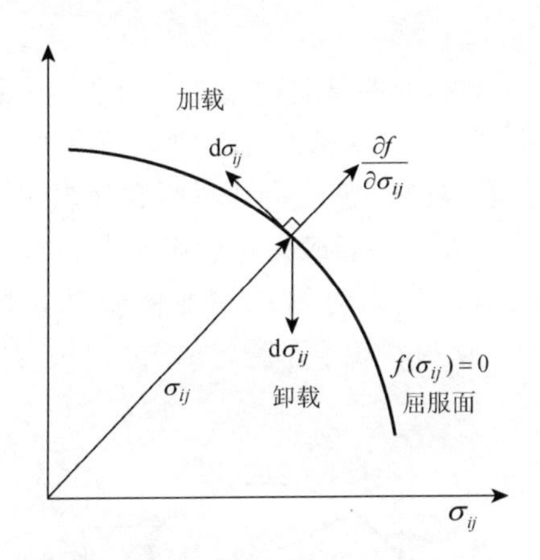

图7.11　理想弹塑性材料加载准则

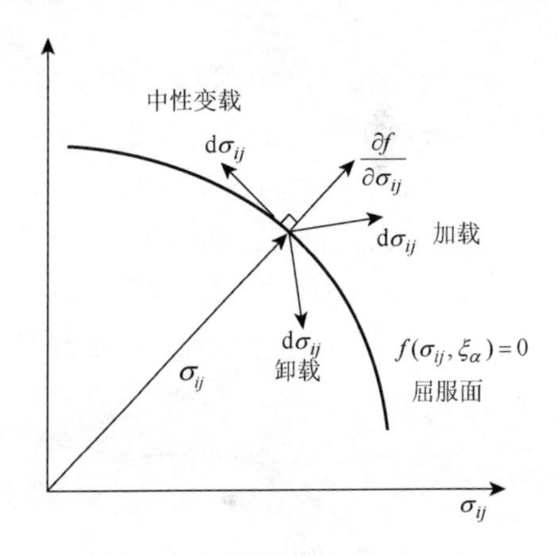

图7.12　一般硬化材料加载准则

7.4.2　应变的加法分解

类似于单轴状态下的应变分解，可将应变张量ε_{ij}分解成弹性应变ε_{ij}^e和塑性应变ε_{ij}^p之和，即

$$\varepsilon_{ij}=\varepsilon_{ij}^e+\varepsilon_{ij}^p \tag{7.51}$$

相应的增量表达式为

$$\mathrm{d}\varepsilon_{ij}=\mathrm{d}\varepsilon_{ij}^e+\mathrm{d}\varepsilon_{ij}^p \tag{7.52}$$

7.4.3　塑性变形的不可压缩性

传统塑性力学认为，材料单元的体积变化只与弹性变形有关，而与塑性变形

无关。即塑性变形是不改变体积的，或者说塑性体积是不可压缩的，满足

$$d\varepsilon_{kk}^{p}=0 \tag{7.53}$$

从而 $de_{ij}^{p}=d\varepsilon_{ij}^{p}$。这个假定主要是针对金属类材料而言，因其屈服函数 f 与静水压力无关。如岩土类材料，其屈服函数 f 与静水压力有关，则必然会产生塑性体积应变。

7.5　德鲁克公设和伊柳辛公设

7.5.1　材料稳定性概念

先来看稳定材料的定义。图 7.13 示出了两类材料的试验曲线，在图 7.13（a）中，当 $d\sigma\geqslant 0$ 时，$d\varepsilon>0$，这时附加应力 $d\sigma$ 对附加应变 $d\varepsilon$ 做功为非负，即有 $d\sigma d\varepsilon\geqslant 0$。德鲁克将这类材料定义为稳定材料。显然，应变硬化材料和理想塑性材料都属于稳定材料。图 7.13（b）所示的试验曲线，当应力超过峰值点 D 后，附加应力 $d\sigma<0$，而附加应变 $d\varepsilon>0$，故附加应力对附加应变做负功，即 $d\sigma d\varepsilon<0$。这类材料称为不稳定材料，应变软化材料属于不稳定材料。

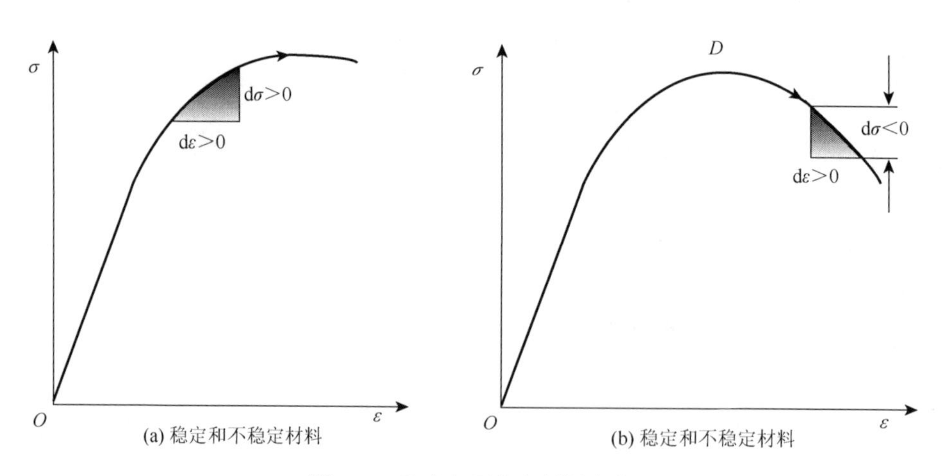

(a) 稳定和不稳定材料　　(b) 稳定和不稳定材料

图 7.13　稳定与不稳定材料定义

7.5.2　德鲁克公设

德鲁克公设适用于稳定材料，是传统塑性力学的基础，它是关于材料硬化的一个重要假定。在这个公设的基础上，不但可以导出加载面（屈服面）是外凸的

几何特性，而且根据这个公设，还可以建立材料在塑性状态下的变形规律，即塑性本构方程。

德鲁克公设可陈述为：对于一个在外力作用下处于平衡状态的稳定材料单元体，施加某种附加外力（无穷小量），使单元体的应力加载，然后移去附加外力，使单元体的应力卸载到原来的应力状态。于是，在施加应力增量（加载）的过程中，附加应力增量 $\mathrm{d}\sigma_{ij}$ 所做的功恒为非负；在施加和卸去附加应力 $(\sigma_{ij}-\sigma_{ij}^0)$ 的循环过程中，附加应力所做的功恒为非负。即

（1）$\int \mathrm{d}\sigma_{ij}\mathrm{d}\varepsilon_{ij} \geqslant 0$，硬化加载过程，图 7.13（a）中阴影面积；

（2）$\oint (\sigma_{ij}-\sigma_{ij}^0)\mathrm{d}\varepsilon_{ij} \geqslant 0$，循环过程，图 7.14（b）中阴影面积。

设处在加载面 $\mathcal{B}$ 内 A 点的应力为 σ_{ij}^0，在外力作用下增大至 σ_{ij} 到达加载面 $\mathcal{B}$ 上的 B 点，如图 7.14（a）所示。继续加载后引起 $\mathcal{B}$ 面扩展，应力点由 B 至 C 点，此时应力为 $\sigma_{ij}+\mathrm{d}\sigma_{ij}$。从 B 点到 C 点的加载，产生了塑性应变 $\mathrm{d}\varepsilon_{ij}^p$。最后从 C 点卸载回到 A 点，形成一个加卸载循环过程 $ABCA$。图 7.14（b）表示出了单轴应力状态下的循环过程（A 与 A' 应力相等均为 σ^0）。

德鲁克公设的第（1）条显然就是稳定材料的定义。我们对第（2）条做一些说明。

德鲁克公设的第（2）条要求附加应力在循环过程中所做的功

$$
\begin{aligned}
\Delta W_{\mathrm{D}} &= \oint_{\sigma_{ij}^0}(\sigma_{ij}-\sigma_{ij}^0)\mathrm{d}\varepsilon_{ij} \\
&= \oint_{\sigma_{ij}^0}(\sigma_{ij}-\sigma_{ij}^0)\mathrm{d}\varepsilon_{ij}^e + \int_{BC}(\sigma_{ij}-\sigma_{ij}^0)\mathrm{d}\varepsilon_{ij}^p \geqslant 0
\end{aligned} \tag{7.54}
$$

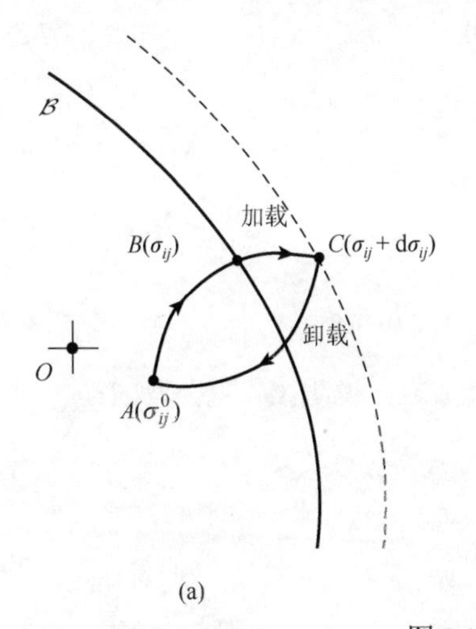

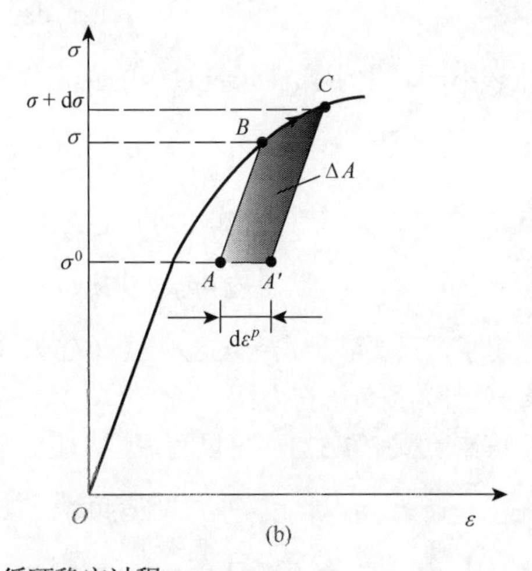

图 7.14　循环稳定过程

由于弹性应变 ε_{ij}^e 在应力循环中是可逆的，因而上式的第一项等于零，故式（7.54）变为

$$\Delta W_{\mathrm{D}} = \int_{BC} (\sigma_{ij} - \sigma_{ij}^0) \mathrm{d}\varepsilon_{ij}^p \geqslant 0 \tag{7.55}$$

应用泰勒公式展开，且忽略 $\mathrm{d}\varepsilon_{ij}^p$ 三阶及以上的高阶项后，有

$$\Delta W_{\mathrm{D}} = (\sigma_{ij} - \sigma_{ij}^0)\, \mathrm{d}\varepsilon_{ij}^p + \frac{1}{2} \mathrm{d}\sigma_{ij}\, \mathrm{d}\varepsilon_{ij}^p \geqslant 0 \tag{7.56}$$

注意 σ_{ij} 是 ε_{ij}^p 的函数 $\sigma_{ij}(\varepsilon_{ij}^p)$，$\mathrm{d}\sigma_{ij} = (\partial \sigma_{ij} / \partial \varepsilon_{ij}^p) \mathrm{d}\varepsilon_{ij}^p$。

由式（7.56）可导出两个重要的不等式：

当 $\sigma_{ij} \neq \sigma_{ij}^0$ 时，忽略式（7.56）中等式右端第二项，得

$$(\sigma_{ij} - \sigma_{ij}^0)\, \mathrm{d}\varepsilon_{ij}^p \geqslant 0 \tag{7.57}$$

当 $\sigma_{ij} = \sigma_{ij}^0$ 时，式（7.56）中等式右端第一项为零，有

$$\mathrm{d}\sigma_{ij}\, \mathrm{d}\varepsilon_{ij}^p \geqslant 0 \tag{7.58}$$

对于理想塑性材料，式（7.58）中的等号成立。

对于单轴应力状态，式（7.55）通过式（7.56）简化为

$$(\sigma - \sigma^0) \mathrm{d}\varepsilon^p + \frac{1}{2} \mathrm{d}\sigma \mathrm{d}\varepsilon^p \geqslant 0$$

这是图 7.14（b）中所示的阴影面积 ΔA（在 $\mathrm{d}\sigma$ 很小时），为附加应力所做的塑性功 ΔW_{D}。只有纯弹性变形时上式才等于零。

现在来看式（7.58）与德鲁克公设的第（1）条

$$\mathrm{d}\sigma_{ij}\, \mathrm{d}\varepsilon_{ij} \geqslant 0 \tag{7.59}$$

有什么不同。由于弹性张量 C_{ijkl} 的正定性，则有

$$\mathrm{d}\sigma_{ij}\, \mathrm{d}\varepsilon_{ij}^e = \mathrm{d}\varepsilon_{ij}^e\, C_{ijkl}\, \mathrm{d}\varepsilon_{kl}^e > 0$$

根据式（7.52）并结合上式，可得

$$\mathrm{d}\sigma_{ij}\, \mathrm{d}\varepsilon_{ij} = \mathrm{d}\sigma_{ij} (\mathrm{d}\varepsilon_{ij}^e + \mathrm{d}\varepsilon_{ij}^p) > \mathrm{d}\sigma_{ij}\, \mathrm{d}\varepsilon_{ij}^p$$

这证明了，只要满足式（7.58），式（7.59）就能成立，说明德鲁克公设的第（2）条已将第（1）条包含在内。

再来看式（7.57），可以写成

$$\sigma_{ij} \mathrm{d}\varepsilon_{ij}^p \geqslant \sigma_{ij}^0 \mathrm{d}\varepsilon_{ij}^p \tag{7.60}$$

其左边是实际应力［满足式（7.39）］所做的塑性功，右边是允许应力［满足

式（7.41）］所做的塑性功。式（7.60）表示在所有允许应力中，实际应力所做的塑性功即耗散能量最大。因此，又将式（7.60）称为**最大塑性功原理**。

应当指出，德鲁克公设对稳定材料的定义并非最为严格的，有些形式的不稳定材料是被排除在此公设之外的。更加严格意义的条件有余功假设，即

$$\oint_{\sigma_{ij}^0} \varepsilon_{ij} \mathrm{d}\sigma_{ij} \leqslant 0 \tag{7.61}$$

这个式子利用德鲁克公设的第（2）条容易证明。

从热力学观点讲，在应力循环过程中，外力所做的功要满足

$$\oint_{\sigma_{ij}^0} \sigma_{ij} \mathrm{d}\varepsilon_{ij} \geqslant 0 \tag{7.62}$$

这个条件无论材料是否稳定都要满足，否则可通过应力循环不断从材料中吸取能量，显然这是不可能的。比较式（7.62）和式（7.54）发现，式（7.62）是根据热力学定律要求总应力功为非负，而式（7.54）则是根据稳定要求附加应力功非负，这个稳定条件比热力学定律更为严格。

综上所述，由德鲁克公设导出的最有意义的表达式为式（7.57）和式（7.58），应用它们，可推导出与加载面（屈服面）有关的两个重要特性。

1. 外凸性

如将应力空间 σ_{ij} 与塑性应变空间 ε_{ij}^p 坐标重合，在图 7.15 中加载面 $\mathcal{B}$ 上一点 B 的应力用矢量 $\boldsymbol{\sigma}$ 表示，加载面内任一点 A 应力用 $\boldsymbol{\sigma}^0$ 表示，B 点的塑性应变增量用 $\mathrm{d}\boldsymbol{\varepsilon}^p$ 表示，则按式（7.57）要求，必须

$$(\boldsymbol{\sigma}-\boldsymbol{\sigma}^0)\cdot \mathrm{d}\boldsymbol{\varepsilon}^p \geqslant 0 \tag{7.63}$$

即要求矢量 $\boldsymbol{\sigma}-\boldsymbol{\sigma}^0$ 和矢量 $\mathrm{d}\boldsymbol{\varepsilon}^p$ 之间的夹角不大于直角。设在 B 点作一超平面 P 垂直于 $\mathrm{d}\boldsymbol{\varepsilon}^p$，要保证式（7.63）成立，则 A 点必须位于 P 面的一侧，即位于图中 P 面的左侧。更一般地讲，加载曲面上或其内的所有应力点（用 A 点表示），只能位于过曲面上任何点所作超平面的同侧，才能满足式（7.63）要求，即要求加载曲面必须是外凸的。

2. 正交性

在图 7.16 中，设加载面在 B 点的法向矢量为 $\boldsymbol{n}$，作一个切平面 T 与 $\boldsymbol{n}$ 垂直。如果 $\mathrm{d}\boldsymbol{\varepsilon}^p$ 与 $\boldsymbol{n}$ 不重合，则总可以找到一点 A（在加载面上或以内）使矢量 $\boldsymbol{\sigma}-\boldsymbol{\sigma}^0$ 和矢量 $\mathrm{d}\boldsymbol{\varepsilon}^p$ 之间的夹角超过直角。只有 $\mathrm{d}\boldsymbol{\varepsilon}^p$ 和 $\boldsymbol{n}$ 重合后 $\mathrm{d}\boldsymbol{\varepsilon}^p$ 与 $\boldsymbol{\sigma}-\boldsymbol{\sigma}^0$ 的夹角才不会超过直角，即要求加载面与塑性应变增量正交。

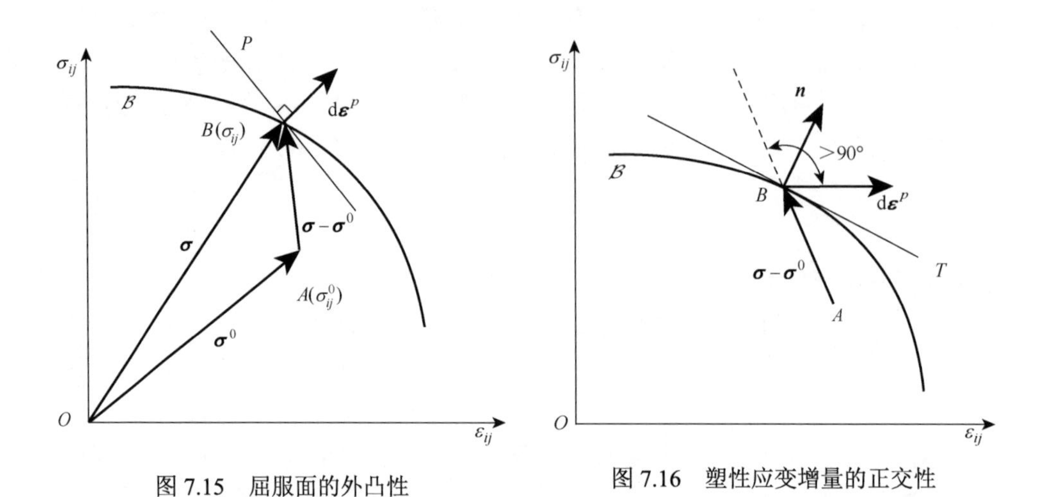

图 7.15　屈服面的外凸性　　　　图 7.16　塑性应变增量的正交性

由 1.8 节可知，在数量场中，每一点的梯度垂直于过该点处的等值面，并且指向函数增大的方向。根据这一性质，如果将加载曲面的外法线方向用加载函数的梯度矢量表示，则可将塑性应变增量 $\mathrm{d}\boldsymbol{\varepsilon}^p$ 表示为

$$\mathrm{d}\boldsymbol{\varepsilon}^p = \mathrm{d}\lambda \frac{\partial f}{\partial \boldsymbol{\sigma}} \tag{7.64}$$

其中 $\mathrm{d}\lambda \geqslant 0$ 为比例系数，称塑性因子，与式（7.21）意义相同。上式表明，塑性应变增量 $\mathrm{d}\boldsymbol{\varepsilon}^p$ 的方向只依赖于 $\boldsymbol{\sigma}$ 在加载面上的位置，而与 $\mathrm{d}\boldsymbol{\sigma}$ 无关。

由于 $\mathrm{d}\boldsymbol{\varepsilon}^p$ 与 $\boldsymbol{n}$ 重合，则式（7.58）可表示成

$$\mathrm{d}\boldsymbol{\sigma}\cdot\boldsymbol{n} \geqslant 0$$

它表示当 $\mathrm{d}\boldsymbol{\varepsilon}^p$ 不为零时，$\mathrm{d}\boldsymbol{\sigma}$ 必须指向加载面的外法线一侧（图 6.11），此时

$$\frac{\partial f}{\partial \sigma_{ij}} \mathrm{d}\sigma_{ij} \geqslant 0$$

成为加载准则，上式取等号和大于号分别对应理想弹塑性材料和硬化材料。如果 $\mathrm{d}\boldsymbol{\varepsilon}^p = \boldsymbol{0}$，$\mathrm{d}\boldsymbol{\sigma}$ 则指向外法向另一侧，这是卸载情况。

值得注意的是，由正交性直接导出的关联流动法则式（7.64），能满足大多数金属材料塑性计算要求，但对于岩土类材料则不然，这说明德鲁克公设不适用岩土类材料。

7.5.3　伊柳辛公设

德鲁克公设是在应力空间进行讨论的，它只适用于稳定材料，而在应变空间

中提出的伊柳辛（Ilyushin）公设可同时适用于稳定材料和非稳定材料。

将加载面中的应力由应变表示，得到应变空间表示的加载面$\psi(\varepsilon_{ij})=0$。类似于德鲁克公设中的应力循环，也可在应变空间构造一个应变循环。伊柳辛公设认为：在弹塑性材料的一个应变循环内，外部作用做功是非负的。如果做功是正的，表示有塑性变形；如果做功为零，则只有弹性变形发生。

在图7.17（a）所示的应变循环中，设材料单元体经历任意应变历史后，在应变ε_{ij}^0下处于平衡，即初始应变ε_{ij}^0在加载面内。随后单元体在荷载作用下使应变ε_{ij}达到初始加载面，继续加载应变达到新的加载面应变点$\varepsilon_{ij}+\mathrm{d}\varepsilon_{ij}$，此时产生塑性应变。然后卸载使应变回到初始应变状态ε_{ij}^0，并产生了与塑性应变所对应的残余应力增量$\mathrm{d}\sigma_{ij}^p=C_{ijkl}\,\mathrm{d}\varepsilon_{kl}^p$。图7.17（b）给出了单轴状态下的应变循环过程。

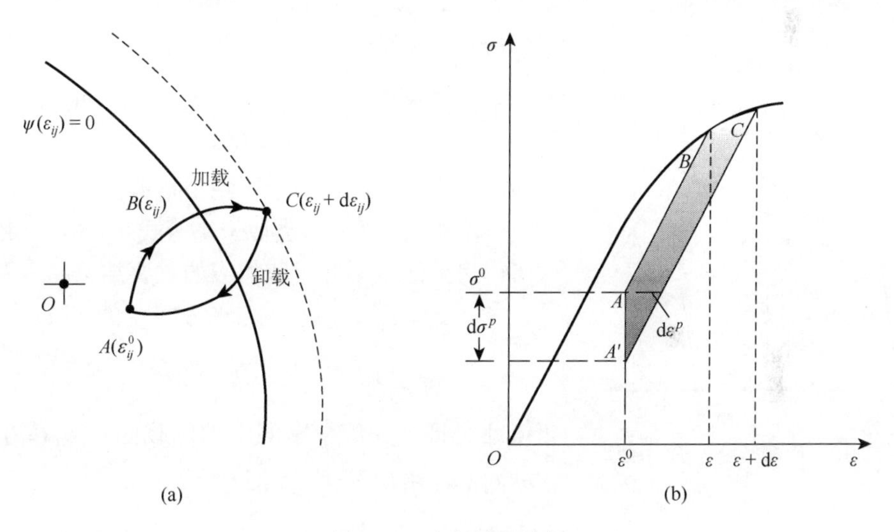

图7.17　应变循环过程

根据伊柳辛公设，在完成上述应变循环过程中，外部功不为负，即

$$\Delta W_{\mathrm{I}}=\oint_{\varepsilon_{ij}^0}\sigma_{ij}\mathrm{d}\varepsilon_{ij}\geqslant 0 \tag{7.65}$$

弹性应变时，$\Delta W_{\mathrm{I}}=0$。在图7.16（b）中，阴影面积表示ΔW_{I}。

应用$\sigma_{ij}=C_{ijkl}\,\varepsilon_{kl}$及$\mathrm{d}\sigma_{ij}^p=C_{ijkl}\,\mathrm{d}\varepsilon_{kl}^p$不难将德鲁克公设式（7.57）改写成

$$\Delta W_{\mathrm{D}}=(\varepsilon_{ij}-\varepsilon_{ij}^0)\mathrm{d}\sigma_{ij}^p\geqslant 0 \tag{7.66}$$

从图7.17（b）中可见，外部作用在应变循环内做功ΔW_{I}和应力循环中做功ΔW_{D}相差一个正的附加项

$$\frac{1}{2}\mathrm{d}\varepsilon^p\,\mathrm{d}\sigma^p$$

由此可将应变循环外部作用所做的功表示为

$$\Delta W_{\mathrm{I}}=(\varepsilon_{ij}-\varepsilon_{ij}^{0}+\frac{1}{2}\mathrm{d}\varepsilon_{ij})\mathrm{d}\sigma_{ij}^{p}\geqslant\Delta W_{\mathrm{D}}\geqslant 0 \tag{7.67}$$

上式表明，如果德鲁克公设成立，$\Delta W_{\mathrm{I}}\geqslant 0$，则伊柳辛公设式（7.67）也一定成立；反之，伊柳辛公设成立，德鲁克公设就不一定成立了。也就是说德鲁克公设只是伊柳辛公设的充分条件，而不是必要条件。在简单拉伸情况下德鲁克公设只适用于$\mathrm{d}\sigma/\mathrm{d}\varepsilon\geqslant 0$的情况，也即稳定材料阶段。当$\mathrm{d}\sigma/\mathrm{d}\varepsilon<0$时，德鲁克公设不成立，但伊柳辛公设仍然成立。在图 7.18 中[8]，当应力点由A移到B时，$\mathrm{d}\sigma<0$，$\mathrm{d}\varepsilon^e<0$，但$\mathrm{d}\varepsilon^p>0$且$\mathrm{d}\varepsilon=\mathrm{d}\varepsilon^e+\mathrm{d}\varepsilon^p>0$，所以

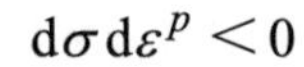

$$\mathrm{d}\sigma\,\mathrm{d}\varepsilon^p<0$$

这不满足德鲁克公设，但仍满足式（7.65）

$$\sigma\,\mathrm{d}\varepsilon>0$$

即伊柳辛公设能适用于不稳定材料。

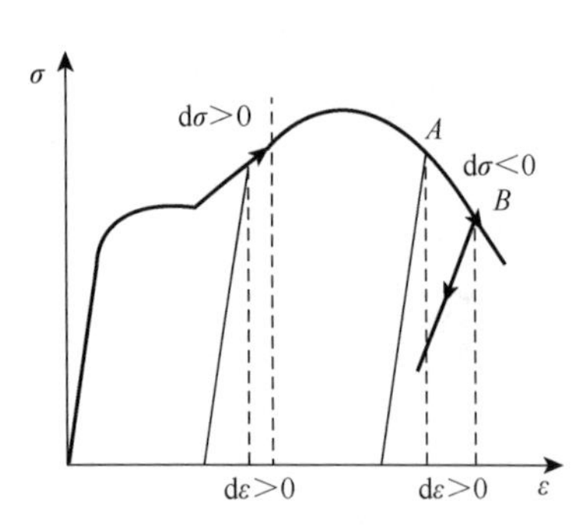

图 7.18　伊柳辛公设适用范围

不等式（7.67）类似于不等式（7.56），由此可得另外两个不等式和相应的重要结论：

当$\varepsilon_{ij}\neq\varepsilon_{ij}^{0}$时，忽略式（7.67）中的高阶项，有

$$(\varepsilon_{ij}-\varepsilon_{ij}^{0})\,\mathrm{d}\sigma_{ij}^{p}\geqslant 0 \tag{7.68}$$

依此可推证在应变空间中的加载面$\psi(\varepsilon_{ij})=0$是外凸的。类似于式（7.64），有

$$\mathrm{d}\sigma_{ij}^{p}=\mathrm{d}\mu\frac{\partial\psi}{\partial\varepsilon_{ij}} \tag{7.69}$$

且$\mathrm{d}\mu=\mathrm{d}\lambda$。

当$\varepsilon_{ij}=\varepsilon_{ij}^{0}$时，式（7.67）变为

$$\mathrm{d}\varepsilon_{ij}\,\mathrm{d}\sigma_{ij}^{p}\geqslant 0 \tag{7.70}$$

上式取大于号表示有新的塑性变形发生，即加载；取等号表示只有弹性变形，即中性变载。

需要指出的是，在应力空间中定义的加载准则，对理想塑性材料和硬化材料采用了不同的形式［式（7.42）和式（7.49）］，但在应变空间中，利用伊柳辛公设式（7.70）和式（7.69）可将这个加载准则统一表示为

$$
\text{当 } \psi(\varepsilon_{ij},\xi_\alpha)=0 \text{ 时，} \begin{cases} \dfrac{\partial\psi}{\partial\varepsilon_{ij}}\mathrm{d}\varepsilon_{ij}>0, & \text{加载} \\ \dfrac{\partial\psi}{\partial\varepsilon_{ij}}\mathrm{d}\varepsilon_{ij}=0, & \text{中性变载} \\ \dfrac{\partial\psi}{\partial\varepsilon_{ij}}\mathrm{d}\varepsilon_{ij}<0, & \text{卸载} \end{cases} \tag{7.71}
$$

它适用于硬化、软化和理想塑性材料。有关应变空间中表述的弹塑性理论可参阅有关专著[12]。

7.6　塑性位势理论

早先人们不知道 $\mathrm{d}\varepsilon_{ij}^{p}$ 与加载面有什么关系，米泽斯在1928年类比了弹性应变可以用弹性势函数对应力求偏导的表达式［见式（4.58b）］，提出了塑性位势的概念，其数学形式是

$$
\mathrm{d}\varepsilon_{ij}^{p}=\mathrm{d}\lambda\frac{\partial g}{\partial\sigma_{ij}} \tag{7.72}
$$

式中，g 是塑性势函数，它是应力 σ_{ij} 和内变量 ξ_α 的标量函数；$\mathrm{d}\lambda\geqslant 0$，为塑性因子。有了德鲁克公设以后，在该公设成立的条件下，由式(7.64)必然得出 $g=f$，由此得到的塑性本构关系称为与屈服函数**相关联的流动法则**。若 $g\neq f$ 则称之为**非关联的流动法则**。在非关联流动法则下，塑性应变增量与屈服面不正交。岩土类材料的塑性本构关系一般认为是服从非关联流动法则的。

对比式（7.72）与式（7.21）发现，式（7.72）中的 $\boldsymbol{r}=\partial g/\partial\boldsymbol{\sigma}$ 相应于式（7.21）中的 $\mathrm{sign}(\sigma)$，由此确定塑性应变增量 $\mathrm{d}\varepsilon_{ij}^{p}$ 的方向。

本节讨论理想塑性（包括弹塑性和刚塑性）材料的关联流动法则，此时 f 仅是应力 σ_{ij} 的函数。

如 $f(\sigma_{ij})=0$ 是光滑屈服面，则有

$$
\mathrm{d}\varepsilon_{ij}^{p}=\mathrm{d}\lambda\frac{\partial f}{\partial\sigma_{ij}} \tag{7.73}
$$

式中

$$
\mathrm{d}\lambda\begin{cases} =0, & f<0 \ \text{ 或 } \ f=0, \mathrm{d}f<0 \\ \geqslant 0, & f=0, \mathrm{d}f=0 \end{cases}
$$

对于一个材料体单元来说，理想塑性材料达到屈服后，$\mathrm{d}\varepsilon_{ij}^{p}$ 的大小是没有限制的。由式（7.73）只能确定塑性应变增量 $\mathrm{d}\varepsilon_{ij}^{p}$ 的方向，即各分量的比例关系，而其大小是无法确定的，也就是说 $\mathrm{d}\lambda$ 是任意的正值。如果单元体周围的物体还处在弹性阶段，它将限制这个单元体的塑性应变，使它不能任意增长，这时 $\mathrm{d}\lambda$ 值是确定的，但它不能依靠单元本身的本构关系确定，而是要由问题整体条件来考量。

如屈服面是由 n 个光滑的非正则曲面 $f_k(\sigma_{ij})=0$ 组成的，则有

$$\mathrm{d}\varepsilon_{ij}^{p}=\sum_{k=1}^{n}\mathrm{d}\lambda_k\frac{\partial f_k}{\partial\sigma_{ij}} \tag{7.74}$$

式中

$$\mathrm{d}\lambda_k\begin{cases}=0, & f_k<0\quad\text{或}\quad f_k=0,\ \mathrm{d}f_k<0\\ \geqslant 0, & f_k=0,\ \mathrm{d}f_k=0\end{cases},\quad k=1,2,\cdots,n$$

上式说明在几个屈服面的交点处，塑性应变增量是各有关面上塑性应变增量的线性组合。

7.6.1　与米泽斯相关联的流动法则（J_2 理论）

将式（6.22）代入关联流动法则式（7.73），并利用式（7.43）的求导结果，有

$$\mathrm{d}\varepsilon_{ij}^{p}=\mathrm{d}\lambda s_{ij} \tag{7.75}$$

式中

$$\mathrm{d}\lambda\begin{cases}=0, & J_2<k^2\quad\text{或}\quad J_2=k^2,\ \mathrm{d}J_2<0\\ \geqslant 0, & J_2=k^2,\ \mathrm{d}J_2=0\end{cases}$$

上式表明，应力主轴和塑性应变增量张量相应主轴是一致的，从式（7.75）还可得到

$$\mathrm{d}\varepsilon_{kk}^{p}=\mathrm{d}\lambda s_{kk}=0 \tag{7.76}$$

这与式（7.53）的假定一致，即米泽斯所针对的材料（金属类）的体积变化是纯弹性的，不会产生塑性体积变化。

由式（7.75）可推出

$$\frac{\mathrm{d}\varepsilon_x^p}{s_x}=\frac{\mathrm{d}\varepsilon_y^p}{s_y}=\frac{\mathrm{d}\varepsilon_z^p}{s_z}=\frac{\mathrm{d}\gamma_{xy}^p}{2\tau_{xy}}=\frac{\mathrm{d}\gamma_{yz}^p}{2\tau_{yz}}=\frac{\mathrm{d}\gamma_{zx}^p}{2\tau_{zx}}=\mathrm{d}\lambda \tag{7.77}$$

这个等量关系就是普朗特-罗伊斯（Prandtl-Reuss）方程。

在大塑性流动问题中，弹性应变可以忽略不计，材料可以被认为是理想刚塑性体，总的应变增量 $\mathrm{d}\varepsilon_{ij}$ 和塑性应变增量 $\mathrm{d}\varepsilon_{ij}^{p}$ 可认为相等，于是

$$d\varepsilon_{ij} = d\lambda s_{ij} \tag{7.78a}$$

或

$$\frac{d\varepsilon_x}{s_x} = \frac{d\varepsilon_y}{s_y} = \frac{d\varepsilon_z}{s_z} = \frac{d\gamma_{xy}}{2\tau_{xy}} = \frac{d\gamma_{yz}}{2\tau_{yz}} = \frac{d\gamma_{zx}}{2\tau_{zx}} = d\lambda \tag{7.78b}$$

这个等量关系是莱维-米泽斯方程。

在增量本构关系的发展历程中，圣维南于 1870 年针对平面应变情况提出应变增量主轴与应力主轴重合；在 1871 年，莱维引用圣维南假设，提出应变增量分量与相应的偏应力分量成比例，即式（7.78b）；在 1913 年，米泽斯又独立地提出了相同的关系式，所以将式（7.78b）称为莱维-米泽斯方程。普朗特在 1925 年将原先的莱维-米泽斯关系式扩展应用于理想弹塑性平面应变情况，提出了塑性应变增量主轴与应力主轴重合，罗伊斯在 1930 年又把普朗特关系式扩展到三维情况并给出了式（7.77）。所以，常将式（7.77）称为理想弹塑性材料的普朗特-罗伊斯本构关系。20 世纪 50 年代，德鲁克公设的提出并由此建立的塑性应变正交流动法则，从理论上验证了这些关系式。

普朗特-罗伊斯方程考虑了弹性变形部分，其弹性部分的增量可应用式（4.22）和式（4.27）表示为

$$de_{ij}^e = \frac{1}{2G} ds_{ij}, \quad d\varepsilon_{kk}^e = \frac{1}{3K} d\sigma_{kk} \tag{7.79}$$

塑性应变增量由式（7.75）和式（7.76）给出

$$\begin{cases} de_{ij}^p = d\varepsilon_{ij}^p = d\lambda s_{ij} & (7.80\text{a}) \\ d\varepsilon_{kk}^p = 0 & (7.80\text{b}) \end{cases}$$

于是，总的应变增量与应力增量关系为

$$\begin{cases} de_{ij} = \dfrac{1}{2G} ds_{ij} + d\lambda s_{ij} & (7.81\text{a}) \\ d\varepsilon_{kk} = \dfrac{1}{3K} d\sigma_{kk} & (7.81\text{b}) \end{cases}$$

从上式看出，当给定 σ_{ij} 和 $d\sigma_{ij}$ 后，$d\lambda$ 是无法确定的，因而 de_{ij} 也不能确定。但反过来，如果给定 σ_{ij} 和 $d\varepsilon_{ij}$，则 $d\sigma_{ij}$ 是可以求出的。实际上由**塑性功增量**

$$dW^p = \sigma_{ij} d\varepsilon_{ij}^p = \sigma_{ij} s_{ij} d\lambda = s_{ij} s_{ij} d\lambda = 2J_2 d\lambda = 2k^2 d\lambda \tag{7.82}$$

得

$$d\lambda = \frac{dW^p}{2k^2} \tag{7.83}$$

式中，k 为常数，其取值见式（6.20）或式（6.21）。将式（7.81a）两边点积 s_{ij}

可得

$$s_{ij}\mathrm{d}e_{ij}=\frac{1}{2G}s_{ij}\mathrm{d}s_{ij}+\mathrm{d}\lambda s_{ij}s_{ij}$$

对于米泽斯材料，由于$\mathrm{d}J_2=s_{ij}\mathrm{d}s_{ij}=0$，所以上式可简化为

$$s_{ij}\mathrm{d}e_{ij}=\mathrm{d}\lambda s_{ij}s_{ij}$$

再利用式（7.82），有

$$\mathrm{d}W^p=s_{ij}\mathrm{d}e_{ij} \tag{7.84}$$

因此当σ_{ij}和$\mathrm{d}\varepsilon_{ij}$给定后，则$s_{ij}$，$\mathrm{d}e_{ij}$及$\mathrm{d}\lambda$都能确定，故由式（7.81）可求出$\mathrm{d}\sigma_{ij}$（见例 7.3）。

应用式（7.80a）还可将塑性功表示为

$$\mathrm{d}W^p=\sigma_{ij}\mathrm{d}\varepsilon_{ij}^p=\sigma_{ij}\mathrm{d}e_{ij}^p=s_{ij}\mathrm{d}e_{ij}^p \tag{7.85}$$

如仿照等效应变$\bar{\varepsilon}$式（3.52）定义**等效塑性应变增量**

$$\mathrm{d}\bar{\varepsilon}^p=\sqrt{\frac{2}{3}\mathrm{d}e_{ij}^p\mathrm{d}e_{ij}^p}=\sqrt{\frac{2}{3}\mathrm{d}\varepsilon_{ij}^p\mathrm{d}\varepsilon_{ij}^p} \tag{7.86}$$

对于米泽斯理想塑性材料，塑性功又可写为

$$\mathrm{d}W^p=\sigma_{ij}\mathrm{d}\varepsilon_{ij}^p=\bar{\sigma}\mathrm{d}\bar{\varepsilon}^p=\sigma_0\mathrm{d}\bar{\varepsilon}^p \tag{7.87}$$

说明塑性功是由塑性变形所决定。将上式代入式（7.83），并取$k=\sigma_0/\sqrt{3}$，得到

$$\mathrm{d}\lambda=\frac{3\mathrm{d}\bar{\varepsilon}^p}{2\sigma_0} \tag{7.88}$$

将上式代入式（7.75），最后得出

$$\mathrm{d}\varepsilon_{ij}^p=\frac{3\mathrm{d}\bar{\varepsilon}^p}{2\sigma_0}s_{ij} \tag{7.89}$$

上式虽然是由屈服函数$f(\sigma_{ij})=J_2-k^2$求得的，但它是通用的。假如屈服函数写为$f(\sigma_{ij})=\sqrt{J_2}-k$，则式（7.75）变为

$$\mathrm{d}\varepsilon_{ij}^p=\frac{s_{ij}}{2k}\mathrm{d}\lambda \tag{7.90}$$

因此，式（7.82）变为

$$\mathrm{d}W^p=\sigma_{ij}\mathrm{d}\varepsilon_{ij}^p=\sigma_{ij}s_{ij}\frac{\mathrm{d}\lambda}{2k}=s_{ij}s_{ij}\frac{\mathrm{d}\lambda}{2k}=\frac{J_2}{k}\mathrm{d}\lambda=k\mathrm{d}\lambda$$

由此

$$\mathrm{d}\lambda=\frac{\mathrm{d}W^p}{k}$$

将式（7.87）代入上式，并取$k=\sigma_0/\sqrt{3}$，有

$$d\lambda=\frac{dW^p}{k}=\sqrt{3}\frac{\sigma_0 d\bar{\varepsilon}^p}{\sigma_0}=\sqrt{3}\,d\bar{\varepsilon}^p \tag{7.91}$$

回代上式入式（7.90），有

$$d\varepsilon_{ij}^p=\frac{s_{ij}}{2k}\sqrt{3}\,d\bar{\varepsilon}^p=\frac{3d\bar{\varepsilon}^p}{2\sigma_0}s_{ij} \tag{7.92}$$

由此看出，虽然两个屈服函数求得的$d\lambda$不同（式（7.88）不同于式（7.91）），但最后解算得到的$d\varepsilon_{ij}^p$都具有相同的形式（式（7.89）与式（7.92）相同）。读者容易证明，若使用屈服函数式（6.23）$f(\sigma_{ij})=\sqrt{3J_2}-\sigma_0$，则$d\lambda=d\bar{\varepsilon}^p$，最后$d\varepsilon_{ij}^p$形式依然为式（7.92）。

由式（7.92）也可反求s_{ij}

$$s_{ij}=\frac{2}{3}\frac{\sigma_0}{d\bar{\varepsilon}^p}d\varepsilon_{ij}^p=\sqrt{\frac{2}{3}}\frac{\sigma_0\,d\varepsilon_{ij}^p}{\sqrt{d\varepsilon_{kl}^p d\varepsilon_{kl}^p}}=\sqrt{\frac{2}{3}}\frac{\sigma_0\,d\varepsilon_{ij}^p}{|d\boldsymbol{\varepsilon}^p|} \tag{7.93}$$

从式（7.93）可知，若$d\varepsilon_{ij}^p$的各分量按固定比例增加，则s_{ij}保持不变。

下面以一个平面问题说明上式的应用。在平面应力（$\sigma_3=0$）情况下，米泽斯屈服函数由式（6.27）给出

$$f=\sigma_1^2-\sigma_1\sigma_2+\sigma_2^2-\sigma_0^2=0$$

如果给定

$$\frac{d\varepsilon_1^p}{d\varepsilon_2^p}=\alpha$$

则根据塑性变形的不可压缩性$d\varepsilon_{kk}^p=0$，有

$$d\varepsilon_3^p=-(d\varepsilon_1^p+d\varepsilon_2^p)=-(1+\alpha)d\varepsilon_2^p$$

于是

$$d\boldsymbol{\varepsilon}^p=d\varepsilon_2^p\begin{bmatrix}\alpha & 0 & 0\\ 0 & 1 & 0\\ 0 & 0 & -1-\alpha\end{bmatrix}$$

容易求得$|d\boldsymbol{\varepsilon}^p|=d\varepsilon_2^p\sqrt{2(1+\alpha+\alpha^2)}$，代入式（7.93），得到

$$s_1=\frac{\alpha\sigma_0}{\sqrt{3(1+\alpha+\alpha^2)}},\quad s_2=\frac{\sigma_0}{\sqrt{3(1+\alpha+\alpha^2)}}$$

这证明了$d\varepsilon_{ij}^p$的各分量给定比例后，s_{ij}能保持不变。用s_{ij}进一步计算出

$$\sigma_1 = 2s_1 + s_2 = \frac{2\alpha+1}{\sqrt{3(1+\alpha+\alpha^2)}}\sigma_0, \qquad \sigma_2 = 2s_2 + s_1 = \frac{\alpha+2}{\sqrt{3(1+\alpha+\alpha^2)}}\sigma_0$$

【注 7.2】二阶张量 $\mathrm{d}\boldsymbol{\varepsilon}^p$ 的模 $|\mathrm{d}\boldsymbol{\varepsilon}^p|$ 容易使用 MAPLE 完成（比较注 1.5 的程序）。

```
>with（LinearAlgebra）:
>D_epsilon: = <<alpha,0,0>|<0,1,0>|<0,0,-(1 + alpha)>>;        矩阵中没代入 dε2p
>MatrixNorm(D_epsilon,Frobenius);                                 最后结果应乘以 dε2p
```

【注意】由等效塑性应变增量定义式（7.86），有

$$\bar{\varepsilon}^p = \int\sqrt{\frac{2}{3}\mathrm{d}\varepsilon_{ij}^p\mathrm{d}\varepsilon_{ij}^p}$$

又称 $\bar{\varepsilon}^p$ 为累积塑性应变。写成实体形式

$$\bar{\varepsilon}^p = \sqrt{\frac{2}{3}}\int|\mathrm{d}\boldsymbol{\varepsilon}^p|$$

这个式子与单轴状态下定义的累积塑性应变式（7.24）很像，因子 $\sqrt{2/3}$ 是为了满足单轴应力状态时的需要。在单轴情况下 $\mathrm{d}\varepsilon_{11}^p = \mathrm{d}\varepsilon^p$，假定塑性体积不可压缩 $\mathrm{tr}(\mathrm{d}\boldsymbol{\varepsilon}^p) = 0$，则

$$\mathrm{d}\boldsymbol{\varepsilon}^p = \begin{bmatrix} \mathrm{d}\varepsilon^p & 0 & 0 \\ 0 & -\frac{1}{2}\mathrm{d}\varepsilon^p & 0 \\ 0 & 0 & -\frac{1}{2}\mathrm{d}\varepsilon^p \end{bmatrix}$$

满足

$$\bar{\varepsilon}^p = \sqrt{\frac{2}{3}}\int|\mathrm{d}\boldsymbol{\varepsilon}^p| = \int|\mathrm{d}\varepsilon^p|$$

这与式（7.24）完全相同。

必须注意

$$\bar{\varepsilon}^p \neq \sqrt{\frac{2}{3}\mathrm{d}\varepsilon_{ij}^p\mathrm{d}\varepsilon_{ij}^p}$$

7.6.2 与特雷斯卡相关联的流动法则

在主应力空间，不规定主应力大小顺序，特雷斯卡屈服准则可写为

$$f_1 = \sigma_1 - \sigma_3 - 2k = 0, \quad f_2 = \sigma_1 - \sigma_2 - 2k = 0$$

$$f_3 = \sigma_2 - \sigma_3 - 2k = 0, \quad f_4 = \sigma_3 - \sigma_2 - 2k = 0$$

$$f_5 = \sigma_2 - \sigma_1 - 2k = 0, \quad f_6 = \sigma_3 - \sigma_1 - 2k = 0$$

式中，k 满足式（6.16）或式（6.17）。这些方程表示的平面在偏平面上构成了一个正六边形，如图 7.19（a）所示。按照式（7.41）定义，应力状态应满足 $f_k \leqslant 0\ (k=1,2,\cdots,6)$。当应力点在 $f_1=0$ 面上，且 $\mathrm{d}f_1=0$ 时，应用式（7.73），有

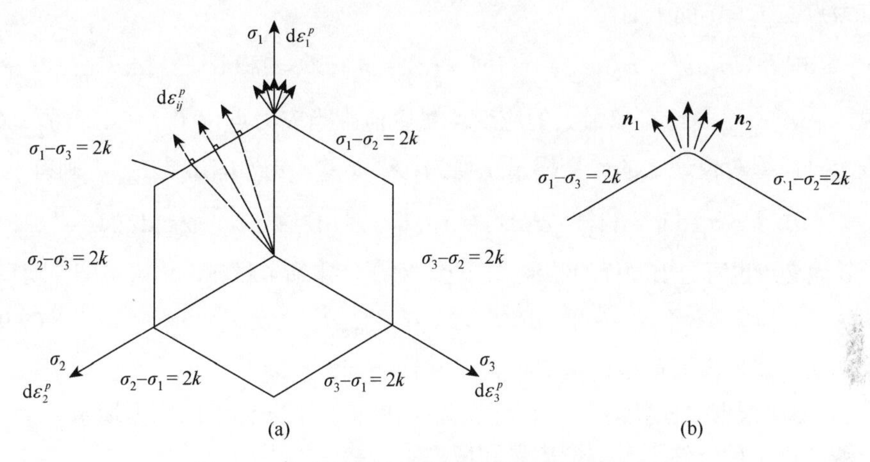

图 7.19　与特雷斯卡屈服准则相关联的流动法则

$$(\mathrm{d}\varepsilon_1^p:\mathrm{d}\varepsilon_2^p:\mathrm{d}\varepsilon_3^p)=(1:0:-1)\,\mathrm{d}\lambda_1$$

应力点在 $f_2=0$ 面上，且 $\mathrm{d}f_2=0$ 时，则有

$$(\mathrm{d}\varepsilon_1^p:\mathrm{d}\varepsilon_2^p:\mathrm{d}\varepsilon_3^p)=(1:-1:0)\,\mathrm{d}\lambda_2$$

当应力点位于 $f_1=0$ 和 $f_2=0$ 的交线上，且 $\mathrm{d}f_1=\mathrm{d}f_2=0$ 时，则由式（7.74）得

$$\mathrm{d}\varepsilon_i^p=\mathrm{d}\lambda_1\frac{\partial f_1}{\partial\sigma_i}+\mathrm{d}\lambda_2\frac{\partial f_2}{\partial\sigma_i},\quad i=1,2,3$$

计算后为

$$\begin{aligned}(\mathrm{d}\varepsilon_1^p:\mathrm{d}\varepsilon_2^p:\mathrm{d}\varepsilon_3^p)&=(1:0:-1)\,\mathrm{d}\lambda_1+(1:-1:0)\,\mathrm{d}\lambda_2\\&=(\mathrm{d}\lambda_1+\mathrm{d}\lambda_2):-\mathrm{d}\lambda_2:-\mathrm{d}\lambda_1\\&=1:\frac{-\mathrm{d}\lambda_2}{\mathrm{d}\lambda_1+\mathrm{d}\lambda_2}:\frac{-\mathrm{d}\lambda_1}{\mathrm{d}\lambda_1+\mathrm{d}\lambda_2}\\&=1:(\bar{\lambda}-1):-\bar{\lambda}\end{aligned}$$

其中

$$0\leqslant\bar{\lambda}=\frac{\mathrm{d}\lambda_1}{\mathrm{d}\lambda_1+\mathrm{d}\lambda_2}\leqslant 1$$

上式给出的塑性应变增量方向是不确定的，它随 $\bar{\lambda}$ 的变化在 $f_1=0$ 面上的法线 $\boldsymbol{n}_1$ 与 $f_2=0$ 面上的法线 $\boldsymbol{n}_2$ 之间变化，这个变化区域称为尖点应变锥。实际上尖点处也可看成曲率变化很大的光滑曲面［图 7.19（b）］在该处塑性应变增量从 $\boldsymbol{n}_1$ 很快

变到 $\boldsymbol{n}_2$ 方向，取极限后就成为尖点情况。

由于应力与塑性应变增量的主轴一致，则塑性功增量

$$\mathrm{d}W^p = \sigma_{ij}\mathrm{d}\varepsilon_{ij}^p = \sigma_1\mathrm{d}\varepsilon_1^p + \sigma_2\mathrm{d}\varepsilon_2^p + \sigma_3\mathrm{d}\varepsilon_3^p$$

当应力点在 $f_1 = 0$ 面上时

$$\mathrm{d}W^p = \sigma_1\mathrm{d}\varepsilon_1^p + \sigma_2\mathrm{d}\varepsilon_2^p + \sigma_3\mathrm{d}\varepsilon_3^p = (\sigma_1 - \sigma_3)\,\mathrm{d}\lambda_1 = 2k\mathrm{d}\lambda_1 = 2k\,|\mathrm{d}\varepsilon^p|_{\max}$$

式中，$|\mathrm{d}\varepsilon^p|_{\max}$ 是绝对值最大的应变增量主值。当应力点位于 $f_1 = 0$ 和 $f_2 = 0$ 的交线上时，绝对值最大的应变增量主值为 $\mathrm{d}\lambda_1 + \mathrm{d}\lambda_2 = |\mathrm{d}\varepsilon_1^p| = |\mathrm{d}\varepsilon^p|_{\max}$，则有

$$\mathrm{d}W^p = \sigma_1(\mathrm{d}\lambda_1 + \mathrm{d}\lambda_2) - \sigma_2\mathrm{d}\lambda_2 - \sigma_3\mathrm{d}\lambda_1 = 2k(\mathrm{d}\lambda_1 + \mathrm{d}\lambda_2) = 2k\,|\mathrm{d}\varepsilon^p|_{\max}$$

对于其他交点也可得出同样的结果。因此，对于特雷斯卡材料，均可将塑性功写为

$$\mathrm{d}W^p = 2k\,|\mathrm{d}\varepsilon^p|_{\max} \tag{7.94}$$

同米泽斯材料一样，能量耗散只取决于塑性变形。

例 7.3　根据普朗特-罗伊斯方程，计算单轴应变条件下的应力增量。

解　在这种条件下，应变增量和应力状态给定如下：

$$\mathrm{d}\varepsilon_{ij} = (\mathrm{d}\varepsilon_1, 0, 0), \qquad \sigma_{ij} = (\sigma_1, \sigma_2, \sigma_2)$$

于是

$$\mathrm{d}e_{ij} = \left(\frac{2}{3}\mathrm{d}\varepsilon_1, -\frac{1}{3}\mathrm{d}\varepsilon_1, -\frac{1}{3}\mathrm{d}\varepsilon_1\right), \qquad s_{ij} = (s_1, s_2, s_2)$$

应用式（7.84）可求出塑性功增量

$$\mathrm{d}W^p = s_1\mathrm{d}e_1 + s_2\mathrm{d}e_2 + s_3\mathrm{d}e_3 = \frac{1}{3}(2s_1 - s_2 - s_2)\,\mathrm{d}\varepsilon_1$$

由于 $s_{ii} = s_1 + 2s_2 = 0$，故 $s_1 = -2s_2$，上式可化简为

$$\mathrm{d}W^p = s_1\,\mathrm{d}\varepsilon_1 \tag{例 7.3.1}$$

代入式（7.83）后得到

$$\mathrm{d}\lambda = \frac{s_1\mathrm{d}\varepsilon_1}{2k^2} \tag{例 7.3.2}$$

将上式代入式（7.81），可计算出

$$\begin{cases} \mathrm{d}s_1 = \dfrac{4}{3}G\mathrm{d}\varepsilon_1 - \dfrac{G}{k^2}s_1^2\,\mathrm{d}\varepsilon_1 \\ \mathrm{d}s_2 = -\dfrac{2}{3}G\mathrm{d}\varepsilon_1 - \dfrac{G}{k^2}s_1 s_2\,\mathrm{d}\varepsilon_1 \\ \mathrm{d}I_1 = \mathrm{d}\sigma_{kk} = 3K\mathrm{d}\varepsilon_{kk} = 3K\mathrm{d}\varepsilon_1 \end{cases} \tag{例 7.3.3}$$

因此

$$\begin{cases} \mathrm{d}\sigma_1 = \mathrm{d}s_1 + \dfrac{1}{3}\mathrm{d}I_1 = (K + \dfrac{4}{3}G)\mathrm{d}\varepsilon_1 - \dfrac{G}{k^2}s_1^2\,\mathrm{d}\varepsilon_1 \\ \mathrm{d}\sigma_2 = \mathrm{d}s_2 + \dfrac{1}{3}\mathrm{d}I_1 = (K - \dfrac{2}{3}G)\mathrm{d}\varepsilon_1 - \dfrac{G}{k^2}s_1 s_2\,\mathrm{d}\varepsilon_1 \end{cases} \tag{例 7.3.4}$$

如利用 $s_1 = -2s_2$ 和式（2.52），可根据屈服条件式（6.22）推得

$$k^2 = J_2 = \frac{1}{2}(s_1^2 + 2s_2^2) = \frac{1}{2}\left(s_1^2 + \frac{s_1^2}{2}\right) = \frac{3}{4}s_1^2$$

代入式（例 7.3.3）后，有

$$\begin{cases} \mathrm{d}s_1 = \left(\dfrac{4}{3} - \dfrac{s_1^2}{k^2}\right)G\,\mathrm{d}\varepsilon_1 = 0 \\ \mathrm{d}s_2 = -\dfrac{1}{2}\mathrm{d}s_1 = 0 \end{cases}$$

进而由式（例 7.3.4）重新得到

$$\begin{cases} \mathrm{d}\sigma_1 = \mathrm{d}s_1 + \dfrac{1}{3}\mathrm{d}I_1 = K\,\mathrm{d}\varepsilon_1 \\ \mathrm{d}\sigma_2 = \mathrm{d}s_2 + \dfrac{1}{3}\mathrm{d}I_1 = K\,\mathrm{d}\varepsilon_1 \end{cases} \tag{例 7.3.5}$$

这说明在单轴应变试验中，初始屈服后的应力改变纯属静水压力形式，满足塑性变形不可压缩的假定。

7.7　理想弹塑性材料的增量应力-应变关系

7.6 节应用关联流动法则，着重讨论了与静水压力无关的材料（即塑性变形不改变体积大小）如何利用理想弹塑性模型建立增量应力-应变关系。本节将从更一般的视角，探讨建立理想弹塑性材料的增量应力-应变关系式。

7.7.1　一般形式

与单轴应力状态下式（7.16）的关系类似，在复杂应力状态下，应用应变可加性原理，有

$$\mathrm{d}\sigma_{ij} = C_{ijkl}\left(\mathrm{d}\varepsilon_{kl} - \mathrm{d}\lambda\frac{\partial g}{\partial \sigma_{kl}}\right) \tag{7.95}$$

式中，$\mathrm{d}\lambda$ 为塑性因子，是一个待定的非负标量。

在理想弹塑性变形时，应力点停留在屈服面上，这个补充条件就是一致性条件［类似式（7.45）］式

$$df = f(\sigma_{ij} + d\sigma_{ij}) - f(\sigma_{ij}) = \frac{\partial f}{\partial \sigma_{ij}} d\sigma_{ij} = 0 \tag{7.96}$$

将式（7.95）代入上式可解出

$$d\lambda = \frac{1}{H} \frac{\partial f}{\partial \sigma_{ij}} C_{ijkl} d\varepsilon_{kl} \tag{7.97}$$

其中

$$H = \frac{\partial f}{\partial \sigma_{ij}} C_{ijkl} \frac{\partial g}{\partial \sigma_{kl}} \tag{7.98}$$

式（7.97）表明，只要$(\partial f / \partial \sigma_{ij}) C_{ijkl} d\varepsilon_{kl} = 0$，就有$d\lambda = 0$。说明即使在满足式（7.42a）的加载条件［即式（7.96）］下，仍会出现塑性应变为零的情况，这就是理想塑性材料的中性变载情况。显然，用应变增量代替应力增量来界定加（卸）载情况更为合适，即当 $f = 0$ 且 $(\partial f / \partial \sigma_{ij}) C_{ijkl} d\varepsilon_{kl} > 0$ 时为加载；当 $f = 0$ 且 $(\partial f / \partial \sigma_{ij}) C_{ijkl} d\varepsilon_{kl} = 0$ 时为中性变载；当 $f = 0$ 且 $(\partial f / \partial \sigma_{ij}) C_{ijkl} d\varepsilon_{kl} < 0$ 时为卸载。

现将导出的 $d\lambda$ 表达式（7.97）回代式（7.95）就可得出用应变增量 $d\varepsilon_{ij}$ 表示应力增量 $d\sigma_{ij}$ 的关系

$$d\sigma_{ij} = C_{ijkl}^{ep} d\varepsilon_{kl} \tag{7.99}$$

式中，C_{ijkl}^{ep} 为弹塑性刚度张量，表示为

$$C_{ijkl}^{ep} = C_{ijkl} - \frac{1}{H} H_{ij}^{*} H_{kl} \tag{7.100}$$

其中

$$H_{ij}^{*} = C_{ijmn} \frac{\partial g}{\partial \sigma_{mn}}, \quad H_{kl} = \frac{\partial f}{\partial \sigma_{pq}} C_{pqkl} \tag{7.101}$$

对于一个给定的 $d\varepsilon_{ij}$，应用式（7.99）可唯一确定出 $d\sigma_{ij}$，反之则不然。这是因为理想弹塑性材料达到屈服后，如果给出 $d\sigma_{ij}$，$d\varepsilon_{ij}^{p}$ 的大小是没有限制的，$d\lambda$ 是不确定的。但如果给定 $d\varepsilon_{ij}$（或 $d\varepsilon_{ij}^{p}$），就限定了 $d\lambda$，当然 $d\sigma_{ij}$ 也就能唯一确定了。这个问题已在 7.6 节讨论过。

7.7.2　普朗特-罗伊斯模型

现在用式（7.99）的一般形式来导出与米泽斯屈服准则相关联的理想弹塑性应力-应变关系，这也是 7.6.1 节讨论过的普朗特-罗伊斯本构关系。在这种情况下，

势函数 g 与屈服函数 f 相同，按照式（6.22）定义为

$$g = f = J_2 - k^2 \tag{7.102}$$

式中，k 为常数。

把式（7.102）代入式（7.100），并假设材料弹性状态是线性的和各向同性的，则有

$$\begin{aligned} C_{ijkl}^{ep} &= C_{ijkl} - \frac{1}{H} H_{ij}^* H_{kl} \\ &= \lambda\delta_{ij}\delta_{kl} + \mu(\delta_{ik}\delta_{jl} + \delta_{il}\delta_{jk}) - \frac{\mu}{k^2} s_{ij} s_{kl} \end{aligned} \tag{7.103}$$

这里应用了式（4.18）表示的弹性刚度张量。用式（7.98）得 $H = 4\mu k^2$，用式（7.101）分别得到 $H_{ij}^* = 2\mu s_{ij}$，$H_{kl} = 2\mu s_{kl}$。

按照第 4 章使用的沃伊特记法，将弹塑性刚度张量用矩阵形式表示，可写为

$$[\mathrm{d}\boldsymbol{\sigma}] = [\boldsymbol{C}^{ep}][\mathrm{d}\boldsymbol{\varepsilon}] \tag{7.104}$$

其中

$$[\mathrm{d}\boldsymbol{\sigma}] = \begin{bmatrix} \mathrm{d}\sigma_x \\ \mathrm{d}\sigma_y \\ \mathrm{d}\sigma_z \\ \mathrm{d}\tau_{xy} \\ \mathrm{d}\tau_{yz} \\ \mathrm{d}\tau_{zx} \end{bmatrix}, \quad [\mathrm{d}\boldsymbol{\varepsilon}] = \begin{bmatrix} \mathrm{d}\varepsilon_x \\ \mathrm{d}\varepsilon_y \\ \mathrm{d}\varepsilon_z \\ \mathrm{d}\gamma_{xy} \\ \mathrm{d}\gamma_{yz} \\ \mathrm{d}\gamma_{zx} \end{bmatrix}$$

$$[\boldsymbol{C}^{ep}] = [\boldsymbol{C}] + [\boldsymbol{C}^p]$$

弹性刚度矩阵 $[\boldsymbol{C}]$ 可用式（4.17）表示，将拉梅常数用剪切模量 G 和体积模量 K 置换后

$$[\boldsymbol{C}] = \begin{bmatrix} K+\frac{4}{3}G & K-\frac{2}{3}G & K-\frac{2}{3}G & 0 & 0 & 0 \\ & K+\frac{4}{3}G & K-\frac{2}{3}G & 0 & 0 & 0 \\ & & K+\frac{4}{3}G & 0 & 0 & 0 \\ & & & G & 0 & 0 \\ & \text{对称} & & & G & 0 \\ & & & & & G \end{bmatrix}$$

塑性刚度矩阵$[\boldsymbol{C}^p]$即为式（7.103）的最后一项，即

$$[\boldsymbol{C}^p]=-\frac{G}{k^2}\begin{bmatrix} s_x^2 & s_x s_y & s_x s_z & s_x s_{xy} & s_x s_{yz} & s_x s_{zx} \\ & s_y^2 & s_y s_z & s_y s_{xy} & s_y s_{yz} & s_y s_{zx} \\ & & s_z^2 & s_z s_{xy} & s_z s_{yz} & s_z s_{zx} \\ & & & s_{xy}^2 & s_{xy} s_{yz} & s_{xy} s_{zx} \\ \text{对称} & & & & s_{yz}^2 & s_{yz} s_{zx} \\ & & & & & s_{zx}^2 \end{bmatrix}$$

像前面所讨论的一样，应变增量$\mathrm{d}\varepsilon_{ij}$不能由应力增量$\mathrm{d}\sigma_{ij}$唯一确定。这说明$[\boldsymbol{C}^{ep}]$是奇异矩阵，其逆矩阵不存在。

对于平面应变问题，应变分量ε_z，γ_{yz}和γ_{zx}均为零。所以用式（7.104）可直接写出增量形式的应力-应变关系（利用表 4.3 可将弹性常数换成E和ν）

$$\begin{bmatrix} \mathrm{d}\sigma_x \\ \mathrm{d}\sigma_y \\ \mathrm{d}\tau_{xy} \end{bmatrix}=\left\{\frac{E}{(1+\nu)(1-2\nu)}\begin{bmatrix} 1-\nu & \nu & 0 \\ & 1-\nu & 0 \\ \text{对称} & & (1-2\nu)/2 \end{bmatrix}\right.$$
$$\left.-\frac{1}{k^2}\frac{E}{2(1+\nu)}\begin{bmatrix} s_x^2 & s_x s_y & s_x s_{xy} \\ & s_y^2 & s_y s_{xy} \\ \text{对称} & & s_{xy}^2 \end{bmatrix}\right\}\begin{bmatrix} \mathrm{d}\varepsilon_x \\ \mathrm{d}\varepsilon_y \\ \mathrm{d}\gamma_{xy} \end{bmatrix} \tag{7.105}$$

应用上式很容易得出例 7.3 的解式（例 7.3.4）。注意$\mathrm{d}\varepsilon_y=\mathrm{d}\gamma_{xy}=0$，矩阵中只有第 1 行 1 列和第 1 行 2 列元素不为零，其余均为零。

对于平面应力问题，应力分量$\mathrm{d}\sigma_z=\mathrm{d}\tau_{yz}=\mathrm{d}\tau_{zx}=0$，应变分量$\mathrm{d}\gamma_{yz}=\mathrm{d}\gamma_{zx}=0$，但$\mathrm{d}\varepsilon_z\neq 0$，不能直接应用式（7.104）给出应力-应变关系式。然而，对应式（7.95）可写成矩阵形式

$$\begin{bmatrix} \mathrm{d}\sigma_x \\ \mathrm{d}\sigma_y \\ \mathrm{d}\tau_{xy} \end{bmatrix}=\frac{E}{1-\nu^2}\begin{bmatrix} 1 & \nu & 0 \\ & 1 & 0 \\ \text{对称} & & (1-\nu)/2 \end{bmatrix}\left\{\begin{bmatrix} \mathrm{d}\varepsilon_x \\ \mathrm{d}\varepsilon_y \\ \mathrm{d}\gamma_{xy} \end{bmatrix}-\mathrm{d}\lambda\begin{bmatrix} s_x \\ s_y \\ 2s_{xy} \end{bmatrix}\right\}$$

或者

$$\begin{bmatrix} \mathrm{d}\sigma_x \\ \mathrm{d}\sigma_y \\ \mathrm{d}\tau_{xy} \end{bmatrix}=\frac{E}{1-\nu^2}\begin{bmatrix} 1 & \nu & 0 \\ & 1 & 0 \\ \text{对称} & & (1-\nu)/2 \end{bmatrix}\begin{bmatrix} \mathrm{d}\varepsilon_x \\ \mathrm{d}\varepsilon_y \\ \mathrm{d}\gamma_{xy} \end{bmatrix}-\mathrm{d}\lambda\begin{bmatrix} t_x \\ t_y \\ t_{xy} \end{bmatrix} \tag{7.106}$$

其中

$$t_x = \frac{E}{1-\nu^2}(s_x + \nu s_y), \quad t_y = \frac{E}{1-\nu^2}(\nu s_x + s_y), \quad t_{xy} = \frac{E}{1+\nu} s_{xy}$$

式（7.96）的一致性条件要求

$$0 = \frac{\partial f}{\partial \sigma_{ij}} \mathrm{d}\sigma_{ij} = s_{ij}\,\mathrm{d}\sigma_{ij} = [s_x \quad s_y \quad 2s_{xy}] \begin{bmatrix} \mathrm{d}\sigma_x \\ \mathrm{d}\sigma_y \\ \mathrm{d}\tau_{xy} \end{bmatrix}$$

将式（7.106）代入上式得到

$$\mathrm{d}\lambda = \frac{1}{s}[t_x \quad t_y \quad t_{xy}] \begin{bmatrix} \mathrm{d}\varepsilon_x \\ \mathrm{d}\varepsilon_y \\ \mathrm{d}\gamma_{xy} \end{bmatrix} \tag{7.107}$$

其中

$$s = t_x s_x + t_y s_y + 2t_{xy} s_{xy}$$

最后将式（7.107）回代式（7.106），得

$$\begin{bmatrix} \mathrm{d}\sigma_x \\ \mathrm{d}\sigma_y \\ \mathrm{d}\tau_{xy} \end{bmatrix} = \left\{ \frac{E}{1-\nu^2} \begin{bmatrix} 1 & \nu & 0 \\ & 1 & 0 \\ \text{对称} & & (1-\nu)/2 \end{bmatrix} - \frac{1}{s} \begin{bmatrix} t_x^2 & t_x t_y & t_x t_{xy} \\ & t_y^2 & t_y t_{xy} \\ \text{对称} & & t_{xy}^2 \end{bmatrix} \right\} \begin{bmatrix} \mathrm{d}\varepsilon_x \\ \mathrm{d}\varepsilon_y \\ \mathrm{d}\gamma_{xy} \end{bmatrix} \tag{7.108}$$

读者可应用上面内容求解 7.6.1 节中的平面应力问题。

7.7.3 德鲁克-普拉格模型

具有关联流动法则的德鲁克-普拉格模型使用的势函数 g 与屈服函数 f 相同，其形式按照式（6.49）定义为

$$g = f = \alpha I_1 + \sqrt{J_2} - k \tag{7.109}$$

式中，α 和 k 均为正常数。对于线性各向同性的理想弹塑性材料，根据式（7.100），有

$$C_{ijkl}^{ep} = \left(K - \frac{2G}{3}\right)\delta_{ij}\delta_{kl} + G(\delta_{ik}\delta_{jl} + \delta_{il}\delta_{jk}) - \frac{1}{9K\alpha^2 + G} H_{ij} H_{kl} \tag{7.110}$$

其中

$$H_{ij} = 3K\alpha\delta_{ij} + \frac{G}{\sqrt{J_2}} s_{ij}$$

注意推导中利用了 $\lambda = K - 2G/3$ 和 $\mu = G$ 。弹塑性刚度矩阵为

$$[\boldsymbol{C}^{ep}] = [\boldsymbol{C}] + [\boldsymbol{C}^{p}]$$

$$= \begin{bmatrix} K+\frac{4}{3}G & K-\frac{2}{3}G & K-\frac{2}{3}G & 0 & 0 & 0 \\ & K+\frac{4}{3}G & K-\frac{2}{3}G & 0 & 0 & 0 \\ & & K+\frac{4}{3}G & 0 & 0 & 0 \\ & & & G & 0 & 0 \\ & \text{对称} & & & G & 0 \\ & & & & & G \end{bmatrix}$$

$$-\frac{1}{9K\alpha^2 + G}\begin{bmatrix} H_{11}^2 & H_{11}H_{22} & H_{11}H_{33} & H_{11}H_{12} & H_{11}H_{23} & H_{11}H_{31} \\ & H_{22}^2 & H_{22}H_{33} & H_{22}H_{12} & H_{22}H_{23} & H_{22}H_{31} \\ & & H_{33}^2 & H_{33}H_{12} & H_{33}H_{23} & H_{33}H_{31} \\ & & & H_{12}^2 & H_{12}H_{23} & H_{12}H_{31} \\ \text{对称} & & & & H_{23}^2 & H_{23}H_{31} \\ & & & & & H_{31}^2 \end{bmatrix}$$

根据式（7.72）的流动法则有

$$\mathrm{d}\varepsilon_{ij}^{p} = \mathrm{d}\lambda\left(\alpha\delta_{ij} + \frac{s_{ij}}{2\sqrt{J_2}}\right) \tag{7.111}$$

应用式（7.97），可将 $\mathrm{d}\lambda$ 表示为

$$\mathrm{d}\lambda = \frac{1}{9K\alpha^2 + G}\left(3K\alpha\,\mathrm{d}\varepsilon_{kk} + \frac{G}{\sqrt{J_2}} s_{kl}\mathrm{d}\varepsilon_{kl}\right) \tag{7.112}$$

由式（7.111）还可导出

$$\mathrm{d}\varepsilon_{kk}^{p} = 3\alpha\,\mathrm{d}\lambda \tag{7.113}$$

上式与式（7.53）相矛盾，这是因为式（7.109）表示的塑性势函数 $g = f$ 与静水压力有关，故必然会产生塑性体积应变。这是岩土材料不同于金属材料的塑性特征之一，即塑性变形伴随着体积的增大，此现象称为**剪胀现象**（即在剪应力作用下出现体积膨胀）。剪胀特性表现为塑性体应变 $\mathrm{d}\varepsilon_{v}^{p} = \mathrm{d}\varepsilon_{kk}^{p} \neq 0$，只要塑性应变

增量 $\mathrm{d}\varepsilon_{ij}^p$ 的方向不与偏平面平行，这个塑性体应变 $\mathrm{d}\varepsilon_v^p$ 就一定存在，其在子午平面上示意见图 7.20，图中 $\mathrm{d}\bar{\gamma}^p$ 为塑性剪应变，ψ 为剪胀角，表示剪胀现象的大小，一般 $0 \leqslant \psi \leqslant \phi$（$\phi$ 为材料摩擦角）。当 $\psi = 0$ 时，无剪胀出现；当 $\psi = \phi$ 时，具有最大的剪胀现象，这是在取塑性势函数与屈服函数具有相同形式时出现的情况。实际计算时，一般要求 $\psi < \phi$，以使算得的体积变形与实际相近，这要求将塑性势函数与屈服函数取为不同的形式，即采用非关联流动法则才能达到这个目的。需要强调的是，当应用非关联流动法则计算本章描述的理想弹塑性问题时，式（7.100）表示的弹塑性刚度张量 C_{ijkl}^{ep} 依然成立，但式（7.103）和式（7.110）并不成立，表现为相应的塑性刚度矩阵 $[\boldsymbol{C}^p]$ 是不对称的。

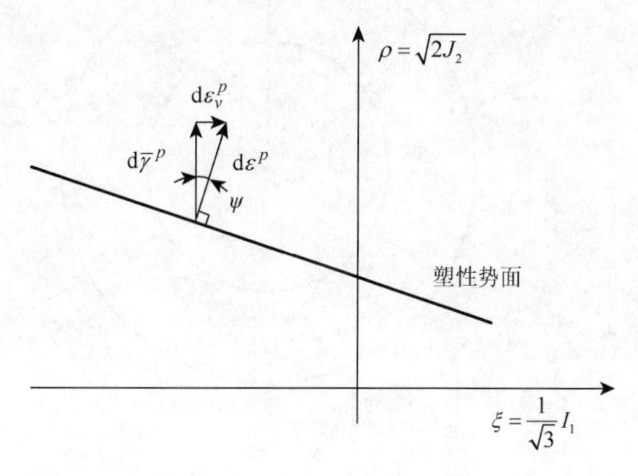

图 7.20　塑性体积应变

7.8　硬 化 模 型

在单轴应力状态下，塑性硬化材料当应力达到初始屈服后继续增加，其屈服应力也会随之增大，表现为弹性域范围不断扩大。在复杂应力状态下，材料硬化表现为后继屈服面的尺寸不断膨胀，这种膨胀可能是对称的也可能是不对称的，取决于材料的类型、加载历史和加载方向等因素。为了能简单地描述屈服面的变化过程，常将屈服面在应力空间的形状变化概化为均匀膨胀和整体移动两类，复杂的屈服面形状变化都可以近似为这两类形状变化的组合。

7.8.1　各向同性硬化模型

各向同性硬化的概念在 7.1 节中已讨论过，表现在单轴应力状态下的弹性域以原点对称且不断增大。在复杂应力状态下，在应力空间表示的屈服面表现为以静水压力轴为中心的均匀膨胀，在 π 平面上表示为后继屈服面与初始屈服面形状相同尺寸大小不同，如图 7.21 所示的米泽斯屈服面对比了单轴循环试验的弹性域（图中纵轴阴影）变化。各向同性硬化模型认为材料在塑性变形后，仍然保持着各向同性的性质，忽略了由于变形引起的各向异性的影响。

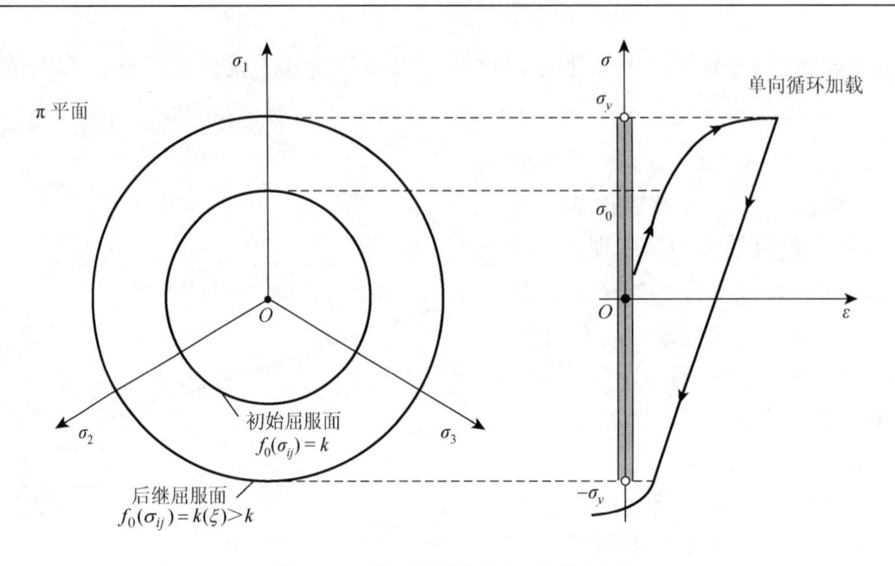

图 7.21 各向同性硬化过程示意图

各向同性硬化模型虽然不满足包辛格效应，对大多数多晶体材料不太适合，但在变形较小或应力偏量之间的相互比例改变不大时，用它计算得到的结果还是能满足实际需要的。此外，这种模型由于较为简单，便于数学处理，所以得到了广泛的应用。

各向同性硬化加载面可用数学式表示为

$$f(\sigma_{ij},\xi)=f_0(\sigma_{ij})-k(\xi)=0 \tag{7.114}$$

式中，$f_0(\sigma_{ij})$ 由初始屈服函数给出，其意义见图 7.21；$k(\xi)$ 为硬化函数，通过刻画塑性历史的一个内变量 ξ 来反映屈服面的大小。当 $\xi=0$ 时，$k(0)=k$，k 为材料常数。如米泽斯材料的加载函数可写为

$$f(\sigma_{ij},\xi)=\sqrt{J_2}-k(\xi) \tag{7.115}$$

或其他形式

$$f(\sigma_{ij},\xi)=\bar{\sigma}-k(\xi) \tag{7.116}$$

这取决于硬化函数式(7.114)中 $f_0(\sigma_{ij})$ 的形式及相应的 $k(\xi)$。应该注意式(7.115)和式（7.116）中的 $k(\xi)$ 表示的形式是不同的。

内变量 ξ 通常采用两个硬化参数之一，即式（7.86）定义的等效塑性应变和式(7.82)定义的塑性功。如取内变量为等效塑性应变，$\xi=\bar{\varepsilon}^p=\int \mathrm{d}\bar{\varepsilon}^p$，则式(7.116)应表示为

$$f(\sigma_{ij},\bar{\varepsilon}^p)=\bar{\sigma}-k(\bar{\varepsilon}^p) \tag{7.117}$$

上式意味着这种加载面的大小只与最大的等效应力 $\bar{\sigma}$ 有关，而与中间的加载路径无关。这就是说，对于任意加载情况，无论它是单轴应力状态还是复杂应力状态，其 $\bar{\sigma} \sim \bar{\varepsilon}^p$ 的函数关系（$\bar{\sigma} = k(\bar{\varepsilon}^p)$）都是一致的。因此，通过个别加载路径（比如单轴拉伸试验）获得的 $\bar{\sigma} \sim \bar{\varepsilon}^p$ 关系曲线可以适用于所有其他加载路径。单轴拉伸下，$\sigma \sim \varepsilon^p$ 关系曲线就是 $\bar{\sigma} \sim \bar{\varepsilon}^p$ 关系曲线（即图 7.7 中的 $k(\varepsilon^p)$ 曲线）。

如取内变量为塑性功，$\xi = W^p = \int \mathrm{d}W^p$，则加载函数写为

$$f(\sigma_{ij}, W^p) = \bar{\sigma} - \Phi(W^p) \tag{7.118}$$

对于单轴拉伸，由 $\sigma \sim \varepsilon^p$ 关系曲线可确定 $\sigma \sim W^p = \int \sigma \mathrm{d}\varepsilon^p$ 关系曲线，它们就是任意应力路径下的 $\bar{\sigma} \sim W^p = \int \sigma_{ij} \mathrm{d}\varepsilon_{ij}^p$ 关系曲线，于是硬化函数 $\Phi(W^p)$ 便能确定下来。

当应用等效塑性应变 $\bar{\varepsilon}^p$ 作为硬化参数时，硬化特性常称为**应变硬化**；当应用塑性功 W^p 作为硬化参数时，硬化特性又称为**加工硬化**。应变硬化和加工硬化有时是等价的。

7.8.2　随动硬化模型

金属材料在单轴拉、压循环荷载作用下，具有图 7.2（a）所示的包辛格效应，即正向屈服极限提高多少，则相反方向的屈服极限就降低多少。能反映这种现象的有效模型就是随动硬化模型，它表现在单轴应力状态下弹性域大小不会随塑性变形的改变而改变。在复杂应力状态下，在应力空间表示的屈服面大小和形状不变，只是中心位置移动，即屈服面在应力空间中作刚体平移（无转动）。图 7.22 表示出米泽斯屈服面在 π 平面上的随动硬化过程，从图中看到后继屈服面与初始屈服面大小和形状相同，仅是其中心位置从 O 点移动到了 O' 点。它意味着硬化过程中弹性域大小始终不变，这在图中右边的单轴循环试验曲线上能清楚地看到（纵轴阴影）。

随动硬化加载面可用数学式表示为

$$f(\sigma_{ij}, \beta_{ij}) = f_0(\sigma_{ij} - \beta_{ij}) - k = 0 \tag{7.119}$$

式中，k 为材料常数；β_{ij} 是一个表征加载面中心移动的二阶对称张量-背应力，在应力空间，它表示屈服面中心的位置坐标，取决于塑性变形历史，可按内变量 ξ 对待。用内变量来完成硬化模型的定义，必须给出相应的演化方程，下面就这个问题讨论两个模型。

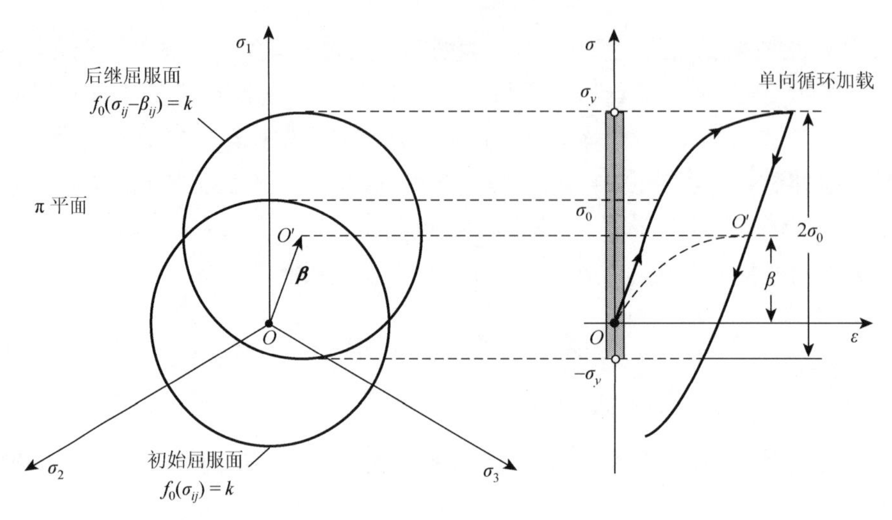

图 7.22　随动硬化过程示意

1. 普拉格硬化模型

由普拉格提出的线性随动硬化模型认为，背应力增量 $\mathrm{d}\beta_{ij}$ 应平行于塑性应变增量 $\mathrm{d}\varepsilon_{ij}^{p}$，即内变量演化方程可写为

$$\mathrm{d}\beta_{ij} = c\,\mathrm{d}\varepsilon_{ij}^{p} \tag{7.120}$$

式中，c 为材料常数。

对于米泽斯屈服条件，普拉格模型可写为

$$\bar{\sigma}(\sigma_{ij} - c\varepsilon_{ij}^{p}) = \sqrt{\frac{3}{2}(s_{ij} - c\varepsilon_{ij}^{p})(s_{ij} - c\varepsilon_{ij}^{p})} = \sigma_0 \tag{7.121}$$

在单轴应力状态下，偏应力和塑性应变有如下的非零分量

$$s_{11} = \frac{2}{3}\sigma, \quad s_{22} = s_{33} = -\frac{1}{3}\sigma, \quad \varepsilon_{11}^{p} = \varepsilon^{p}, \quad \varepsilon_{22}^{p} = s_{33}^{p} = -\frac{1}{2}\varepsilon^{p}$$

代入式（7.121），化简后得

$$\left|\sigma - \frac{3}{2}c\varepsilon^{p}\right| = \sigma_0 \tag{7.122}$$

在进行单轴拉伸试验时，若材料硬化曲线表示为

$$\sigma = \sigma_0 + E_{\mathrm{p}}\varepsilon^{p} \tag{7.123}$$

对比式（7.122）和式（7.123），得

$$c = \frac{2}{3}E_{\mathrm{p}} \tag{7.124}$$

若单轴拉伸材料硬化曲线为直线，即 E_{p} 为常数，则 c 也为常数，此时硬化模型就是线性的；若 c 是状态变量 (σ_{ij},ξ) 的函数，则硬化模型是非线性的。

需要注意，普拉格模型在应用到应力子空间时会出现某些不一致。即在式(7.119)中，若使一些应力分量为零，例如$\sigma''_{ij}=0$与$\sigma'_{ij}\neq 0$，则式（7.119）可写成

$$f_0(\sigma'_{ij}-\beta'_{ij},-\beta''_{ij})-k=0 \tag{7.125}$$

由式（7.120）可知，$\mathrm{d}\beta''_{ij}=c\,\mathrm{d}\varepsilon^p_{ij}$不一定为零，式（7.125）不再表示在应力空间只有平移的加载面，当β''_{ij}值改变时，加载面也可以变形。文献[15]中以平面应力情况为例解释了这一现象。

2. 齐格勒硬化模型

为了得到在应力子空间也有效的随动硬化模型，齐格勒（Ziegler）修改了普拉格硬化模型，提出背应力增量$\mathrm{d}\beta_{ij}$与折减应力$\bar{\sigma}_{ij}=\sigma_{ij}-\beta_{ij}$方向一致

$$\mathrm{d}\beta_{ij}=\mathrm{d}\mu\,\bar{\sigma}_{ij}=\mathrm{d}\mu(\sigma_{ij}-\beta_{ij}) \tag{7.126}$$

其中，$\mathrm{d}\mu$是一个正的比例系数，其与所经历的变形历史有关，为简单起见，这个系数可假设为

$$\mathrm{d}\mu=a\,\mathrm{d}\bar{\varepsilon}^p \tag{7.127}$$

式中，a是一个正的常数，表征给定材料的性质，此时硬化模型是线性的；若a是状态变量(σ_{ij},ξ)的函数，则硬化模型是非线性的。

7.8.3　混合硬化模型

把各向同性硬化模型与随动硬化模型结合起来就得出一个更具一般性的模型，称为混合硬化模型，其加载面可表示为

$$f(\sigma_{ij},\xi_\alpha)=f_0(\sigma_{ij}-\beta_{ij})-k(\xi)=0 \tag{7.128}$$

式中，β_{ij}没有显式地出现在左边自变量中，而是把它当成内变量ξ_α中的一个变量。这种硬化模型的加载面既有均匀膨胀又有平移，前者用$k(\xi)$度量，后者用β_{ij}确定（图 7.23）。采用混合硬化模型，可以通过调整$k(\xi)$和β_{ij}两个参数来模拟包辛格效应的不同程度。

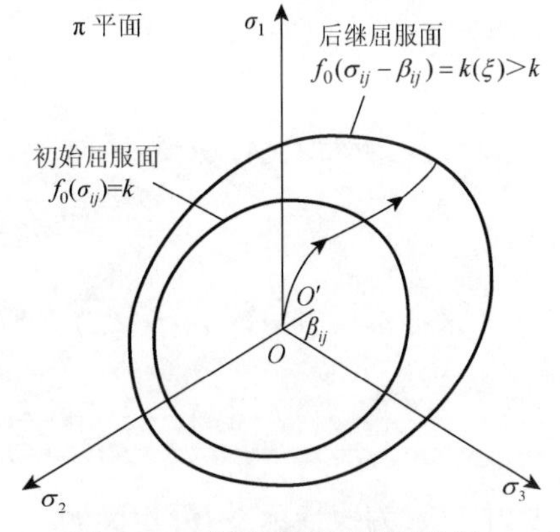

图 7.23　混合硬化过程示意图

为了方便应用，常将塑性应变增量分为两个共线的分量

$$\mathrm{d}\varepsilon^p_{ij}=\mathrm{d}\varepsilon^{pi}_{ij}+\mathrm{d}\varepsilon^{pk}_{ij}$$

其中，$d\varepsilon_{ij}^{pi}$ 与屈服面的膨胀有关，$d\varepsilon_{ij}^{pk}$ 与屈服面的平移有关，假设这两个应变分量为

$$d\varepsilon_{ij}^{pi}=M\,d\varepsilon_{ij}^{p} \tag{7.129a}$$

$$d\varepsilon_{ij}^{pk}=(1-M)\,d\varepsilon_{ij}^{p} \tag{7.129b}$$

其中，M 为混合硬化参数，其大小范围 $0\leqslant M\leqslant 1$。显然，当 $M=0$ 时，这个模型变为随动硬化模型；当 $M=1$ 时，这个模型成为各向同性硬化模型。

7.9　硬化弹塑性材料的增量应力-应变关系

在 7.5 节中已经推导出了理想弹塑性材料的应力-应变增量关系。这里的推导过程与 7.5 节类似，都要应用到流动法则式（7.72），应变分解原理式（7.52），胡克定律式（4.2）和一致性条件式（7.45）。两者唯一不同的是理想塑性材料使用的一致性条件式（7.45）仅有第一项起作用，而硬化材料使用的一致性条件式（7.45）则包含了第二项表示的材料硬化作用，这种硬化作用首先通过引入硬化模量来描述。

将式（7.71）代入式（7.82）和式（7.86），分别得到

$$dW^{p}=\sigma_{ij}\frac{\partial g}{\partial\sigma_{ij}}d\lambda，\quad d\bar{\varepsilon}^{p}=d\lambda\sqrt{\frac{2}{3}\frac{\partial g}{\partial\sigma_{ij}}\frac{\partial g}{\partial\sigma_{ij}}}$$

对于各向同性硬化，常取内变量 ξ_α 为上面两个硬化参数之一，这样将上两式统一写成

$$d\xi_\alpha=h_\alpha\,d\lambda \tag{7.130}$$

式中，标量 h_α 有不同的形式。式（7.130）是硬化参数的演化方程，在建立硬化材料应力-应变公式时有着重要的作用。

当内变量为塑性功 W^p 时

$$h_\alpha=\sigma_{ij}\frac{\partial g}{\partial\sigma_{ij}} \tag{7.131}$$

当内变量为等效塑性应变 $\bar{\varepsilon}^p$ 时

$$h_\alpha=\sqrt{\frac{2}{3}\frac{\partial g}{\partial\sigma_{ij}}\frac{\partial g}{\partial\sigma_{ij}}} \tag{7.132}$$

现在来考察屈服函数 $f(\sigma_{ij},\xi_\alpha)$ 在应力 σ_{ij} 为常数时的增量

$$df\,|_{\sigma_{ij}=\text{const}}=\frac{\partial f}{\partial\xi_\alpha}d\xi_\alpha=d\lambda\frac{\partial f}{\partial\xi_\alpha}h_\alpha=-H_{\mathrm{p}}\,d\lambda \tag{7.133}$$

式中，α 为傀指标。H_{p} 定义为

$$H_p = -\frac{\partial f}{\partial \xi_\alpha} h_\alpha \tag{7.134}$$

称为**硬化模量**。当$H_p > 0$时，表示材料硬化；$H_p < 0$时，表示材料软化；$H_p = 0$时，函数f与ξ_α无关，表示为理想塑性材料。H_p的意义可从应力空间屈服函数$f(\sigma_{ij},\xi_\alpha)$的变化过程来解释，在图7.24中，$A$为一应力固定点，对于给定的$\xi_\alpha$满足$f(\sigma_{ij}^A,\xi_\alpha)=0$和$\mathrm{d}f|_{\sigma_{ij}^A=\mathrm{const}} < 0$（即$H_p > 0$），如果$\xi_\alpha$获得一微小增量$\mathrm{d}\xi_\alpha$，则一定有$f(\sigma_{ij}^A,\xi_\alpha+\mathrm{d}\xi_\alpha) < 0$，点$A$位于屈服面$f(\sigma_{ij},\xi_\alpha+\mathrm{d}\xi_\alpha)=0$内，屈服面似乎向外移动了。换句话说，$H_p > 0$意味着屈服面在应力空间膨胀了，这是材料硬化现象。相反，对于满足$f(\sigma_{ij}^A,\xi_\alpha)=0$和$\mathrm{d}f|_{\sigma_{ij}^A=\mathrm{const}} > 0$（即$H_p < 0$）的$\xi_\alpha$，$f(\sigma_{ij}^A,\ \xi_\alpha+\mathrm{d}\xi_\alpha) > 0$，点$A$位于屈服面$f(\sigma_{ij},\xi_\alpha+\mathrm{d}\xi_\alpha)=0$外，结果屈服面在应力空间收缩了，这是材料软化现象。$H_p = 0$表示屈服面没有变化，材料为理想塑性材料。

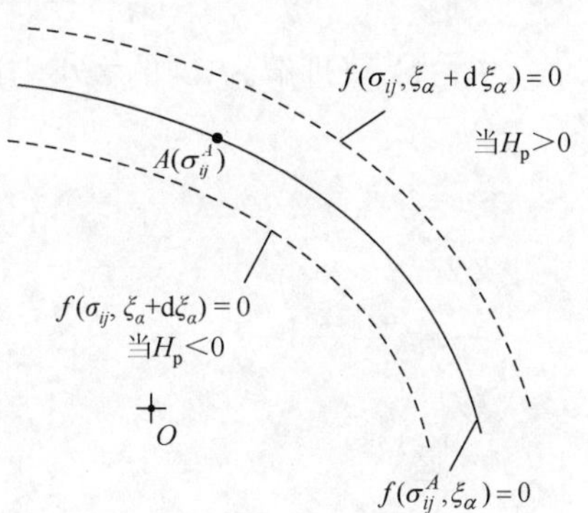

图7.24　应力空间屈服面的运动

对于硬化材料$H_p > 0$，式（7.133）表示的$\mathrm{d}f|_{\sigma_{ij}=\mathrm{const}} < 0$，解释了7.4.1节中式（7.50）的意义。

在本书涉及的内容中，对于各向同性材料，仅会用到一个标量的内变量ξ_1，为书写方便以后不再保留下角标α，将式（7.134）简写为

$$H_p = -\frac{\partial f}{\partial \xi} h \tag{7.135}$$

应用硬化模量可将一致性条件式（7.45）改写为

$$\frac{\partial f}{\partial \sigma_{ij}}\mathrm{d}\sigma_{ij} - H_p\,\mathrm{d}\lambda = 0 \tag{7.136}$$

因此，有

$$\mathrm{d}\lambda = \frac{1}{H_p}\frac{\partial f}{\partial \sigma_{ij}}\mathrm{d}\sigma_{ij} \tag{7.137}$$

故

$$\mathrm{d}\varepsilon_{ij}^p = \frac{1}{H_p}\frac{\partial g}{\partial \sigma_{ij}}\frac{\partial f}{\partial \sigma_{kl}}\mathrm{d}\sigma_{kl} \tag{7.138}$$

$$d\bar{\varepsilon}^{p}=d\lambda\sqrt{\frac{2}{3}\frac{\partial g}{\partial\sigma_{ij}}\frac{\partial g}{\partial\sigma_{ij}}}=\frac{1}{H_{p}}\sqrt{\frac{2}{3}\frac{\partial g}{\partial\sigma_{ij}}\frac{\partial g}{\partial\sigma_{ij}}}\frac{\partial f}{\partial\sigma_{kl}}d\sigma_{kl} \tag{7.139}$$

式（7.137）可理解为$d\lambda$的大小与应力增量$d\sigma_{ij}$在法线n_{ij}上的投影$n_{ij}d\sigma_{ij}$成正比。

【注意】为了强调式（7.137）和式（7.138）仅在加载条件下成立，有些专著[16]引入了记号$\langle\cdot\rangle$，其定义为

$$\langle x\rangle=\begin{cases}0, & 当\ x\leqslant 0\\ x, & 当\ x>0\end{cases}$$

于是式（7.137）写为

$$d\lambda=\frac{1}{H_{p}}\langle n_{ij}\,d\sigma_{ij}\rangle$$

式（7.138）写为

$$d\varepsilon_{ij}^{p}=\frac{1}{H_{p}}r_{ij}\langle n_{kl}\,d\sigma_{kl}\rangle$$

式中，$n_{ij}=\partial f/\partial\sigma_{ij}$，$r_{ij}=\partial g/\partial\sigma_{ij}$。如将上式写成率形式，则有

$$\dot{\boldsymbol{\varepsilon}}^{p}=\frac{1}{H_{p}}\boldsymbol{r}\langle\boldsymbol{n}:\dot{\boldsymbol{\sigma}}\rangle$$

这个式子将在式（7.178）的证明时用到。

7.9.1 各向同性硬化

1. 以应力增量表示应变增量

根据应力应变关系式（4.31），弹性应变增量$d\varepsilon_{ij}^{e}$可用弹性柔度张量D_{ijkl}表示为

$$d\varepsilon_{ij}^{e}=D_{ijkl}\,d\sigma_{kl}$$

于是

$$d\varepsilon_{ij}=d\varepsilon_{ij}^{e}+d\varepsilon_{ij}^{p}=D_{ijkl}\,d\sigma_{kl}+\frac{1}{H_{p}}\frac{\partial g}{\partial\sigma_{ij}}\frac{\partial f}{\partial\sigma_{kl}}d\sigma_{kl} \tag{7.140}$$

或

$$d\varepsilon_{ij}=D_{ijkl}^{ep}\,d\sigma_{kl} \tag{7.141}$$

其中，D_{ijkl}^{ep}为弹塑性柔度张量，表示为

$$D_{ijkl}^{ep}=D_{ijkl}+\frac{1}{H_{p}}\frac{\partial g}{\partial\sigma_{ij}}\frac{\partial f}{\partial\sigma_{kl}} \tag{7.142}$$

对于各向同性硬化材料，如硬化参数ξ取为塑性功W^p，加载函数由式(7.118)给出，则按式（7.135）有

$$H_{\mathrm{p}}=-\frac{\partial f}{\partial \Phi}\frac{\mathrm{d}\Phi}{\mathrm{d}W^p}h=\frac{\mathrm{d}\Phi}{\mathrm{d}W^p}h$$

如硬化参数ξ取为等效塑性应变$\bar{\varepsilon}^p$，加载函数由式（7.117）给出，则

$$H_{\mathrm{p}}=-\frac{\partial f}{\partial k}\frac{\mathrm{d}k}{\mathrm{d}\bar{\varepsilon}^p}h=\frac{\mathrm{d}k}{\mathrm{d}\bar{\varepsilon}^p}h$$

因此

$$H_{\mathrm{p}}=\begin{cases}\Phi'(W^p)\sigma_{ij}r_{ij}, & 当\xi=W^p\\ k'(\bar{\varepsilon}^p)\sqrt{\dfrac{2}{3}r_{ij}r_{ij}}, & 当\xi=\bar{\varepsilon}^p\end{cases} \tag{7.143}$$

式中，$r_{ij}=\partial g/\partial\sigma_{ij}$。推导中使用了式（7.131）和式（7.132）来获得h。

现以米泽斯各向同性硬化材料为例，看下上面讨论的公式如何应用。在使用等效塑性应变$\bar{\varepsilon}^p$作为硬化参数时，米泽斯屈服函数由式（7.117）给出

$$f(\sigma_{ij},\bar{\varepsilon}^p)=\sqrt{3J_2}-k(\bar{\varepsilon}^p)$$

使用关联流动法则，$g=f$，有

$$r_{ij}=n_{ij}=\frac{\partial f}{\partial\sigma_{ij}}=\frac{\partial}{\partial\sigma_{ij}}(\sqrt{3J_2})=\frac{\sqrt{3}}{2}\frac{1}{\sqrt{J_2}}s_{ij}$$

于是

$$h=\sqrt{\frac{2}{3}r_{ij}r_{ij}}=1$$

为了获得$k'(\bar{\varepsilon}^p)$，可利用单轴拉伸曲线$\sigma\sim\varepsilon^p$代替曲线$\bar{\sigma}\sim\bar{\varepsilon}^p$ $\left(\bar{\sigma}=k(\bar{\varepsilon}^p)\right)$，所以

$$H_{\mathrm{p}}=k'(\bar{\varepsilon}^p)h=\frac{\mathrm{d}\bar{\sigma}}{\mathrm{d}\bar{\varepsilon}^p}=\frac{\mathrm{d}\sigma}{\mathrm{d}\varepsilon^p}=E_{\mathrm{p}} \tag{7.144}$$

这种情况下的硬化模量就相当于单轴拉伸时的塑性模量（7.3.4 节已定义）。将求得的H_{p}代入式（7.138），得到

$$\begin{aligned}\mathrm{d}\varepsilon_{ij}^p&=\frac{1}{H_{\mathrm{p}}}r_{ij}n_{kl}\mathrm{d}\sigma_{kl}=\frac{1}{E_{\mathrm{p}}}\left(\frac{\sqrt{3}}{2}\frac{s_{ij}}{\sqrt{J_2}}\right)\left(\frac{\sqrt{3}}{2}\frac{s_{kl}}{\sqrt{J_2}}\right)\mathrm{d}\sigma_{kl}\\&=\frac{3}{4E_{\mathrm{p}}}\frac{s_{ij}s_{kl}}{J_2}\mathrm{d}\sigma_{kl}\end{aligned}$$

再应用$\bar{\sigma}=\sqrt{3J_2}$及$\mathrm{d}\bar{\sigma}=3s_{kl}\mathrm{d}\sigma_{kl}/2\bar{\sigma}$，最后可将上式化简为

$$\mathrm{d}\varepsilon_{ij}^{p}=\frac{3}{2E_{\mathrm{p}}}\frac{\mathrm{d}\bar{\sigma}}{\bar{\sigma}}s_{ij} \tag{7.145}$$

值得注意的是，硬化模量H_{p}并不总是等于塑性模量E_{p}。如米泽斯材料的屈服函数取为

$$f(\sigma_{ij},\bar{\varepsilon}^{p})=J_2-\frac{\bar{\sigma}^2}{3}$$

此时

$$h=\sqrt{\frac{2}{3}s_{ij}s_{ij}}=\frac{2}{3}\bar{\sigma}$$

于是

$$H_{\mathrm{p}}=k'(\bar{\varepsilon}^{p})h=\frac{4}{9}\bar{\sigma}^2\frac{\mathrm{d}\bar{\sigma}}{\mathrm{d}\bar{\varepsilon}^{p}}=\frac{4}{9}\bar{\sigma}^2\frac{\mathrm{d}\sigma}{\mathrm{d}\varepsilon^{p}}=\frac{4}{9}\bar{\sigma}^2E_{\mathrm{p}} \tag{7.146}$$

由式（7.138）同样可得到式（7.145）。

以应力增量表示应变增量的计算式（7.140）或式（7.141），可以用来根据给定的应力路径计算相应的应变路径。

例 7.4　设米泽斯加载函数具有各向同性硬化条件，应用等效应力和等效塑性应变之间的关系

$$\bar{\varepsilon}^{p}=a\bar{\sigma}^2$$

式中，a是常数。材料单元在主应力空间$(\sigma_1,\sigma_2,\sigma_2)$中经历以下三种加载路径：

（a）$(\sigma_1,\sigma_2,\sigma_3)=O(0,0,0)\to A(\sigma_0,\sigma_0,0)\to C(\sigma_0,\sigma_0,3\sigma_0)$；

（b）$(\sigma_1,\sigma_2,\sigma_3)=O(0,0,0)\to A(0,0,3\sigma_0)\to C(\sigma_0,\sigma_0,3\sigma_0)$；

（c）$(\sigma_1,\sigma_2,\sigma_3)=O(0,0,0)\to C(\sigma_0,\sigma_0,3\sigma_0)$。

其中，σ_0为初始屈服应力，三种情况下都有$\sigma_1=\sigma_2$。试确定各加载路径终点的塑性应变。

解　按照式（7.144）的E_{p}可将式（7.145）改写为

$$\mathrm{d}\varepsilon_{ij}^{p}=\frac{3\mathrm{d}\bar{\varepsilon}^{p}}{2\bar{\sigma}}s_{ij} \tag{例 7.4.1}$$

这与式（7.89）类同。由等效应力和等效塑性应变之间的关系$\bar{\varepsilon}^{p}=a(\bar{\sigma}^2-\sigma_0^2)$，容易得到$\mathrm{d}\bar{\varepsilon}^{p}=2a\bar{\sigma}\mathrm{d}\bar{\sigma}$，代入式（例 7.4.1），有

$$\mathrm{d}\varepsilon_{ij}^{p}=3as_{ij}\,\mathrm{d}\bar{\sigma} \tag{例 7.4.2}$$

（a）主应力加载由$O\to A$，当$\sigma_1=\sigma_2=\sigma_0$时，$\bar{\sigma}=\sigma_0$，材料单元开始屈服。再从$A\to C$加载，保持$\sigma_1=\sigma_2=\sigma_0$，$\sigma_3$由$0\to3\sigma_0$，即$\bar{\sigma}$由$\sigma_0\to2\sigma_0$。此过程偏应力主值

$$s_1 = s_2 = \frac{1}{3}(\sigma_0 - \sigma_3)\,, \qquad s_3 = \frac{2}{3}(\sigma_3 - \sigma_0)$$

等效应力 $\bar{\sigma} = |\sigma_3 - \sigma_0|$。只有保持 $\bar{\sigma} \geqslant 0$ 才能产生塑性变形，即在 $\sigma_3 \geqslant \sigma_0$ 条件下 $\bar{\sigma} = \sigma_3 - \sigma_0$ 有效。将其分别代入式（例 7.4.2）并积分，有

$$\varepsilon_1^p = \int_{\sigma_0}^{2\sigma_0} 3as_1\,\mathrm{d}\bar{\sigma} = -\int_{2\sigma_0}^{3\sigma_0} (\sigma_3 - \sigma_0)a\,\mathrm{d}(\sigma_3 - \sigma_0) = -\frac{3}{2}a\sigma_0^2$$

$$\varepsilon_2^p = -\frac{3}{2}a\sigma_0^2\,, \qquad \varepsilon_3^p = 3a\sigma_0^2$$

（b）在主应力加载 $O \to A$ 过程中，当 $\sigma_3 = \sigma_0$ 时，$\bar{\sigma} = \sigma_0$，材料单元开始屈服，之后加载至状态 A 的过程保持 $\sigma_1 = \sigma_2 = 0$，σ_3 由 $\sigma_0 \to 3\sigma_0$，即 $\bar{\sigma}$ 由 $\sigma_0 \to 3\sigma_0$。此过程偏应力主值

$$s_1 = s_2 = -\frac{\sigma_3}{3}\,, \qquad s_3 = \frac{2\sigma_3}{3}$$

等效应力 $\bar{\sigma} = \sigma_3$。将其分别代入式（例 7.4.2）并积分，有

$$\varepsilon_1^p = \int_{\sigma_0}^{3\sigma_0} 3as_1\mathrm{d}\bar{\sigma} = -\int_{\sigma_0}^{3\sigma_0} a\sigma_3\mathrm{d}\sigma_3 = -4a\sigma_0^2$$

$$\varepsilon_2^p = -4a\sigma_0^2\,, \qquad \varepsilon_3^p = 8a\sigma_0^2$$

应力加载再从 $A \to C$，此过程保持 $\sigma_3 = 3\sigma_0$，$\sigma_1 = \sigma_2 = \sigma$ 由 $0 \to \sigma_0$，即 $\bar{\sigma}$ 由 $3\sigma_0 \to 2\sigma_0$，$\bar{\sigma}$ 减小意味着应力点由屈服面上移向屈服面内，为卸载过程，不产生塑性应变。因此，从 $O \to A \to C$ 整个加载过程的塑性应变为

$$\varepsilon_1^p = -4a\sigma_0^2\,,\ \varepsilon_2^p = -4a\sigma_0^2\,,\ \varepsilon_3^p = 8a\sigma_0^2$$

（c）在主应力加载 $O \to C$ 的过程中，主应力比值保持 $\sigma_1 : \sigma_2 : \sigma_3 = 1:1:3$，应用式（6.23），可知当 $\sigma_1 = \sigma_2 = \sigma_0/2$，$\sigma_3 = 3\sigma_0/2$ 时，$\bar{\sigma} = \sigma_0$，材料单元开始屈服，随后加载至状态 C 的过程，$\sigma_3 = 3\sigma$，$\sigma_1 = \sigma_2 = \sigma$ 由 $\sigma_0/2 \to \sigma_0$，$\bar{\sigma}$ 由 $\sigma_0 \to 2\sigma_0$，偏应力主值

$$s_1 = s_2 = -\frac{2\sigma}{3}\,, \qquad s_3 = \frac{4\sigma}{3}$$

等效应力 $\bar{\sigma} = 2\sigma$。将其分别代入式（例 7.4.2）并积分，有

$$\varepsilon_1^p = \int_{\sigma_0}^{2\sigma_0} 3as_1\mathrm{d}\bar{\sigma} = -\int_{\sigma_0/2}^{\sigma_0} 4a\sigma\mathrm{d}\sigma = -\frac{3}{2}a\sigma_0^2$$

$$\varepsilon_2^p = -\frac{3}{2}a\sigma_0^2\,, \qquad \varepsilon_3^p = 3a\sigma_0^2$$

从上面的计算看到，尽管三种加载路径的最终应力状态一样，但因其加载路径不同，产生的塑性应变也会不同。

【注 7.3】为帮助读者理解加载过程对物体变形的影响，本例可用 ABAQUS 进行验算。假设 $a=2.5\times10^{-9}$，$\sigma_0=200$，$E=200\times10^3$，$\nu=0.3$，下面二维码链接的 ABAQUS 的 INP 文件计算结果能反映出物体变形的全过程。

事实上，对于 $(\sigma_1,\sigma_2,\sigma_3)=O(0,0,0)\to C(\sigma_0,\sigma_0,3\sigma_0)$ 这种比例加载问题，可将式（例 7.4.1）等号两端积分[18]，得到

$$\varepsilon_{ij}^p=\frac{3s_{ij}}{2\bar{\sigma}}\int \mathrm{d}\bar{\varepsilon}^p=\frac{3s_{ij}}{2\bar{\sigma}}\bar{\varepsilon}^p$$

即

$$\varepsilon_{ij}^p=\frac{3s_{ij}}{2\bar{\sigma}}\bar{\varepsilon}^p$$

这是塑性全量理论本构方程。若令 $E_s^p=\bar{\sigma}/\bar{\varepsilon}^p$ 为 $\bar{\sigma}\sim\bar{\varepsilon}^p$ 关系曲线［图 7.7（c）］的割线模量，则上式从形式上看，与广义胡克定律式（5.4b）（取 ν 为 $1/2$）极其相似，展开为

$$\begin{cases}\varepsilon_x^p=\dfrac{1}{E_s^p}\left[\sigma_x-\dfrac{1}{2}(\sigma_y+\sigma_z)\right]\\ \varepsilon_y^p=\dfrac{1}{E_s^p}\left[\sigma_y-\dfrac{1}{2}(\sigma_x+\sigma_z)\right]\\ \varepsilon_z^p=\dfrac{1}{E_s^p}\left[\sigma_z-\dfrac{1}{2}(\sigma_x+\sigma_y)\right]\\ \gamma_{xy}^p=\dfrac{1}{G_s^p}\tau_{xy}\\ \gamma_{yz}^p=\dfrac{1}{G_s^p}\tau_{yz}\\ \gamma_{zx}^p=\dfrac{1}{G_s^p}\tau_{zx}\end{cases}$$

其中

$$G_s^p=\frac{E_s^p}{2(1+\nu)}=\frac{E_s^p}{2(1+1/2)}=\frac{E_s^p}{3}$$

对于例 7.5（c），由已知条件 $\bar{\varepsilon}^p=a(\bar{\sigma}^2-\sigma_0^2)$，得 $1/E_s^p=\bar{\varepsilon}^p/\bar{\sigma}=a(\bar{\sigma}-\sigma_0^2/\bar{\sigma})$，故

$$\varepsilon_1^p = a\left(\bar{\sigma} - \frac{\sigma_0^2}{\bar{\sigma}}\right)\left[\sigma_0 - \frac{1}{2}(\sigma_0 + 3\sigma_0)\right] = -a\sigma_0\left(2\sigma_0 - \frac{\sigma_0^2}{2\sigma_0}\right)$$
$$= -\frac{3}{2}a\sigma_0$$

类似地

$$\varepsilon_2^p = -\frac{3}{2}a\sigma_0^2, \quad \varepsilon_3^p = 3a\sigma_0^2$$

例 7.5　某种材料的屈服函数可表示为

$$f(I_1, J_2, \xi) = I_1^2 + \frac{J_2}{N^2} - 3\xi I_1$$

其中，N 为常数，ξ 为硬化参数，其演化方程由增量表达式给出

$$\mathrm{d}\xi = c\xi\,\mathrm{d}\varepsilon_{kk}^p$$

式中，c 为常数。应用关联流动法则推导硬化模量 H_p 的表达式。

解　按关联流动法则，$g = f$，由硬化参数的演化方程可推出

$$\mathrm{d}\xi = c\xi\,\mathrm{d}\varepsilon_{kk}^p = c\xi\frac{\partial f}{\partial \sigma_{kk}}\mathrm{d}\lambda = h\,\mathrm{d}\lambda$$

其中

$$h = c\xi\frac{\partial f}{\partial \sigma_{kk}}$$

代入式（7.135），有

$$H_\mathrm{p} = -\frac{\partial f}{\partial \xi}h = -c\xi\frac{\partial f}{\partial \xi}\frac{\partial f}{\partial \sigma_{kk}} \tag{例 7.5.1}$$

利用屈服函数可求出

$$\frac{\partial f}{\partial \sigma_{kk}} = 3\frac{\partial f}{\partial I_1} = 3(2I_1 - 3\xi), \quad \frac{\partial f}{\partial \xi} = -3I_1$$

代入式（例 7.5.1），最后得到硬化模量

$$H_\mathrm{p} = 9c\xi I_1(2I_1 - 3\xi)$$

2. *以应变增量表示应力增量*

像推导理想弹塑性材料应力-应变关系一样，只要把式（7.95）代入带有硬化模量表示的一致性条件式（7.136），容易得到

$$\mathrm{d}\lambda = \frac{1}{H}\frac{\partial f}{\partial \sigma_{ij}}C_{ijkl}\,\mathrm{d}\varepsilon_{kl} \tag{7.147}$$

其中

$$H = H_{\mathrm{p}} + \frac{\partial f}{\partial \sigma_{ij}} C_{ijkl} \frac{\partial g}{\partial \sigma_{kl}} \tag{7.148}$$

所以

$$\mathrm{d}\varepsilon_{ij}^{p} = \frac{1}{H} \frac{\partial f}{\partial \sigma_{pq}} C_{pqrs} \mathrm{d}\sigma_{rs} \frac{\partial g}{\partial \sigma_{ij}} \tag{7.149}$$

将式（7.147）回代到式（7.95）中，就可得出应力-应变增量关系

$$\mathrm{d}\sigma_{ij} = C_{ijkl}\left(\mathrm{d}\varepsilon_{kl} - \frac{1}{H} \frac{\partial f}{\partial \sigma_{pq}} C_{pqrs}\, \mathrm{d}\varepsilon_{rs} \frac{\partial g}{\partial \sigma_{kl}} \right)$$

或

$$\mathrm{d}\sigma_{ij} = C_{ijkl}^{ep}\, \mathrm{d}\varepsilon_{kl} \tag{7.150}$$

这里 C_{ijkl}^{ep} 为弹塑性刚度张量，表示为

$$C_{ijkl}^{ep} = C_{ijkl} - \frac{1}{H} H_{ij}^{*} H_{kl} \tag{7.151}$$

式中

$$H_{ij}^{*} = C_{ijmn} \frac{\partial g}{\partial \sigma_{mn}}, \quad H_{kl} = \frac{\partial f}{\partial \sigma_{pq}} C_{pqkl} \tag{7.152}$$

利用式（7.150）及式（7.151），可以对一个给定的应变路径计算应力路径。

对比式（7.150）～式（7.152）和式（7.99）～式（7.101），其外表形式完全相同。当 $H_{\mathrm{p}} = 0$ 时，式（7.150）～式（7.152）就成了理想弹塑性计算公式。

在关联流动法则下，$g = f$。由于弹性刚度张量 C_{ijkl} 是正定的，故式（7.148）右边第二项大于零。在硬化情况下，$H_{\mathrm{p}} > 0$，因此 $H > 0$，由式（7.147）可以看出，这时 $\mathrm{d}\lambda$ 与 $(\partial f / \partial \sigma_{ij}) C_{ijkl}\, \mathrm{d}\varepsilon_{kl}$ 同号，于是，加载准则又可写为

$$\text{当 } f = 0 \text{ 时，} \begin{cases} \dfrac{\partial f}{\partial \sigma_{ij}} C_{ijkl}\, \mathrm{d}\varepsilon_{kl} > 0, & \text{加载} \\ \dfrac{\partial f}{\partial \sigma_{ij}} C_{ijkl}\, \mathrm{d}\varepsilon_{kl} = 0, & \text{中性变载} \\ \dfrac{\partial f}{\partial \sigma_{ij}} C_{ijkl}\, \mathrm{d}\varepsilon_{kl} < 0, & \text{卸载} \end{cases} \tag{7.153}$$

正如 7.7.1 节讨论的，当应力增量 $\mathrm{d}\sigma_{ij}$ 在屈服面上移动时，即 $(\partial f / \partial \sigma_{ij}) \mathrm{d}\sigma_{ij} = 0$，根据式（7.42a）判定为加载过程。然而，此时如果 $(\partial f / \partial \sigma_{ij}) C_{ijkl}\, \mathrm{d}\varepsilon_{kl} = 0$，$\mathrm{d}\lambda$ 就会为零，材料单元仍不会产生塑性应变。这说明用式（7.42）作为理想塑性加载准则，不能区分出中性变载情况，只有式（7.153）表达的加载条件，才能完整地

判断出加卸载的所有过程。因此，对于理想塑性材料来说，式（7.153）表达的加载条件更具普遍性和适用性。

例 7.6　对于米泽斯型材料

$$f(\sigma_{ij},\bar{\varepsilon}^p)=J_2-\frac{\bar{\sigma}^2}{3} \tag{例 7.6.1}$$

按关联流动法则，求出式（7.151）表示的显式形式。

解　本题可利用式（7.103）的结果得到

$$\begin{aligned}C_{ijkl}^{ep}&=C_{ijkl}-\frac{1}{H}H_{ij}^*H_{kl}\\&=\lambda\delta_{ij}\delta_{kl}+\mu(\delta_{ik}\delta_{jl}+\delta_{il}\delta_{jk})-\frac{4}{H}\mu^2 s_{ij}s_{kl}\end{aligned} \tag{例 7.6.2}$$

与理想弹塑性材料不同的是，这里的 H 比式（7.103）的 H 多了个硬化模量，即

$$H=H_{\mathrm{p}}+4\mu k^2$$

对比式（7.102）和式（例 7.6.1），可知 $k^2=\bar{\sigma}^2/3$，H_{p} 即为式（7.146）的结果，所以

$$\begin{aligned}H&=H_{\mathrm{p}}+4\mu k^2=\frac{4}{9}\bar{\sigma}^2E_{\mathrm{p}}+\frac{4}{3}\mu\bar{\sigma}^2\\&=\frac{4}{3}\bar{\sigma}^2\left(\frac{1}{3}E_{\mathrm{p}}+\mu\right)\end{aligned}$$

将上式回代式（例 7.6.2）即为本题的解，式中 λ 和 μ 为拉梅常数。

7.9.2　随动硬化

对于随动硬化，同样只有一个内变量 ξ，取为背应力 β_{ij}，普拉格模型演化方程为式（7.120），对比式（7.130），有

$$h_{ij}=c\frac{\partial g}{\partial\sigma_{ij}} \tag{7.154}$$

同样对于齐格勒模型，利用式（7.126）和式（7.127），可得

$$h_{ij}=a(\sigma_{ij}-\beta_{ij})\sqrt{\frac{2}{3}\frac{\partial g}{\partial\sigma_{kl}}\frac{\partial g}{\partial\sigma_{kl}}} \tag{7.155}$$

注意，此时对应于式（7.130）的 h 已不再是一个标量，而是一个二阶张量。

若加载函数由式（7.119）给出，且引入折减应力张量 $\bar{\sigma}_{ij}=\sigma_{ij}-\beta_{ij}$，则硬化模量按式（7.135）得到

$$H_{\mathrm{p}}=-\frac{\partial f}{\partial\beta_{ij}}h_{ij}=\frac{\partial f}{\partial\bar{\sigma}_{ij}}h_{ij}=\frac{\partial f}{\partial\sigma_{ij}}h_{ij} \tag{7.156}$$

式中，普拉格模型和齐格勒模型的 h_{ij} 分别按式（7.154）和式（7.155）计算。

计算硬化模量 H_{p} 后，就可利用式（7.138）计算 $\mathrm{d}\varepsilon_{ij}^{p}$。

例 7.7 对于米泽斯型材料，加载函数取为

$$f(\sigma_{ij},\beta_{ij})=\sqrt{3\bar{J}_2}-\sigma_0=\sqrt{\frac{3}{2}(s_{ij}-\beta'_{ij})(s_{ij}-\beta'_{ij})}-\sigma_0$$

式中，β'_{ij} 是 β_{ij} 的偏量。根据关联流动法则，试分别计算普拉格模型和齐格勒模型的硬化模量。

解 由折减应力张量 $\bar{\sigma}_{ij}=\sigma_{ij}-\beta_{ij}$ 推出折减偏应力张量 $\bar{s}_{ij}$

$$\begin{aligned}\bar{s}_{ij}&=(\sigma_{ij}-\beta_{ij})-\frac{1}{3}(\sigma_{kk}-\beta_{kk})\delta_{ij}\\&=\left(\sigma_{ij}-\frac{1}{3}\sigma_{kk}\delta_{ij}\right)-\left(\beta_{ij}-\frac{1}{3}\beta_{kk}\delta_{ij}\right)\\&=s_{ij}-\beta'_{ij}\end{aligned}$$

其中

$$\beta'_{ij}=\beta_{ij}-\frac{1}{3}\beta_{kk}\delta_{ij}$$

于是

$$\bar{J}_2=\frac{1}{2}\bar{s}_{ij}\bar{s}_{ij}=\frac{1}{2}(s_{ij}-\beta'_{ij})(s_{ij}-\beta'_{ij})$$

所以

$$\frac{\partial f}{\partial\sigma_{ij}}=\frac{\partial}{\partial\sigma_{ij}}\left(\sqrt{3\bar{J}_2}\right)=\frac{\sqrt{3}}{2}\frac{1}{\sqrt{\bar{J}_2}}\bar{s}_{ij} \tag{例 7.7.1}$$

根据关联流动法则，$f=g$，对于普拉格模型

$$h_{ij}=\frac{\sqrt{3}}{2}\frac{1}{\sqrt{\bar{J}_2}}\bar{s}_{ij}c \tag{例 7.7.2}$$

将式（例 7.7.1）和式（例 7.7.2）代入式（7.156），得

$$H_{\mathrm{p}}=\frac{3}{2}c$$

对比式（7.124）可知，在单轴应力状态下，$H_{\mathrm{p}}=E_{\mathrm{p}}$。

对于齐格勒模型，

$$h_{ij}=a(\sigma_{ij}-\beta_{ij})\sqrt{\frac{2}{3}\frac{\partial g}{\partial\sigma_{kl}}\frac{\partial g}{\partial\sigma_{kl}}}=a(\sigma_{ij}-\beta_{ij}) \tag{例 7.7.3}$$

将式（例 7.7.1）和式（例 7.7.3）代入式（7.156），得

$$H_{\mathrm{p}}=\frac{\sqrt{3}}{2}\frac{a}{\sqrt{\overline{J}_2}}(\sigma_{ij}-\beta_{ij})\overline{s}_{ij}=\frac{\sqrt{3}}{2}\frac{a}{\sqrt{\overline{J}_2}}\overline{s}_{ij}\overline{s}_{ij}=\sqrt{3\overline{J}_2}\,a=a\overline{\overline{\sigma}} \quad (例 7.7.4)$$

其中，$\overline{\overline{\sigma}}$ 为折减应力张量 $\overline{\sigma}_{ij}$ 的等效应力。

7.9.3 混合硬化

混合硬化常用两个内变量（$\alpha=2$），取为 $\xi_1=\beta_{ij}$，$\xi_2=\overline{\varepsilon}^p$（或 $\xi_2=W^p$），其加载面方程（7.128）又可写为

$$f(\sigma_{ij},\beta_{ij},\overline{\varepsilon}^p)=f_0(\sigma_{ij}-\beta_{ij})-k(\overline{\varepsilon}^p)=0 \quad (7.157)$$

利用式（7.134），容易得到

$$H_{\mathrm{p}}=\frac{\partial f}{\partial\sigma_{ij}}h_1+\frac{\partial k}{\partial\overline{\varepsilon}^p}h_2 \quad (7.158)$$

式中，h_1 根据使用的随动模型普拉格或齐格勒分别用下面的 h_{ij} 替代，h_2 根据使用的内变量类型选用不同的 h_2 表达式。

$$h_{ij}=c(1-M)\frac{\partial g}{\partial\sigma_{ij}}, \quad 普拉格硬化模型 \quad (7.159)$$

$$h_{ij}=a(\sigma_{ij}-\beta_{ij})(1-M)\sqrt{\frac{2}{3}\frac{\partial g}{\partial\sigma_{kl}}\frac{\partial g}{\partial\sigma_{kl}}}, \quad 齐格勒硬化模型 \quad (7.160)$$

$$h_2=M\sqrt{\frac{2}{3}\frac{\partial g}{\partial\sigma_{ij}}\frac{\partial g}{\partial\sigma_{ij}}}, \quad \overline{\varepsilon}^p 作为内变量 \quad (7.161)$$

$$h_2=\sigma_{ij}\frac{\partial g}{\partial\sigma_{ij}}M, \quad W^p 作为内变量 \quad (7.162)$$

上面各公式的导出，应用了式（7.129）的概念，即屈服面的膨胀率定义为由一部分塑性应变率 $\dot{\varepsilon}_{ij}^{pi}=M\dot{\varepsilon}_{ij}^p$ 产生（式（7.161）和式（7.162）），而屈服面移动率由另一部分塑性应变率 $\dot{\varepsilon}_{ij}^{pk}=(1-M)\dot{\varepsilon}_{ij}^p$ 产生（式（7.159）和式（7.160））。与此同时，可用与屈服面膨胀率有关的塑性应变增量 $\mathrm{d}\varepsilon_{ij}^{pi}$ 来定义折减等效塑性应变 $\mathrm{d}\overline{\overline{\varepsilon}}^p$

$$\mathrm{d}\overline{\overline{\varepsilon}}^p=\sqrt{\frac{2}{3}\mathrm{d}\varepsilon_{ij}^{pi}\mathrm{d}\varepsilon_{ij}^{pi}}=M\,\mathrm{d}\overline{\varepsilon}^p \quad (7.163)$$

计算硬化模量 H_{p} 后，可利用式（7.137）和式（7.130）计算出 $\mathrm{d}\beta_{ij}$

$$\mathrm{d}\beta_{ij}=\frac{h_{ij}}{H_{\mathrm{p}}}\frac{\partial f}{\partial\sigma_{kl}}\mathrm{d}\sigma_{kl} \quad (7.164)$$

同时应用式（7.138）和式（7.139）计算 $\mathrm{d}\varepsilon_{ij}^p$ 及 $\mathrm{d}\bar{\bar{\varepsilon}}^p$

$$\mathrm{d}\varepsilon_{ij}^p = \frac{1}{H_\mathrm{p}}\frac{\partial g}{\partial \sigma_{ij}}\frac{\partial f}{\partial \sigma_{kl}}\mathrm{d}\sigma_{kl} \tag{7.165}$$

$$\mathrm{d}\bar{\bar{\varepsilon}}^p = \frac{M}{H_\mathrm{p}}\sqrt{\frac{2}{3}\frac{\partial g}{\partial \sigma_{ij}}\frac{\partial g}{\partial \sigma_{ij}}}\frac{\partial f}{\partial \sigma_{kl}}\mathrm{d}\sigma_{kl} \tag{7.166}$$

需要注意的是，混合硬化材料的屈服函数常利用折减应力表示，如米泽斯混合硬化材料表示为

$$f(\sigma_{ij},\beta_{ij},\bar{\bar{\varepsilon}}^p) = \sqrt{3\bar{J}_2} - k(\bar{\bar{\varepsilon}}^p)$$

其中，$k(\bar{\bar{\varepsilon}}^p) = \bar{\bar{\sigma}}(\bar{\bar{\varepsilon}}^p)$ 表示屈服面的大小。这个加载函数式去掉变量顶上的一根横杠，其形式与各向同性硬化屈服函数

$$f(\sigma_{ij},\bar{\varepsilon}^p) = \sqrt{3J_2} - k(\bar{\varepsilon}^p)$$

完全一致。因此，对于混合硬化材料同样可定义与屈服面膨胀有关的

$$E_\mathrm{p} = \frac{\mathrm{d}\bar{\bar{\sigma}}}{\mathrm{d}\bar{\bar{\varepsilon}}^p} = \frac{\mathrm{d}\bar{\sigma}}{\mathrm{d}\bar{\varepsilon}^p} \tag{7.167}$$

这可通过单轴拉伸应力-应变曲线 $\sigma(\varepsilon^p)$ 确定，它表示 $\bar{\sigma}\sim\bar{\varepsilon}^p$ 与 $\bar{\bar{\sigma}}\sim\bar{\bar{\varepsilon}}^p$ 形状类似，但并不意味着必须 $\bar{\bar{\sigma}}(\bar{\bar{\varepsilon}}^p) = \bar{\sigma}(\bar{\varepsilon}^p)$（见例 7.8）。实际上，在单轴加载试验中，屈服区域大小改变量 $\bar{\bar{\sigma}} - \sigma_0$ 完全受控于总应力改变量 $\bar{\sigma} - \sigma_0$ 的 $(\bar{\sigma} - \sigma_0)M$ 部分，即

$$\bar{\bar{\sigma}} = \sigma_0 + (\bar{\sigma} - \sigma_0)M \tag{7.168}$$

例 7.8　一种弹塑性材料受到法向应力 σ_x 和剪应力 τ_{xy} 组合作用。这种材料的弹性反应是各向同性线性的，且 $E = 210\,\mathrm{GPa}$，$\nu = 0.3$，而它的塑性反应属于米泽斯混合齐格勒模型，适用关联流动法则，设 $M = 0.8$。在简单拉伸作用下的应力-应变关系为

$$\varepsilon = \varepsilon^e + \varepsilon^p = \frac{\sigma}{2.1\times10^5} + \frac{1}{3\times10^6}\left(\frac{\sigma}{7}\right)^3$$

这里 σ 单位为 MPa，上式表明塑性应变在加载刚开始时就产生了。

（a）写出 σ_x 和 τ_{xy} 组合应力状态下材料的增量应力-塑性应变关系；

（b）计算应力 (σ_x,τ_{xy}) 加载从 $(0,0)$ 到 $(100,50)$ 时的弹塑性应变分量及相应的后继屈服面方程。

解　（a）米泽斯材料模型参照上题给出

$$f = g = \sqrt{3\bar{J}_2} - \bar{\bar{\sigma}} = \sqrt{\frac{3}{2}(s_{ij} - \beta'_{ij})(s_{ij} - \beta'_{ij})} - \bar{\bar{\sigma}} \tag{例 7.8.1}$$

在单向应力作用下

$$\varepsilon^p = \frac{1}{3\times10^6}\left(\frac{\sigma}{7}\right)^3 \quad 或 \quad \bar{\sigma} = 1.01\times10^3(\bar{\varepsilon}^p)^{\frac{1}{3}} \qquad （例 7.8.2）$$

对于本例的加载函数，可直接应用式（7.144）得到

$$H_\mathrm{p} = E_\mathrm{p} = \frac{\mathrm{d}\bar{\sigma}}{\mathrm{d}\bar{\varepsilon}^p} = \frac{343\times10^6}{\bar{\sigma}^2}$$

将式（例 7.7.1）代入式（7.138），得出类似式（例 7.4.1）的形式

$$\mathrm{d}\varepsilon_{ij}^p = \frac{3}{4E_\mathrm{p}}\frac{\bar{s}_{ij}\bar{s}_{kl}}{\bar{J}_2}\mathrm{d}\sigma_{kl} = \frac{9}{4E_\mathrm{p}\bar{\bar{\sigma}}^2}\bar{s}_{ij}\bar{s}_{kl}\,\mathrm{d}\sigma_{kl}$$

应用式（7.163）和式（7.129a）得

$$\mathrm{d}\bar{\bar{\varepsilon}}^p = \frac{3M}{2}\frac{1}{E_\mathrm{p}\bar{\bar{\sigma}}}\bar{s}_{kl}\,\mathrm{d}\sigma_{kl}$$

再应用式（7.160），得出

$$h_{ij} = a(1-M)\bar{\sigma}_{ij}$$

代入式（7.160），并利用式（例 7.7.1）导出

$$\mathrm{d}\beta_{ij} = \frac{3a(1-M)}{2H_\mathrm{p}\bar{\bar{\sigma}}}\bar{\sigma}_{ij}\bar{s}_{kl}\,\mathrm{d}\sigma_{kl}$$

对于齐格勒混合模型，其材料参数 $a = H_\mathrm{p}/\bar{\bar{\sigma}}$（例 7.7.4），于是

$$\mathrm{d}\beta_{ij} = \frac{3(1-M)}{2\bar{\bar{\sigma}}^2}\bar{\sigma}_{ij}\bar{s}_{kl}\,\mathrm{d}\sigma_{kl}$$

将所给材料参数代入上面相关各式，得出在这种组合应力条件下的增量应力-塑性应变关系：

$$\mathrm{d}\varepsilon_{ij}^p = \frac{\bar{s}_{ij}}{1.524\times10^8}\frac{\sigma_x^2+3\tau_{xy}^2}{\bar{\sigma}_x^2+3\bar{\tau}_{xy}^2}\left(\frac{2}{3}\bar{\sigma}_x\,\mathrm{d}\sigma_x + 2\bar{\tau}_{xy}\,\mathrm{d}\tau_{xy}\right)$$

$$\mathrm{d}\beta_{ij} = \frac{0.3\bar{\sigma}_{ij}}{\bar{\sigma}_x^2+3\bar{\tau}_{xy}^2}\left(\frac{2}{3}\bar{\sigma}_x\,\mathrm{d}\sigma_x + 2\bar{\tau}_{xy}\,\mathrm{d}\tau_{xy}\right)$$

$$\mathrm{d}\bar{\bar{\varepsilon}}^p = \frac{1}{2.858\times10^8}\frac{\bar{\sigma}_x^2+3\bar{\tau}_{xy}^2}{\sqrt{\bar{\sigma}_x^2+3\bar{\tau}_{xy}^2}}\left(\frac{2}{3}\bar{\sigma}_x\,\mathrm{d}\sigma_x + 2\bar{\tau}_{xy}\,\mathrm{d}\tau_{xy}\right)$$

（b）加载路径：$(\sigma_x,\tau_{xy})=(0,0)\to(100,50)$。

弹性应变可由式（4.35）计算：

$$\varepsilon_x^e=\frac{\sigma_x}{E}=\frac{100}{2.1\times10^5}=4.762\times10^{-4}$$

$$\varepsilon_y^e=\varepsilon_z^e=-\frac{\nu}{E}\sigma_x=-\frac{0.3\times100}{2.1\times10^5}=-1.429\times10^{-4}$$

$$\gamma_{xy}^e=\frac{2(1+\nu)}{E}\tau_{xy}=\frac{2\times(1+0.3)}{2.1\times10^5}\times50=6.190\times10^{-4}$$

在 $(\sigma_x,\tau_{xy})=(0,0)$ 时，$\beta_{ij}=0$，则 $\bar{\sigma}_{ij}=\sigma_{ij}$。加载过程为比例加载，$\sigma_x=2\tau_{xy}$。因此塑性应变：

$$\begin{aligned}\varepsilon_x^p&=\frac{2}{3\times1.524\times10^8}\left(\frac{2}{3}\int_0^{100}\sigma_x^2\,\mathrm{d}\sigma_x+2\int_0^{50}\sigma_x\tau_{xy}\,\mathrm{d}\tau_{xy}\right)\\&=\frac{2}{3\times1.524\times10^8}\left(\frac{2\times100^3}{9}+\frac{4\times50^3}{3}\right)\\&=1.701\times10^{-3}\end{aligned}$$

$$\varepsilon_y^p=\varepsilon_z^p=-\frac{1}{2}\varepsilon_x^p=-0.851\times10^{-3}$$

$$\begin{aligned}\gamma_{xy}^p=2\varepsilon_{xy}^p&=\frac{2}{1.524\times10^8}\left(\frac{2}{3}\int_0^{100}\sigma_x\tau_{xy}\,\mathrm{d}\sigma_x+2\int_0^{50}\tau_{xy}^2\,\mathrm{d}\tau_{xy}\right)\\&=\frac{2}{1.524\times10^8}\left(\frac{100^3}{9}+\frac{2\times50^3}{3}\right)\\&=2.552\times10^{-3}\end{aligned}$$

$$\begin{aligned}\bar{\bar{\varepsilon}}^p&=\frac{1}{2.858\times10^8}\left(\frac{2}{3}\int_0^{100}\sqrt{\sigma_x^2+3\tau_{xy}^2}\,\sigma_x\,\mathrm{d}\sigma_x+2\int_0^{50}\sqrt{\sigma_x^2+3\tau_{xy}^2}\,\tau_{xy}\mathrm{d}\tau_{xy}\right)\\&=\frac{\sqrt{7}}{2.858\times10^8}\left(\frac{1}{3}\int_0^{100}\sigma_x^2\,\mathrm{d}\sigma_x+2\int_0^{50}\tau_{xy}^2\,\mathrm{d}\tau_{xy}\right)\\&=\frac{\sqrt{7}}{2.858\times10^8}\left(\frac{100^3}{9}+\frac{2\times50^3}{3}\right)\\&=1.800\times10^{-3}\end{aligned}$$

此时的背应力为

$$\beta_x = 0.3\times\left(\frac{2}{3}\int_0^{100}\frac{\sigma_x^2}{\sigma_x^2+3\tau_{xy}^2}\mathrm{d}\sigma_x + 2\int_0^{50}\frac{\sigma_x\tau_{xy}}{\sigma_x^2+3\tau_{xy}^2}\mathrm{d}\tau_{xy}\right)$$

$$= 0.3\times\left(\frac{8}{21}\times 100+\frac{4}{7}\times 50\right)$$

$$= 20$$

$$\beta_y = \beta_z = 0$$

$$\beta_{xy} = 0.3\times\left(\frac{2}{3}\int_0^{100}\frac{\sigma_x\tau_{xy}}{\sigma_x^2+3\tau_{xy}^2}\mathrm{d}\sigma_x + 2\int_0^{50}\frac{\tau_{xy}^2}{\sigma_x^2+3\tau_{xy}^2}\mathrm{d}\tau_{xy}\right)$$

$$= 0.3\times\left(\frac{4}{21}\times 100+\frac{2}{7}\times 50\right)$$

$$= 10$$

应用式（7.168）和式（7.163），可将式（例 7.8.2）改变为

$$\bar{\bar{\sigma}} = M\bar{\sigma} = 1.01\times10^3 M(\bar{\varepsilon}^p)^{\frac{1}{3}} = 1.01\times10^3 M\left(\frac{\bar{\bar{\varepsilon}}^p}{M}\right)^{\frac{1}{3}} \qquad \text{（例 7.8.3）}$$

$$= 1.01\times10^3 M^{\frac{2}{3}}(\bar{\bar{\varepsilon}}^p)^{\frac{1}{3}} = 870(\bar{\bar{\varepsilon}}^p)^{\frac{1}{3}}$$

这里 $\sigma_0 = 0$。显然式（例 7.8.2）与式（例 7.8.3）是不相等的。

最后，将所算得的 β_{ij} 和 $\bar{\bar{\varepsilon}}^p$ 代入屈服函数并化简后，得到加载结束时的后继屈服面方程：

$$f = \bar{J}_2 - \frac{\bar{\bar{\sigma}}^2}{3} = \frac{1}{3}(\sigma_x-20)^2 + (\tau_{xy}-10)^2 - 3733 = 0$$

图 7.25 绘出了本题的加载路径 $O\to A$ 及加载结束时的后继屈服面。

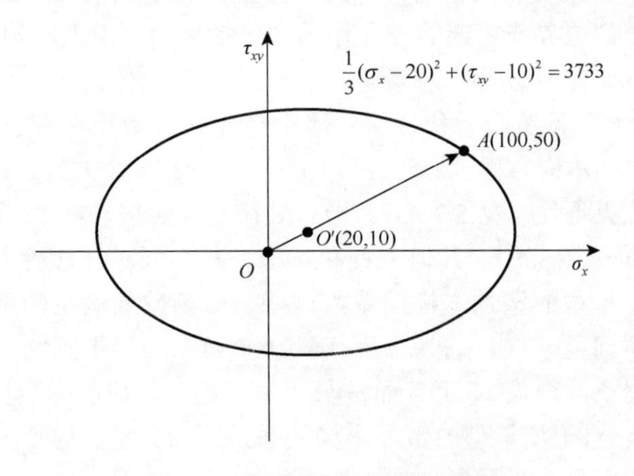

图 7.25　加载路径及后继屈服面

读者还可讨论应力 (σ_x,τ_{xy}) 分两次从 (0,0) 到 (50,25) 再到 (100,50) 加载引起的塑性应变是否与上面一次加载相同。

与各向同性硬化计算一样，无论是以应力增量表示应变增量，还是以应变增量表示应力增量，计算的关键都是求出硬化模量 H_{p}，其他公式（7.141）、式（7.142）、式（7.150）和式（7.151）都是通用的。如用矩阵表示塑性硬化问题的应力-应变关系，可统一写成如下的率形式

$$[\dot{\boldsymbol{\sigma}}]=[\boldsymbol{C}^{ep}][\dot{\boldsymbol{\varepsilon}}] \tag{7.169}$$

$$[\boldsymbol{C}^{ep}]=[\boldsymbol{C}]-\frac{[\boldsymbol{C}][\boldsymbol{r}][\boldsymbol{n}]^{\mathrm{T}}[\boldsymbol{C}]}{H_{\mathrm{p}}+[\boldsymbol{n}]^{\mathrm{T}}[\boldsymbol{Cr}]} \tag{7.170}$$

其中

$$[\boldsymbol{r}]=\left[\frac{\partial g}{\partial \boldsymbol{\sigma}}\right],\quad [\boldsymbol{n}]=\left[\frac{\partial f}{\partial \boldsymbol{\sigma}}\right] \tag{7.171}$$

分别表示为 6×1 的列阵，$[\boldsymbol{C}]$ 为式（4.17）6×6 的弹性矩阵。在有限元计算中，这种表示方法是非常有用的。

7.10 弹塑性力学边值问题

7.10.1 弹塑性力学边值问题的提法

求解弹塑性力学边值问题的目的，在于解出物体内各点的应力、应变和位移，即应力场、应变场和位移场。因此，弹塑性力学边值问题的提法是[17]：给定作用在物体全部边界或内部的外界作用（包括外力、温度影响等），求解物体内产生的应力场、应变场和位移场。具体地说，对物体内每一点，当它处在弹性阶段，其应力分量、应变分量和位移分量等 15 个未知函数要满足平衡方程(5.1)、几何方程（5.2）和本构方程（物理方程）（5.4）共计 15 个方程，并要在边界上满足给定的全部边界条件（见 5.2 节）。当它处在塑性阶段，其 15 个未知函数 σ_{ij}，ε_{ij} 和 u_i 仍需满足平衡方程、几何方程和本构方程，同时在边界上要满足全部边界条件。对于全量型的塑性本构关系，这些未知函数要满足的平衡方程和几何方程与弹性力学问题一样，均为方程（5.1）和（5.2），不同的是塑性问题需要满足的本构方程不再是式（5.4），而是与式（7.169）相应的弹塑性本构方程（去掉变量上一点）。对于增量型的塑性本构关系，应力分量、应变分量和位移分量要满足的各类方程可重新写为

平衡方程

$$d\sigma_{ij,j} + df_i = 0\,,\qquad \text{在域}\,\Omega\,\text{内} \tag{7.172}$$

几何方程

$$d\varepsilon_{ij} = \frac{1}{2}(du_{i,j} + du_{j,i})\,,\qquad \text{在域}\,\Omega\,\text{内} \tag{7.173}$$

本构方程

$$d\sigma_{ij} = C_{ijkl}^{ep}\, d\varepsilon_{kl}\,,\qquad \text{在域}\,\Omega\,\text{内} \tag{7.174}$$

式中

$$C_{ijkl}^{ep} = C_{ijkl} - \frac{C_{ijmn}\dfrac{\partial g}{\partial \sigma_{mn}}\dfrac{\partial f}{\partial \sigma_{pq}}C_{pqkl}}{H_{\mathrm{p}} + \dfrac{\partial f}{\partial \sigma_{ij}}C_{ijkl}\dfrac{\partial g}{\partial \sigma_{kl}}} \tag{7.175}$$

上面的式（7.172）和式（7.173）是式（5.1）和式（5.2）的增量形式，式（7.174）可看成式（4.2）的增量形式，但不同的是其刚度张量 C_{ijkl}^{ep} 不仅含有弹性项 C_{ijkl}，而且还有塑性项，即式（7.175）中的第 2 项。式（7.175）是式（7.170）的张量形式。

边界条件

$$n_j d\sigma_{ij} = d\overline{t_i}\,,\qquad \text{在应力边界}\,\Sigma_t\,\text{上} \tag{7.176}$$

$$du_i = d\overline{u_i}\,,\qquad \text{在位移边界}\,\Sigma_u\,\text{上} \tag{7.177}$$

对于混合边界问题，在 Σ_t 上，应力 $d\sigma_{ij}$ 满足式（7.176），在 Σ_u 上，位移 du_i 满足式（7.177）。

增量理论的弹塑性问题，就是在已知加载过程任意时刻 t 时的物体内各点 σ_{ij}，ε_{ij} 和 u_i 值的情况下，通过求解上述方程后获得增量 $d\sigma_{ij}$，$d\varepsilon_{ij}$ 和 du_i，从而得到 $t+dt$ 时刻物体内各点的应力分量 σ_{ij}+$d\sigma_{ij}$，应变分量 ε_{ij}+$d\varepsilon_{ij}$ 和位移分量 u_i+du_i。

需要说明的是，除本构方程外，上述其他方程及边界条件都是线性的。

7.10.2　解的唯一性

1. 弹性力学问题解

考虑没有内部约束的线弹性材料体，其空间域 Ω 内作用有体力 f_i，全部边界

$\Sigma = \Sigma_u \cup \Sigma_t$，位移边界 Σ_u 上作用有已知位移 $\overline{u}_i$，应力边界 Σ_t 上作用有已知面力 $\overline{t}_i$。假设弹性力学问题的解为 σ_{ij}，ε_{ij} 和 u_i，它们分别满足 $\sigma_{ij,j} + f_i = 0$（在 Ω 内），$\sigma_{ij} = C_{ijkl}\varepsilon_{kl}$（在 Ω 内），$n_j\sigma_{ij} = \overline{t}_i$（在 Σ_t 上）和 $u_i = \overline{\overline{u}}$（在 Σ_u 上）。现在来证明弹性解的唯一性。

如果这个问题存在两组解，可设一组解是 $\sigma_{ij}^{(1)}$，$\varepsilon_{ij}^{(1)}$ 和 $u_i^{(1)}$，另一组解是 $\sigma_{ij}^{(2)}$，$\varepsilon_{ij}^{(2)}$ 和 $u_i^{(2)}$。这两组解都分别满足上面的方程，则它们的差 $\overline{\phi} = \phi^{(1)} - \phi^{(2)}$（$\phi$ 代表 σ_{ij}，ε_{ij} 和 u_i）一定满足 $\overline{\sigma}_{ij,j} = 0$，$\overline{\sigma}_{ij} = C_{ijkl}\overline{\varepsilon}_{kl}$（在 Ω 内）和 $n_j\overline{\sigma}_{ij}\overline{u}_i = 0$（在 Σ 上）。因此，将最后一个条件积分并应用散度定理有

$$
\begin{aligned}
0 &= \int_{\Sigma} n_j\overline{\sigma}_{ij}\overline{u}_i \,\mathrm{d}A = \int_{\Omega} (\overline{\sigma}_{ij}\overline{u}_i)_{,j} \,\mathrm{d}V \\
&= \int_{\Omega} (\overline{\sigma}_{ij,j}\overline{u}_i + \overline{\sigma}_{ij}\overline{u}_{i,j}) \,\mathrm{d}V \\
&= \int_{\Omega} \overline{\sigma}_{ij}\overline{u}_{i,j} \,\mathrm{d}V = \int_{\Omega} \overline{\sigma}_{ij}\overline{\varepsilon}_{ij} \,\mathrm{d}V \\
&= \int_{\Omega} C_{ijkl}\overline{\varepsilon}_{kl}\overline{\varepsilon}_{ij} \,\mathrm{d}V
\end{aligned}
$$

由于弹性刚度张量 C_{ijkl} 是正定的，故上式成立必须 $\overline{\varepsilon}_{ij} = 0$，即有 $\varepsilon_{ij}^{(1)} = \varepsilon_{ij}^{(2)}$，从而 $\sigma_{ij}^{(1)} = \sigma_{ij}^{(2)}$。由 $\overline{\varepsilon}_{ij} = 0$ 的条件，应用几何方程积分可知，$\overline{u}_i$ 可能存在刚体位移，但当物体边界 Σ 拥有足够多的外部约束时，$\overline{u}_i$ 的解也是唯一的，即 $u_i^{(1)} = u_i^{(2)}$。

如果材料是非线弹性的，应用增量法同样能使用上面的方法证明其解是唯一的。

2. 弹塑性力学问题解

考虑一个没有内部约束处于平衡状态的弹塑性材料体，若在其 Ω 域内施加体力增量 $\mathrm{d}f_i$，应力边界 Σ_t 上施加面力增量 $\mathrm{d}\overline{t}_i$，位移边界 Σ_u 上给定位移增量 $\mathrm{d}\overline{u}_i$，则此时材料体内所产生的位移增量 $\mathrm{d}u_i$、应变增量 $\mathrm{d}\varepsilon_{ij}$ 和应力增量 $\mathrm{d}\sigma_{ij}$ 应是唯一的，即增量解是唯一的。若存在两组解，即假设材料体内任意点有两个应力解 $\mathrm{d}\sigma_{ij}^{(1)}$ 和 $\mathrm{d}\sigma_{ij}^{(2)}$，两个应变解 $\mathrm{d}\varepsilon_{ij}^{(1)}$ 和 $\mathrm{d}\varepsilon_{ij}^{(2)}$，则可利用虚功原理得

$$
\int_{\Omega} (\mathrm{d}\sigma_{ij}^{(1)} - \mathrm{d}\sigma_{ij}^{(2)})(\mathrm{d}\varepsilon_{ij}^{(1)} - \mathrm{d}\varepsilon_{ij}^{(2)}) \,\mathrm{d}V = 0 \tag{7.178}
$$

应用关联流动法则，根据式（7.141）和式（7.142），有

$$
\mathrm{d}\varepsilon_{ij}^{(\alpha)} = D_{ijkl}\,\mathrm{d}\sigma_{kl} + \frac{\langle \mathrm{d}f^{(\alpha)} \rangle}{H_{\mathrm{p}}} \frac{\partial f}{\partial \sigma_{ij}}, \qquad \alpha = 1,2
$$

其中

$$
\mathrm{d}f^{(\alpha)} = \frac{\partial f}{\partial \sigma_{kl}} \mathrm{d}\sigma_{kl}
$$

因此式（7.178）的被积函数可展开为

$$(\mathrm{d}\sigma_{ij}^{(1)}-\mathrm{d}\sigma_{ij}^{(2)})(\mathrm{d}\varepsilon_{ij}^{(1)}-\mathrm{d}\varepsilon_{ij}^{(2)})=D_{ijkl}(\mathrm{d}\sigma_{ij}^{(1)}-\mathrm{d}\sigma_{ij}^{(2)})(\mathrm{d}\sigma_{kl}^{(1)}-\mathrm{d}\sigma_{kl}^{(2)})+\frac{1}{H_{\mathrm{p}}}(\mathrm{d}f^{(1)}-\mathrm{d}f^{(2)})(\langle \mathrm{d}f^{(1)}\rangle-\langle \mathrm{d}f^{(2)}\rangle)$$

对于任意实数 a ，b ，总有 $\langle a\rangle-\langle b\rangle=\beta(a-b)$ ，其中 $0\leqslant\beta\leqslant1$ ，所以上式等号右边的第 2 项在材料硬化条件下（ $H_{\mathrm{p}}>0$ ）是不会小于零的。再由于弹性柔度张量 D_{ijkl} 也是正定的，所以上式等号右边的第 1 项也是不会小于零的。这说明无论什么情况，式(7.178)的被积函数始终为非负。要使式(7.178)成立，只有 $\mathrm{d}\sigma_{ij}^{(1)}=\mathrm{d}\sigma_{ij}^{(2)}$ 或 $\mathrm{d}\varepsilon_{ij}^{(1)}=\mathrm{d}\varepsilon_{ij}^{(2)}$ ，这证明了应力、应变增量解的唯一性。同样，当物体边界 Σ 拥有足够多的外部约束时，$\mathrm{d}u_i$ 的解也是唯一的。

如果是理想弹塑性材料，使用同样的方法可以证明增量应力场解是唯一的。

习　　题

7.1　杆两端固定（题 7.1 图），在杆的轴线位置作用有力 P，其作用点离左端为 a，离右端为 b，并且 $b>a$ 。当 P 从零逐渐增加时，求杆的左端反力 N 。假设杆截面积为 A_0 ，弹性模量为 E ，杆的材料分别是：

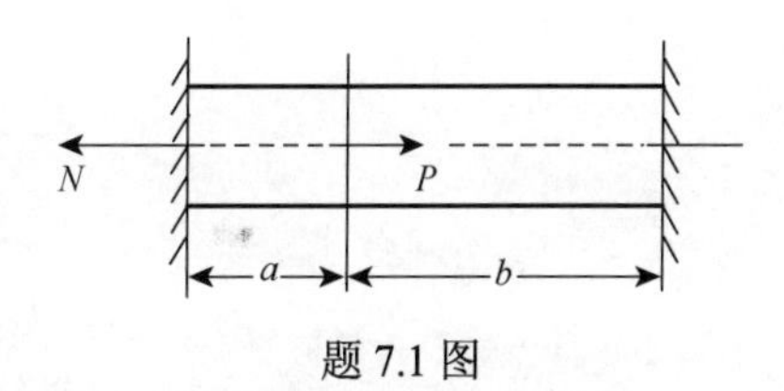

题 7.1 图

（a）理想弹塑性；（b）线性硬化，切线模量 E_{t} ；（c）幂次硬化 $\sigma=k\varepsilon^n$ 。

7.2　对于超静定桁架，当加载到使某些杆产生塑性变形后再完全卸载，则桁架结构内既有残余应变也有残余应力存在。假设例 7.1 中桁架为各向同性线性硬化材料，当 $P=P^*>P_1$ 时完全卸载，试求卸载后三杆的残余应力和残余应变。

7.3　假设具有单轴屈服应力 $\sigma_0=300\,\mathrm{MPa}$ 的理想弹塑性体服从特雷斯卡屈服准则和相关流动法则。如果塑性功增量 $\mathrm{d}W^p=1.2\,\mathrm{JW/m^3}$ ，试计算下列不同应力状态下的塑性应变增量的主值：

（a） $\sigma_1=300\,\mathrm{MPa}$ ， $\sigma_2=100\,\mathrm{MPa}$ ， $\sigma_3=0$ ；

（b） $\sigma_1=200\,\mathrm{MPa}$ ， $\sigma_2=-100\,\mathrm{MPa}$ ， $\sigma_3=0$ ；

（c） $\sigma_1=200\,\mathrm{MPa}$ ， $\sigma_2=-100\,\mathrm{MPa}$ ， $\sigma_3=-100\,\mathrm{MPa}$ 。

7.4　已知某材料在简单拉伸时服从式(7.12)的兰贝格-奥斯古德硬化条件(材料常数 a=1，b>0，n≥1)，应用米泽斯各向同性硬化模型，求出该材料在纯剪时的 $\mathrm{d}\tau/\mathrm{d}\gamma$ 表达式。

7.5　如题 7.5 图所示的薄壁圆形长管，其半径为 R，壁厚为 t。针对以下三种端部条件应用米泽斯屈服准则：（1）自由端；（2）固定端；（3）封闭端。

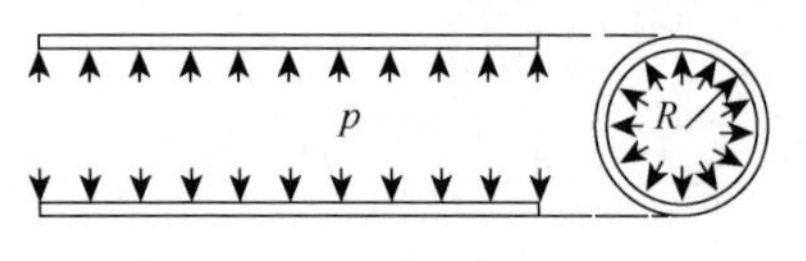

题 7.5 图

（a）用内部压力 p 表示米泽斯屈服准则；

（b）求出圆管屈服时的极限压力 $p = p_e$；

（c）求出圆管屈服时的塑性应变增量率。

7.6　如题 7.5 图所示的薄壁圆形长管两端用半圆球封闭，管内仍作用有内压 p，管外直管段作用有与内压相反的外压 p'。假定外部压力不影响圆管的轴向应力分量，材料适用米泽斯加载函数和各向同性硬化法则，等效应力与等效塑性应变有下列关系：

$$\bar{\varepsilon}^p = a\bar{\sigma}^3$$

其中，a 是常数，试确定下列两条加载路径终点的塑性应变 $(\varepsilon_z^p, \varepsilon_t^p)$：

（a）$(p, p') = (0,0) \to (P, 2P)$;

（b）$(p, p') = (0,0) \to (0, 2P) \to (P, 2P)$;

其中，ε_z^p 和 ε_t^p 分别是轴向和环向的塑性应变，P 为压力常量。

参 考 文 献

[1] 黄克智，薛明德，陆明万. 张量分析[M]. 第 2 版. 北京：清华大学出版社，2003.

[2] 赵亚溥. 近代连续介质力学[M]. 北京：科学出版社，2016.

[3] Simmonds J G. A Brief on Tensor Analysis[M]. Second Edition. New York：Springer-Verlag，1994.

[4] 黄筑平. 连续介质力学基础[M]. 北京：高等教育出版社，2003.

[5] 同济大学数学系. 高等数学[M]. 第 7 版. 北京：高等教育出版社，2014.

[6] Belytschko T，Liu W K，Moran B，et al. Nonlinear Finite Elements for Continua and Structures[M]. Second Edition. Chichester：John Wiley & Sons，2014.

[7] 陈惠发，萨里普 A F. 弹性与塑性力学[M]. 余天庆等译. 北京：中国建筑工业出版社，2003.

[8] 王仁，熊祝华，黄文彬. 塑性力学基础[M]. 北京：科学出版社，1982.

[9] 徐芝纶. 弹性力学[M]. 第 5 版. 北京：高等教育出版社，2016.

[10] 铁摩辛柯 S P，古地尔 J N. 弹性理论[M]. 第 3 版. 徐芝纶译. 北京：高等教育出版社，2013.

[11] 诺尔曼 E. 道林. 工程材料力学行为—变形、断裂与疲劳的工程方法[M]. 第 4 版. 江树勇等译. 北京：机械工业出版社，2016.

[12] 郑颖人，孔亮. 岩土塑性力学[M]. 北京：中国建筑工业出版社，2010.

[13] 江见鲸，陆新征. 混凝土结构有限元分析[M]. 第 2 版. 北京：清华大学出版社，2013.

[14] Han W，Reddy B D. Plasticity Mathematical Theory and Numerical Analysis[M]. Second Edition. New York：Springer，2013.

[15] 陈明祥. 弹塑性力学[M]. 北京：科学出版社，2007.

[16] 黄克智，黄永刚. 高等固体力学[M]. 北京：清华大学出版社，2013.

[17] 杨桂通. 弹塑性力学引论[M]. 北京：清华大学出版社，2004.

[18] 徐秉业，刘信声. 应用弹塑性力学[M]. 第 2 版. 北京：清华大学出版社，1995.

习 题 答 案

第 1 章

1.1（a）$a_{ii}=6$，$a_{ij}a_{ij}=24$，$a_{ij}b_ib_j=5$，$b_ib_i=5$，

$$a_{ij}b_i=\begin{bmatrix}1 & 3 & 2\end{bmatrix},\ a_{ij}a_{jk}=\begin{bmatrix}1 & 5 & 2\\0 & 18 & 10\\0 & 5 & 3\end{bmatrix},\ a_{ij}b_j=\begin{bmatrix}1\\4\\2\end{bmatrix},\ b_ib_j=\begin{bmatrix}1 & 0 & 2\\0 & 0 & 0\\2 & 0 & 4\end{bmatrix};$$

（b）$a_{ii}=2$，$a_{ij}a_{ij}=25$，$a_{ij}b_ib_j=21$，$b_ib_i=6$，

$$a_{ij}b_i=\begin{bmatrix}2 & 9 & 5\end{bmatrix},\ a_{ij}a_{jk}=\begin{bmatrix}2 & 5 & 3\\1 & 9 & 3\\4 & 4 & 9\end{bmatrix},\ a_{ij}b_j=\begin{bmatrix}4\\5\\6\end{bmatrix},\ b_ib_j=\begin{bmatrix}1 & 1 & 2\\1 & 1 & 2\\2 & 2 & 4\end{bmatrix}$$

1.3 $a_i'=\begin{bmatrix}3.964\\1.134\\0.000\end{bmatrix}$，$b_{ij}'=\begin{bmatrix}4.165 & -1.750 & 0.866\\-0.750 & -0.165 & 0.500\\0.500 & -0.866 & 2.000\end{bmatrix}$

1.4 （a）$\boldsymbol{e}_3'=\dfrac{1}{3\sqrt{2}}\boldsymbol{e}_1+\dfrac{1}{3\sqrt{2}}\boldsymbol{e}_2-\dfrac{4}{3\sqrt{2}}\boldsymbol{e}_2$；

（b）$\boldsymbol{e}_1=\dfrac{2}{3}\boldsymbol{e}_1'+\dfrac{1}{\sqrt{2}}\boldsymbol{e}_2'+\dfrac{1}{3\sqrt{2}}\boldsymbol{e}_3'$，$\boldsymbol{e}_2=\dfrac{2}{3}\boldsymbol{e}_1'-\dfrac{1}{\sqrt{2}}\boldsymbol{e}_2'+\dfrac{1}{3\sqrt{2}}\boldsymbol{e}_3'$，

$\boldsymbol{e}_3=\dfrac{1}{3}\boldsymbol{e}_1'-\dfrac{4}{3\sqrt{2}}\boldsymbol{e}_3'$；

（c）$\boldsymbol{u}'=\boldsymbol{u}=4\boldsymbol{e}_1'+6\sqrt{2}\boldsymbol{e}_2'-8\sqrt{2}\boldsymbol{e}_3'$

1.6 （a）$\nabla\cdot\boldsymbol{u}=3x_1+1$，$\nabla^2\boldsymbol{u}=0$，$\mathrm{tr}(\nabla\boldsymbol{u})=3x_1+1$，

$$\nabla\boldsymbol{u}=\begin{bmatrix}1 & x_2 & 2x_3\\0 & x_1 & 0\\0 & 0 & 2x_1\end{bmatrix},\ \nabla\times\boldsymbol{u}=x_2\boldsymbol{e}_3-2x_3\boldsymbol{e}_2;$$

（b）$\nabla\cdot\boldsymbol{u}=2x_1+3x_3^2$，$\nabla^2\boldsymbol{u}=2\boldsymbol{e}_1+6x_3\boldsymbol{e}_3$，$\mathrm{tr}(\nabla\boldsymbol{u})=2x_1+3x_3^2$，

$$\nabla\boldsymbol{u}=\begin{bmatrix}0 & 2x_2 & 0\\2x_2 & 2x_1 & 0\\0 & 0 & 3x_3^2\end{bmatrix},\ \nabla\times\boldsymbol{u}=0$$

第 2 章

2.1 $\overset{n}{\boldsymbol{T}}=-0.267\boldsymbol{e}_1-0.4\boldsymbol{e}_2+0.133\boldsymbol{e}_3$，$(\overset{n}{T})^2=0.248$，$\sigma_n=0.133$，$\tau_n=0.480$，$\overset{n}{\boldsymbol{T}}=-0.267\boldsymbol{e}_1-0.4\boldsymbol{e}_2+0.133\boldsymbol{e}_3$，$\boldsymbol{\sigma}_n=0.088\boldsymbol{e}_1-0.088\boldsymbol{e}_2+0.044\boldsymbol{e}_3$，$\boldsymbol{\tau}_n=-0.355\boldsymbol{e}_1-0.312\boldsymbol{e}_2+0.089\boldsymbol{e}_3$

2.2 $\sigma'_{ij}=\begin{bmatrix}0.250 & -0.187 & 0.200\\ -0.187 & 1.416 & 0.250\\ 0.200 & 0.250 & 0.134\end{bmatrix}$，$\boldsymbol{\sigma}'_n=0.110\boldsymbol{e}'_1-0.018\boldsymbol{e}'_2+0.073\boldsymbol{e}'_3$，$\sigma'_n=0.133$，$\boldsymbol{\tau}'_n=0.012\boldsymbol{e}'_1-0.462\boldsymbol{e}'_2-0.015\boldsymbol{e}'_3$，$\tau'_n=0.480$

2.5 （a）$I_1=3$，$I_2=-6$，$I_3=-8$；

（b）$J_1=0$，$J_2=9$，$J_3=0$；

（c）$\sigma_1=4$，$\sigma_2=1$，$\sigma_3=-2$，$\boldsymbol{n}_1=(-0.8165,-0.4082,-0.4082)$，$\boldsymbol{n}_2=(0.5774,-0.5774,\ -0.5774)$，$\boldsymbol{n}_3=(0.0000,0.7071,-0.7071)$；

（d）$\sigma_{\text{oct}}=1$，$\tau_{\text{oct}}=\sqrt{6}$；

（e）$\bar{\sigma}=3\sqrt{3}$

2.6 $\sigma_1=\tau$，$\sigma_2=0$，$\sigma_3=-\tau$；$\boldsymbol{n}_1=(\sqrt{2}/2,\sqrt{2}/2,0)$，$\boldsymbol{n}_2=(0,0,1)$，$\boldsymbol{n}_3=(-\sqrt{2}/2,\ \sqrt{2}/2,0)$；$\sigma_{\text{oct}}=0$，$\tau_{\text{oct}}=\sqrt{\dfrac{2}{3}}\tau$

2.7 给定的应力场处于平衡状态。

第 3 章

3.1 （a）$\varepsilon_{ij}=\begin{bmatrix}2Ax_1 & Bx_2/2 & Cx_2x_3/2\\ Bx_2/2 & Bx_1 & Cx_1x_3/2\\ Cx_2x_3/2 & Cx_1x_3/2 & Cx_1x_2\end{bmatrix}$，

$$\Omega_{ij}=\begin{bmatrix}0 & -Bx_2/2 & -Cx_2x_3/2\\ Bx_2/2 & 0 & -Cx_1x_3/2\\ Cx_2x_3/2 & Cx_1x_3/2 & 0\end{bmatrix}；$$

（b）$\varepsilon_{ij}=\begin{bmatrix} 0 & Ax_2+Bx_1 & 0 \\ Ax_2+Bx_1 & 0 & (B+C/2)x_3 \\ 0 & (B+C/2)x_3 & Cx_2 \end{bmatrix}$，

$$\Omega_{ij}=\begin{bmatrix} 0 & Ax_2-Bx_1 & 0 \\ Bx_1-Ax_2 & 0 & (B-C/2)x_3 \\ 0 & (C/2-B)x_3 & 0 \end{bmatrix}$$

3.2 （a）$\varepsilon_{ij}=\begin{bmatrix} 0.20 & 0.15 & 0.20 \\ 0.15 & 0.30 & -0.15 \\ 0.20 & -0.15 & 0.40 \end{bmatrix}$；（b）$\Omega_{ij}=\begin{bmatrix} 0.00 & -0.05 & -0.05 \\ 0.05 & 0.00 & -0.25 \\ 0.05 & 0.25 & 0.00 \end{bmatrix}$；

（c）$u_i^{\varepsilon}=\begin{bmatrix} 0.32 \\ 0.12 \\ 0.31 \end{bmatrix}$，$u_i^{\omega}=\begin{bmatrix} -0.06 \\ -0.15 \\ 0.15 \end{bmatrix}$，$\mathrm{d}u_i=\begin{bmatrix} 0.26 \\ -0.03 \\ 0.46 \end{bmatrix}$

3.3 （a）$\varepsilon_1=5.95\times10^{-3}$，$\varepsilon_2=2.60\times10^{-3}$，$\varepsilon_3=-5.55\times10^{-3}$；$\boldsymbol{n}_1=(0.1072,0.2672,0.9577)$，$\boldsymbol{n}_2=(0.9538,-0.2994,-0.0232)$，$\boldsymbol{n}_1=(0.2805,0.9159,-0.2870)$；

（b）$\gamma_{\max}=11.5\times10^{-3}$；

（c）$e_{ij}=\begin{bmatrix} 1 & -2 & 1 \\ -2 & -5 & 3 \\ 1 & 3 & 4 \end{bmatrix}\times10^{-3}$，$J_2'=35\times10^{-6}$，$J_3'=-52\times10^{-9}$；

（d）$\varepsilon_v=3\times10^{-3}$

3.4 位移分量$\begin{cases} u=u_0-\omega_z y+Ax \\ v=v_0+\omega_z x-By \end{cases}$，刚体运动$\begin{cases} \bar{u}=u_0-\omega_z y \\ \bar{v}=v_0+\omega_z x \end{cases}$

3.5 $A=0$，B 为任意常数

第 4 章

4.2 $C'=\begin{bmatrix} C_{1111} & C_{1122} & C_{1133} & 0 & 0 & 0 \\ C_{1122} & C_{1111} & C_{1133} & 0 & 0 & 0 \\ C_{1133} & C_{1133} & C_{3333} & 0 & 0 & 0 \\ 0 & 0 & 0 & (C_{1111}-C_{1122})/2 & 0 & 0 \\ 0 & 0 & 0 & 0 & C_{2323} & 0 \\ 0 & 0 & 0 & 0 & 0 & C_{2323} \end{bmatrix}$

4.3 $\begin{bmatrix} \sigma_x \\ \sigma_y \\ \sigma_z \\ \tau_{xy} \\ \tau_{yz} \\ \tau_{zx} \end{bmatrix} = \begin{bmatrix} 92.88 \\ 44.42 \\ 125.19 \\ 161.54 \\ 323.08 \\ 161.54 \end{bmatrix}$，$U_0 = 1.0\times10^6\ \text{J/m}^3$

4.4 $\Delta x = 0.0081\,\text{mm}$，$\Delta y = 0.0165\,\text{mm}$，$\Delta z = -0.00021\,\text{mm}$

第 5 章

5.3 $\varepsilon_x = 0$，$\varepsilon_y = 0$，$\varepsilon_z = 0$，$\gamma_{xy} = 0$，$\gamma_{zx} = \dfrac{1}{G}\dfrac{\partial \Phi}{\partial y}$，$\gamma_{zy} = -\dfrac{1}{G}\dfrac{\partial \Phi}{\partial x}$；

变形引起的位移$\begin{cases} u = -Kyz \\ v = Kxz \end{cases}$ w，满足的方程组$\begin{cases} \dfrac{\partial w}{\partial x} = \dfrac{1}{G}\dfrac{\partial \Phi}{\partial y} + Ky \\ \dfrac{\partial w}{\partial y} = -\dfrac{1}{G}\dfrac{\partial \Phi}{\partial x} - Kx \end{cases}$，$K$ 为积分常数

5.4 在$c \neq 0$的情况下，应力不满足调和方程$\nabla^2 \Theta = 0$，故不是弹性力学问题的解答

5.5 位移分量$\begin{cases} u = \dfrac{M}{EI}xy + \omega_y z - \omega_z y + u_0 \\ v = -\dfrac{M}{2EI}(x^2 + \nu y^2 - \nu z^2) + \omega_z x - \omega_x z + v_0 \\ w = -\dfrac{\nu M}{EI}yz + \omega_x y - \omega_y x + w_0 \end{cases}$

第 6 章

6.1 $\sigma_x - \tau_{xy}$ 平面上的特雷斯卡屈服准则方程：$(\sigma_x - \sigma_y)^2 + 4\tau_{xy}^2 = 4k^2 = \sigma_0^2$；米泽斯屈服准则方程：$(\sigma_x^2 - \sigma_x\sigma_y + \sigma_y^2) + \tau_{xy}^2 = \sigma_0^2$

6.2（a）处于安全状况；（b）2.5

6.3（a）1.67，满足安全要求；（b）36.5mm

6.5（a）破坏面内；（b）破坏面内

6.6（a）$\alpha = 0.14$，$k = 108.25$；（b）①1.0，②2.5

第 7 章

7.1 （a） $N=\sigma_0 A_0$；

（b） $N=\left(1-\dfrac{E_t}{E}-\dfrac{2b}{a+b}\right)\sigma_0 A_0+\dfrac{b}{a+b}P$；

（c） $N=\dfrac{(-b)^n}{(-b)^n-a^n}P$

7.2 $\sigma_1^0=\dfrac{\lambda\sigma_0\sin^2\theta}{1+2\cos^3\theta}$， $\sigma_2^0=-\dfrac{2\lambda\sigma_0\sin^2\theta\cos\theta}{1+2\cos^3\theta}$，

$\varepsilon_1^0=\dfrac{\lambda\left[\dfrac{P^*}{A_0}-\sigma_0(1+2\cos\theta)\right]}{1+2\cos^3\theta}\cos^2\theta$， $\varepsilon_2^0=\dfrac{\lambda\left[\dfrac{P^*}{A_0}-\sigma_0(1+2\cos\theta)\right]}{1+2\cos^3\theta}$，其中 $\lambda=1-\dfrac{E_t}{E}$

7.3 （a） $\mathrm{d}\varepsilon_1^p=0.004$， $\mathrm{d}\varepsilon_2^p=0$， $\mathrm{d}\varepsilon_3^p=-0.004$；

（b） $\mathrm{d}\varepsilon_1^p=0.004$， $\mathrm{d}\varepsilon_2^p=-0.004$， $\mathrm{d}\varepsilon_3^p=0$；

（c） $\mathrm{d}\varepsilon_1^p:\mathrm{d}\varepsilon_2^p:\mathrm{d}\varepsilon_3^p=1:(250\,\mathrm{d}\lambda-1):-250\,\mathrm{d}\lambda$

7.4 $\dfrac{\mathrm{d}\tau}{\mathrm{d}\gamma}=\dfrac{2Gb^n}{2b^n+nG\sqrt{3^{n+1}}\,\tau^{n-1}}$

7.5 （1） $p_e=\dfrac{\sigma_0 t}{R}$， $\mathrm{d}\varepsilon_{ij}^p=\dfrac{pR}{3t}\mathrm{d}\lambda(-1,2,-1)$；

（2） $p_e=\dfrac{2}{\sqrt{3}}\dfrac{\sigma_0 t}{R}$， $\mathrm{d}\varepsilon_{ij}^p=\dfrac{pR}{2t}\ \mathrm{d}\lambda(-1,1,0)$；

（3） $p_e=\dfrac{2}{\sqrt{3}}\dfrac{\sigma_0 t}{R}$， $\mathrm{d}\varepsilon_{ij}^p=\dfrac{pR}{2t}\mathrm{d}\lambda(-1,1,0)$

7.6 （a） $\varepsilon_z^p=a\left[\dfrac{7}{4}(\dfrac{PR}{t})^3-\dfrac{2\sigma_0^3}{\sqrt{7}}\right]$， $\varepsilon_t^p=a\left[\dfrac{5\sigma_0^3}{2\sqrt{7}}-\dfrac{35}{16}(\dfrac{PR}{t})^3\right]$；

（b） $\varepsilon_z^p=a\left[4(\dfrac{PR}{t})^3-\dfrac{\sigma_0^3}{2}\right]$， $\varepsilon_t^p=a\left[\sigma_0^3-8(\dfrac{PR}{t})^3\right]$

习题详细解答互联网入口